4차혁명의 기본이 되는
디지털공학

박상봉 지음

DIGITAL ENGINEERING AS THE BASIS OF
THE FOURTH REVOLUTION

홍릉과학출판사

머리말

지난 1986년 산업통상부 MPW(Multi Project Wafer) 지원을 받아서, 디지털 필터를 반도체 칩으로 만드는 석사과정을 시작으로, 1992년 디지털 오디오 프로세서를 칩으로 만들면서 박사 학위를 받고, 삼성 반도체에서 디지털 회로 설계로 7년 근무 후, 1999년부터 세명대학교 정보통신학부에서 디지털 공학을 19년간 강의하였다.

2000년 초부터 거의 모든 IT 제품이 디지털 제품으로 변환되면서, 디지털 논리회로의 내용은 관련 학과에서 2학년 전공 필수 주요 교과목이 되었다.

디지털공학, 디지털 논리회로 제목으로 많은 교재들이 개발되었다. 지난 19년간 강의를 하면서 2학년 학생들에게 디지털 공학 수업은 1학년과 달리 실지로 전공교과목을 배우는 것 같다는 의견을 들었고, 스마트 폰과 PC 에 대한 기초 개념으로 디지털 공학 강의를 들으면서 흥미로워하는 모습에서 강의에 대한 보람을 느꼈다.

디지털 논리회로와 디지털 시스템의 기본적인 개념을 익히고 이후에 디지털 논리회로 실험, 컴퓨터 구조, 마이크로 프로세서 실습, 디지털 신호처리와 이동 통신으로 이어지는 교과목에서 지속적으로 연관되는 과정이므로 디지털공학은 IT 전공분야에서 가장 기본이 되는 교과목이다. 본 교재를 통해서, 처음 시작하는 디지털시스템에 대한 내용에 흥미와 관심을 가질 수 있는 계기를 마련하여 독자 스스로 더 많은 기술지식을 탐색하고, 디지털 시스템 공부에 대한 매력을 얻기를 바란다.

여러 교재를 활용하면서 보다 학생들에게 이해하기 쉽고, 산업체에서 필요로 하는 내용으로 구성된 디지털 공학 관련 교재를 써야겠다고 10년 전부터 생각하였다.

지난 여름방학과 겨울방학동안 강의 노트를 중심으로, 1장에서 8장까지 저자의 생각을 글로써 거침없이 표현하여 책을 만들었는데, 교정을 위하여 읽어보면 내용 면에서 문장이 어색하거나 간결하지 못한 부분은 차후 강의를 진행하면서 학생들의 의견을 받아서 수정 예정이다.

첫판이지만 본 교재를 가지고 배우는 재학생들과 앞으로 의견을 충분히 반영하여 다음 판에서는 보다 향상된 내용으로 디지털 시스템을 처음 접하는 재학생들에게 기본 교재로 널리 활용될 수 있도록 지속적으로 수정 보완할 예정이다.

글 교정과 각종 회로 및 그림 작업해주신 허정화교수님과 홍릉출판사에 진심으로 감사드린다.

2019년 2월 저자 박상봉

차례

제7장 플립플롭 응용 회로(Flip-Flop application circuit) / 217

제8장 동기 순차 회로 설계(Synchronous Sequential Logic Circuit) / 239

01

디지털 시스템이란?

1.1 디지털 시스템의 정의

1.2 신호(Signal)의 의미

1.3 반도체 기술의 지속적 발전과 디지털 시스템 시대

1.4 디지털 시스템 논리회로 설계 과정

1.1 디지털 시스템의 정의

주변을 보면, 스마트폰, 디지털 TV, AI, VR 등의 IT 제품들은 디지털 용어를 많이 사용한다. 4차 혁명의 핵심적인 용어들인 IoT, AI, Big data 기술도 결국은 디지털 기술 개발의 혁신을 통하여 이루어지고 있다. 이러한 디지털 시스템의 이해를 위해서는 디지털 논리 회로에 대한 이해가 필요하다. 디지털 시스템으로 가장 먼저 그리고 널리 알려진 제품은 PC이다. PC를 설계하는 기술 기반으로, 오비오, 비디오에 대한 디지털 기술이 활용되면서 이전에는 디지털 카메라, 디지털 오디오인 MP3, 디지털 DVD, 디지털 CD 등이 2000년도 소비자 가전제품으로 널리 사용되었다. 2005년부터는 모바일 제품으로 휴대가 가능한 제품의 개발이 활발해졌다. 스마트폰이 디지털 제품의 대표적인 예로 사용되고 있다. 디지털 시스템이란 디지털 논리 회로를 이용하여, 사람들이 편리하게 사용할 수 있는 제품을 의미한다. 그러므로 디지털 논리 회로 설계 및 이해는 정보통신, 전기전자뿐만 아니라 4차 혁명을 대비해서 전 분야의 고등 교육 분야에서 필요한 과목이 되고 있다. 대부분의 IT 관련 디지털 시스템은 다음과 같은 구조로 구성된다.

[그림 1.1] 일반적인 디지털 시스템 구조

어떤 응용에 디지털 시스템을 사용할 것인가? 온도를 측정해서, 냉난방기의 작동을 시킬 것인가? 습도를 측정해서 식물에게 물을 더 공급할 것인가? 인간의 소리나 노래를 입력으로 더 증폭시키거나 압축할 것인가? 아름다운 경치에 대한 빛의 세기를 사진이나 영상으로 저장할 것인가? 몸 안에 혈당을 측정해서 건강 상태를 점검할 것인가? 움직임을 측정해서, 몇 걸음인가를 측정할 것인가? 이러한 주변 환경의 요소(온도, 습도, 소리에 대한 음압, 빛의 세기, 움직임) 들을 디지털 시스템으로 처리하기 위해서는 전압이나 전류 또는 전자기파로 변환해야 한다. 센서(Sensor)는 여러 가지 주변 환경 요소에 대한 에너지를 디지털 시스템으로 처리할 수 있도록, 전압이나 전류 또는 전자기파로 변환하는 전자

소자(device)를 의미한다. 스마트 폰에서는 이러한 다양한 주변 환경에 대한 에너지를 변환시켜 주는 여러 개의 센서가 내장되어 있다.

1.2 신호(Signal)의 의미

이리오라고 손짓을 하거나, 상대방에 대한 동의를 나타내는 고개를 끄덕이는 것이 일반적인 신호의 뜻이다. IT 분야에서 신호는 유용한 정보를 지니는 전압이나 전류, 전자기파를 의미한다. 신호를 모양에 따라서 나누기도 하지만, 크게 아날로그(analog) 신호와 디지털(digital) 신호로 구분한다. 아날로그 신호는 보통 연속신호(continuous signal)라고 한다. 학생들에게 아날로그 신호와 디지털 신호를 이해하기 쉽게 하기 위해서 성장되는 키를 가지고 예를 든다. 2001년 1월 1일 오후 1시가 생년월일시인 학생이 2019년 3월 5일 오후 1시까지 성장한 키에 대한 정보가 그림 1.2이다. 그림 1.2에서, 2001년 1월1일부터 2019년 3월 5일까지 사이에 어떠한 년도, 월, 일, 시, 분, 초에도 키에 대한 정보는 알 수 있다.

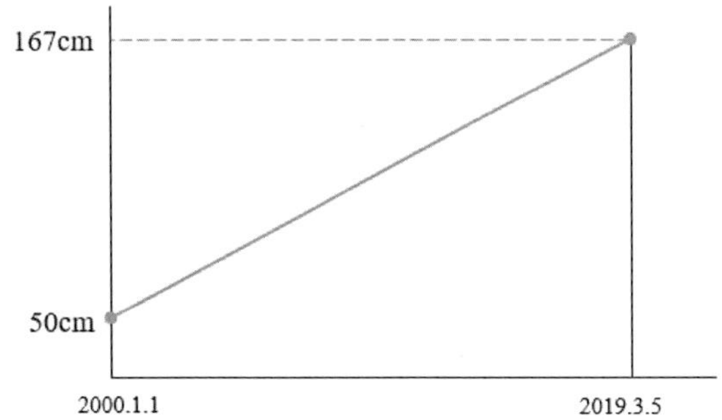

[그림 1.2] 아날로그 신호 설명을 위한 키에 대한 정보

그림 1.2에서 모든 x축 시간에 대해서 y축 키의 정보는 정해졌다. 그 기간 동안에 모든 키에 대한 y값이 정해져 있고, 키의 정보는 중간에 끊김이 없이 연속적이다. 이렇게 모든 x값에 대해서 y값이 모두 존재하는 신호를 아날로그 신호 또는 연속신호라고 설명할 수 있다. 대표적인 아날로그 신호는 사인파 전압이다.

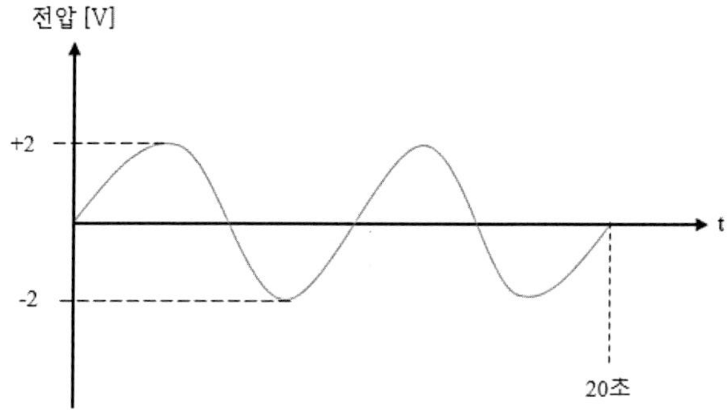

[그림 1.3] 대표적인 아날로그 신호인 전압 사인파

그림 1.3에서 0초에서 20초 이내에 어떠한 시간 값에 대해서도 −2V에서 +2V까지의 y 값이 존재하고, 그 기간 동안에 끊김이 없이 연속적인 모양을 지닌다. 디지털 신호는 아날로그 신호에 대해서 2가지 과정을 거쳐서 변환된다. 아날로그 신호를 시간불연속 신호로 변환 후 디지털 신호로 변환된다.

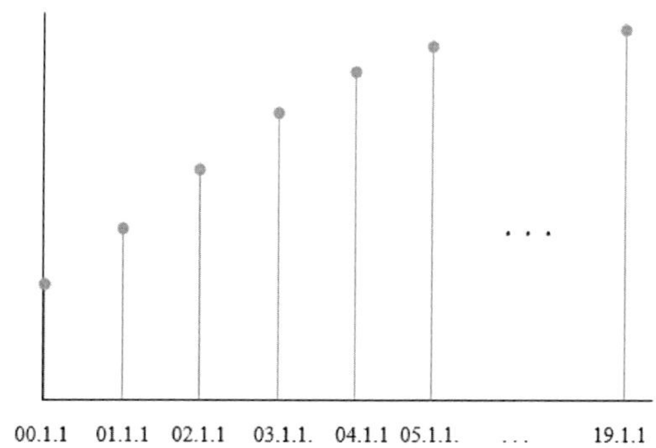

[그림 1.4] 매년 생년월일시마다 키에 대한 정보

시간 불연속 신호(discrete_time signal)를 다시 성장되는 키에 대한 정보 그림으로 쉽게 설명해보면, 그림 1.2에서 매년 학생의 생년월일시에 측정했을 때 그림 1.4와 같다.

그림 1.4와 같이 정해진 특정 시간에만 키의 정보(y값) 가 존재하는 것을 시간 불연속신호라고 한다. 생일시를 제외한 다른 날짜에서는 키의 정보(y값)는 정의되지 않았다. 아날로그(연속) 신호에서 시간 불연속 신호가 되려면, 특정 시간을 정의해야 한다. 태어난 생일시를 특정 시점으로 정해서, 불연속신호를 만드는 과정이 표본화(sampling) 과정이다. 0 초에서 20초 동안 크기가 +2V, -2V인 사인파를 지니는 그림 1.3 아날로그 신호를 불연

속신호로 변화해보자. 아날로그 신호를 1초 간격으로 표본화하면 그림 1.5와 같은 시간 불연속 신호를 얻을 수 있다.

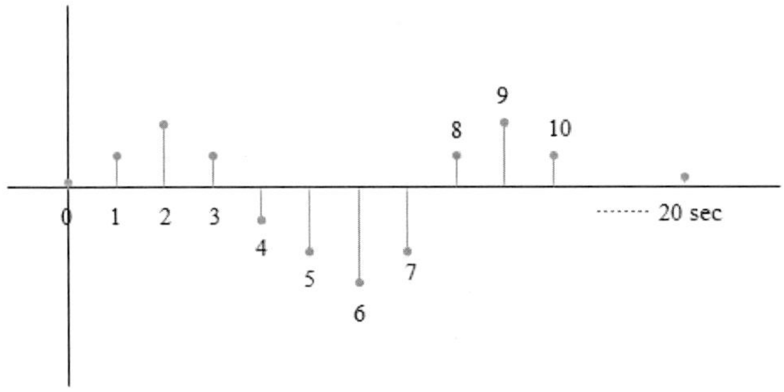

[그림 1.5] 아날로그 신호를 1초마다 표본화 과정 후 시간 불연속 신호

아날로그 신호를 시간 불연속 신호로 변화하는 표본화 과정은 표본화 시간 간격이 주요 변수이다. 표본화 시간 간격이 작아질수록 시간 불연속 신호는 원래 아날로그 신호와 모양이 더욱 비슷해진다.

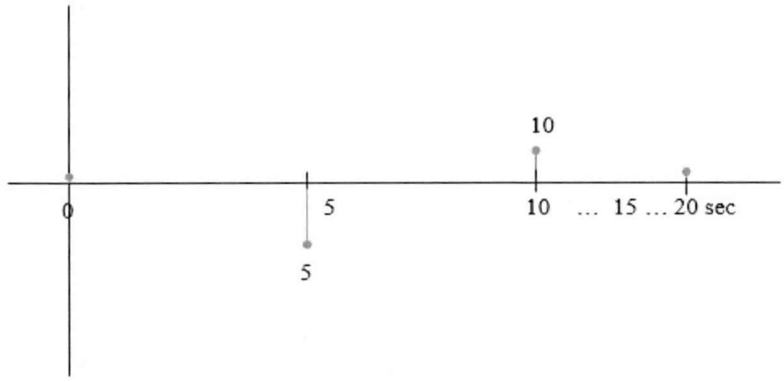

[그림 1.6] 아날로그 신호를 5초마다 표본화 과정 후 시간 불연속 신호

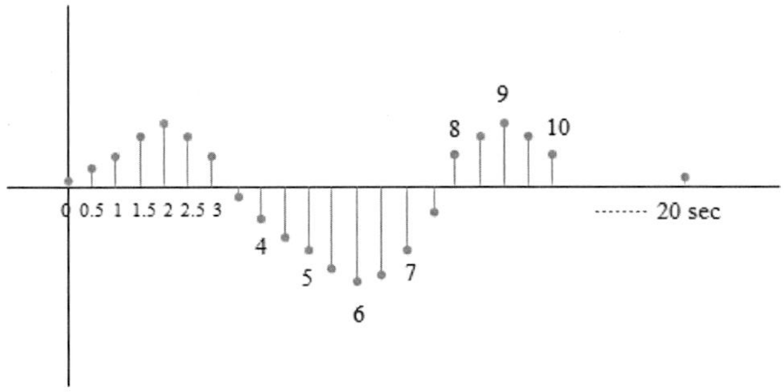

[그림 1.7] 아날로그 신호를 0.5초마다 표본화 과정 후 시간 불연속 신호

디지털 신호를 만들기 위해서는 표본화 과정을 통하여 얻은 시간불연속 신호에 대해서 양자화과정(Quantization Process)을 거쳐야 한다. 디지털 신호의 의미는 0과 1의 2가지 경우만 지니는 것을 의미한다. 디지털 시스템은 단지 0과 1을 지니는 디지털 신호에 대해서 신호처리를 수행한다. 양자화 과정에서는 표본화 과정을 거쳐서 얻은 y 값을 몇 비트로 표현할 것인가가 중요한 변수이다.

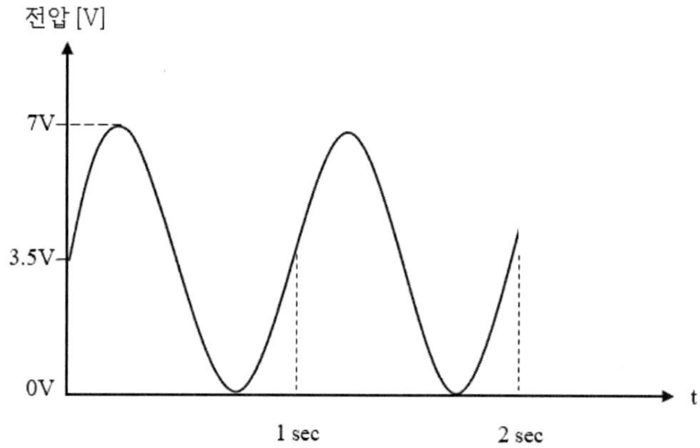

[그림 1.8] 0~7V의 크기를 지니는 사인파 신호

그림 1.8과 같이 0V에서 7V 사이의 크기를 지니는 사인파 아날로그 신호는 한 주기가 1초이다. 디지털 신호를 만들기 위해서 먼저 표본화 과정(Sampling Process)을 수행한다. 표본화 시간 간격을 0.1초로 하면, 한 주기에 10개의 표본(sample) 을 얻을 수 있다. 표본화 과정을 거친 시간 불연속 신호는 그림 1.9와 같다.

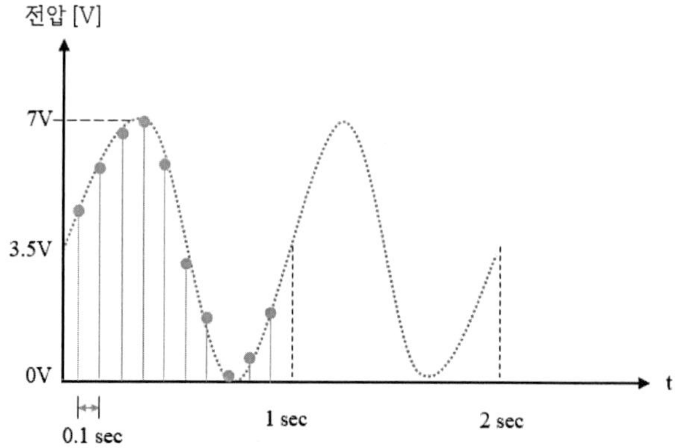

[그림 1.9] 0.1 초 표본 시간간격으로 표본화한 시간 불연속 신호

양자화 과정을 하기 위해서, 표본 당 3비트를 사용한다고 가정한다. 3비트로 나타낼 수 있는 경우의 수는 $2^3 = 8$이 된다. 표본이 가질 수 있는 값의 범위는 0V에서 7V이므로 크기 0V에서 7V 를 같은 간격으로 나누어서 표 1.1처럼 매핑할 수 있다.

[표 1.1] 3비트로 7V에 대한 양자화 간격

3비트 경우의 수	양자화 크기
000	0V
001	1V
010	2V
011	3V
100	4V
101	5V
110	6V
111	7V

양자화 과정은 표본화 과정에서 구한 각 표본의 실제 값을 주어진 비트로 표현할 수 있는 이진수에 가장 가까운 값으로 매칭하는 과정이다.(반올림 사용)

[표 1.2] 3비트로 양자화 한 디지털 값

표본 순서	실제 크기	양자화 매칭값	디지털 3비트 값
1	3.6V	4V	100
2	5.4V	5V	101
3	6.7V	7V	111
4	5.2V	5V	101
5	3.4V	3V	011
6	2.5V	3V	011
7	1.0V	1V	001
8	2.2V	2V	010
9	3.1V	3V	011
10	4.2V	4V	100

디지털 신호는 단지 0과 1 로만 표현된다. 그림 1.8 아날로그 신호는 표본화 과정과 양자화 과정을 거쳐서 100_101_111_101_011_011_001_010_011_100의 디지털 신호로 변환된다. 실제 크기와 디지털 신호로 매칭 된 양자화 값 사이에는 오차가 발생할 수 있다. 표본 순서 2번째에서 실제 크기는 5.4V이다. 양자화 된 디지털 값은 101(5V)이다. 이때 발생하는 실제 값과 양자화 된 디지털 값 사이의 오류 차이를 양자화 오류라고 정의한다. (5.4V − 5.0V = 0.4V) 표 1.2에서 가장 큰 양자화 오류는 표본 순서 6에서 실제 크기 2.5V이고, 양자화 된 디지털 값 011(3V) 사이의 0.5V이다. 가장 큰 양자화 오류는 양자화 간격의 반이 된다. 표 1.2에서는 001, 010, 011, 100 사이의 전압 값이 1V 차이를 지니므로 가장 큰 양자화 오류는 1/2V = 0.5V로 구할 수 있다. 양자화 오류는 아날로그 신호를 디지털 신호로 변환할 때 항상 발생하는 오류이다. 양자화 오류를 줄이기 위해서, 디지털 시스템에서 표본 당 비트 수를 8비트, 16비트, 32비트, 64비트로 확장하여 사용하는 이유이다. 고가의 IT 제품일수록 비트 수가 큰 것은 양자화 오류를 줄여서, 성능을 향상시키기 위한 것이다. 디지털 시스템의 주요 특성과 제품의 질과 정확성을 결정하는 것 중 하나가 표본당 비트 수이다. 지금까지 설명한 표본화 과정과 양자화 과정을 통하여, 아날로그 신호를 디지털 신호로 만드는 전자 소자(부품)가 아날로그-디지털 변환기(A/D Converter: Analog/Digital Converter)이다. 에이디컨버터라고 부른다. 표본 당 비트 수가 8비트이면 8비트 에이디컨버터, 표본 당 비트 수가 16비트이면 16비트 에이디컨버터라고 부른다. 디지털 시스템의 전단 부분에는 거의 대부분 센서와 에이디 컨버터가 존재한다.

표본당 8비트, 16비트, 32비트의 디지털 값을 디지털 신호 처리 프로세서에서 입력으로 받아서, 다양한 기능을 수행한다. 마이크를 통해서, 소리의 음압을 전기적 신호로 바꾸고, 이것에 대한 디지털 값을 받아서 음성을 저장 또는 압축하거나, 영상에 대한 빛의 세기를 이미지 센서를 통해서 전기적 신호로 바꾸어서 촬영된 영상을 저장 또는 압축하거나, 응용과 기능에 따라서 원하는 기능을 수행하는 부분이 디지털 신호 처리 부분이다. 이러한 디지털 신호 처리 회로는 디지털 논리 회로로 구성되고, 본 교재에서 주어진 기능을 수행하는 디지털 논리 회로 설계 능력에 대한 내용을 차후 장에서 설명하기로 한다. 디지털 신호 처리 다음 단의 디지털-아날로그 변환기(D/A Converter: Digital/Analog Converter)는 디에이컨버터라고 부른다. A/D 컨버터처럼 전자소자(부품)이고 기능은 A/D 변환기와 반대 기능을 수행한다. 디지털 신호처리를 통하여 원하는 기능을 수행하고, 0과 1로 구성된 디지털 신호를 다시 아날로그 신호로 변환한다. 변환된 아날로그 신호는 스피커나 모니터를 통해서, 귀로 들을 수 있는 소리나 눈으로 볼 수 있는 화면으로 인간에게 제공된다. 스피커나 모니터를 HID(Human Interface Device) 라고 한다.

1.3 반도체 기술의 지속적 발전과 디지털 시스템 시대

센서, 에이디변환기, 디에이변환기, 디지털 신호 처리 프로세서에 대한 기술적 이론 내용과 알고리즘은 이미 1970년대에도 존재하였다. 그 당시에는 왜 대부분의 전자제품이 디지털 시스템으로 구성하지 못하고 아날로그 제품을 사용하였을까? 지난 40여 년간 거의 모든 가전제품이나 측정 장비, 의료 장비가 디지털 시스템으로 바꾸게 된 기술 혁명은 반도체 공정기술과 디지털 논리 회로를 설계하는 CAD 툴 장비의 지속적인 발전이 가장 중요 요인이다. 현재 스마트 폰이나, 디지털 TV 또는 컴퓨터의 내부를 보면 그림 1.10과 같이 메인 보드가 존재한다. 푸른색으로 구성된 기판을 PCB(Printed Circuit Board) 피씨비라고 한다. 컴퓨터에서 메인보드와 같이 스마트폰을 구성하는 기판을 보면, 거의 대부분 검정색의 직사각형이나 정사각형 형태의 전자 부품을 볼 수 있다. 이러한 전자 부품을 반도체 칩 또는 집적회로(Integrated Circuit) 또는 아이씨칩(IC Chip)으로 부른다.

반도체 칩 또는 집적회로를 만드는 반도체 공정 기술과 설계 기술의 개발이 오늘날의 디지털 시대를 가져온 것이다. 얼마나 기술 개발이 이루어졌는지 살펴보도록 하다. 1958년 미국 TI의 킬비(Killby)가 1959년 게르마늄을 이용하여 최초 동작하는 집적회로를 만들고, 1960년 미국 페어차일드(Fairchild)의 로버드 노이스(Robert Noyce)가 게르마늄 대신 현재 사용되는 실리콘을 이용하여 집적회로를 만들고, 1970년 미국 인텔사는 최초의 컴퓨터 중앙처리연산장치인 CPU(Central Processing Unit) IC를 제작하게 된다. 가로, 세로 1cm도 안되는 작은 조각(die)에 트랜지스터를 집적하게 된다. 정확하게 말하면 이 가로 세로 1cm의 다이를 칩이라 부르지만, 우리가 컴퓨터나 스마트 폰에서는 칩에 먼지나 이물질 또는 접촉을 막기 위해서 검정의 플라스틱으로 패키지(포장) 한 그림 1.13과 같은 형태를 반도체 칩이라 부른다.

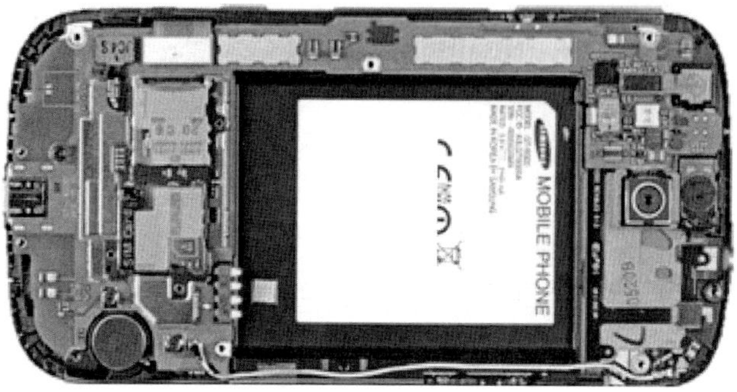

[그림 1.10] 스마트 폰 내부 PCB 보드

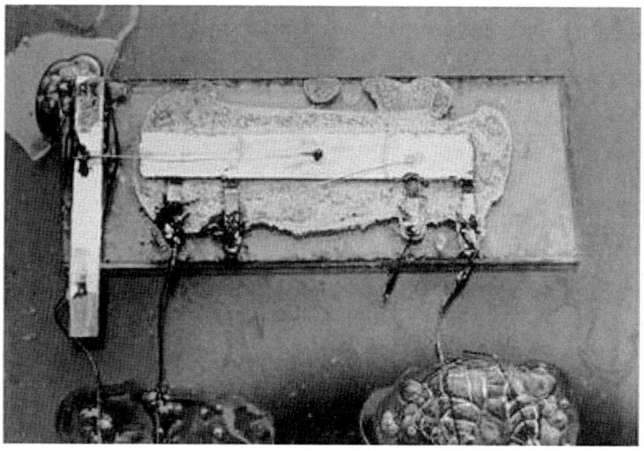

[그림 1.11] 최초의 IC 사진

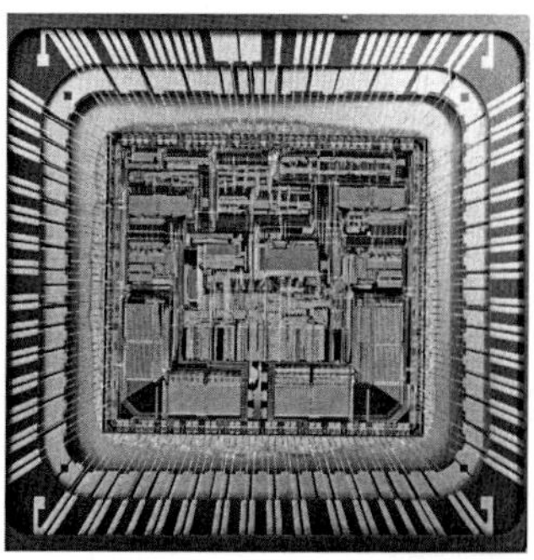

[그림 1.12] 칩의 형태

[그림 1.13] 패키지 형태

반도체 칩을 만드는 반도체 공정은 소자와 소자를 연결하는 선의 폭 또는 트랜지스터를 구성하는 게이트 폭과 사용하는 트랜지스터 종류에 따라서 공정의 이름이 정해진다. 선폭이나 게이트 폭이 작을수록 정해진 칩 안에 집적화할 수 있는 트랜지스터의 수가 많아진다. 2장에서 설명하겠지만, 디지털 시스템은 디지털 논리 회로로 구성하고, 디지털 논리 회로는 트랜지스터에 의해서 구현된다. 정해진 크기의 칩안에 몇 개의 트랜지스터가 집적화 될 수 있는지에 따라서 표 1.3처럼 집적회로를 구분하게 된다.

[표 1.3] 집적화되는 트랜지스터 수에 따른 IC의 분류

집적 회로 종류	칩 안에 트랜지스터 수	반도체 선폭	용도
SSI	1백개 미만	5~15 μ	논리게이트 구현
MSI	수백개		인코더, 디코더 등 소형 기억장치 기능
LSI	수만개	3~10 μ	메모리, 계산기 부품
VLSI	100만개 이상	1 μ	마이크로프로세서
SoC	1000만개 이상	10n 이하	여러 시스템을 하나의 칩에 구현

다음은 반도체 기술 발전으로 시스템을 작게 만들 수 있다는 것과 디지털 시스템의 장점에 대해서 살펴본다. 반도체 공정 기술과 설계 기술의 발전으로 집적화가 높아져서 1개의 칩으로 이전 수십, 수백 개의 칩을 대신하게 되므로, 전체 디지털 시스템의 크기가 작아졌다. 크기가 작아지면, 사람이 가지고 다닐 수 있으므로 여러 가지 기능을 수행할 수 있는 스마트 폰을 가지고 다닐 수 있도록 우수한 성능을 지닌 포터블 디바이스 등장이 가능해졌다.

■ 디지털 시스템의 장점

- 반도체 공정기술과 설계 기술의 발전으로 전력 소모가 작다는 장점이다. 아무리 크기가 작더라도, 디지털 시스템에서 전력 소모가 많아지면 배터리의 크기가 커지거나, 재충전 시간이 짧아지게 된다. 반도체 공정 기술 중에서 CMOS 공정 기술을 이용한 트랜지스터는 정적 전력 소모가 거의 없고, 저전력 설계 기술의 발전으로, 오늘 날 다양한 기능을 수행하는 스마트 폰을 작고 얇은 배터리를 사용하면서 설계가 가능해졌다.

- 디지털 시스템에 대한 설계 CAD 툴의 발전으로, 수억 개의 트랜지스터와 논리 게이트에 대한 설계가 편리하고 쉬워졌다. 수천만 개의 게이트에 대한 연결을 사람이 1980년대처럼 손으로 하는 것은 불가능하고, 디지털 시스템을 마치 C 언어 프로그래밍처럼 이보다 더 쉬운 RTL(Register Transfer Level) 언어를 이용하여 원하는 기능을 수행하면, CAD 툴에서 반도체 공정을 위한 레이아웃까지 자동 설계된다.
- 디지털 시스템은 아날로그 시스템에 비해서, 온도, 습도, 만드는 반도체 공정 기술에 대해서 영향을 덜 받는다. 아날로그 기술로 시스템을 구현하면, 제품을 사용하는 장소의 온도나 습도 또는 아날로그 칩을 만든 반도체 회사 사용 공정마다 성능이 다를 수 있지만, 이에 비해서 디지털 시스템은 그러한 영향을 덜 받고, 일정한 성능을 나타낸다.

작게 만들어서 몸에 지니고 다닐 수 있고, 전력 소모가 작아서 얇고 작은 배터리를 쓸 수 있어서 아날로그 시스템에서 최근 거의 모든 제품은 디지털 시스템으로 변하게 된 것이다.

1.4 디지털 시스템 논리회로 설계 과정

본 교재에서 1학기 동안 CMOS 트랜지스터, 이진수의 체계, 논리회로, 조합회로, 순차회로, 순차회로의 설계를 완벽하게 배우면, 디지털 시스템을 설계할 수 있는 기본 능력을 지니게 된다. 2학년에 이러한 기본 디지털 논리 회로 지식을 바탕으로, 실제 디지털 논리회로에 대한 실험을 통하여 눈으로 확인하고, 본인 지식으로 단단히 만들 수 있다. 디지털 논리 회로에 대한 튼튼한 기초 지식을 바탕으로 컴퓨터 구조, 마이크로프로세서 실습, 디지털 통신 이론, 디지털 신호처리, SoC 설계 교과목을 배운다면, 디지털 시스템 설계에 필요한 하드웨어와 알고리즘 이론을 이해할 수 있다. 이러한 이론과 실습 능력을 배우고 학부를 졸업 후 산업체에서 다음과 같은 설계 과정을 통하여 정해진 디지털 시스템에 대한 설계가 가능한 산업체에서 필요로 하는 디지털 설계 엔지니어가 될 수 있다고 확신한다. 일반적인 디지털 시스템 설계 과정은 다음과 같다.

1. 원하는 기능을 스펙(Specification) 으로 정한다. 입력과 출력, 블록별 기능, 전력 소모, 입출력 개수, 사용하는 반도체 공정과 전기적 특성을 정의하여 명세서로 정한다.
2. 각 기능을 수행하는 블록에 대해서 RTL(Register Transfer Level) 언어를 이용하여 설계를 한다.
3. 블록 별 원하는 기능이 나오는지 CAD 툴을 이용하여서 논리 시뮬레이션을 수행하고, 수정을 거쳐서 블록별 RTL 코딩을 수행하고 검증한다.
4. 전체 블록에 대한 시스템 차원에서 기능에 대한 풀 칩(full chip) 시뮬레이션을 진행하여 동작을 확인한다.
5. 풀칩에 대한 검증이 완료된 RTL 언어를 CAD 툴을 이용하여 논리 게이트로 바꾸는 회로 합성을 진행한다.
6. 합성된 게이트에 대한 네트리스트에 대해서 시뮬레이션을 통하여 동작을 검증한다.
7. 검증된 네트리스에 대해서 CAD 툴을 이용하여 레이아웃을 진행한다.
8. 레이아웃에서 발생되는 지연 값을 포함하여 전체 기능 동작을 확인한다.
9. 검증된 레이아웃 데이터베이스를 이용하여, 반도체 공정으로 칩을 생산한다.

설계과정에서 4번부터 8번까지 회로의 합성, 레이아웃은 설계 툴을 이용하여 쉽게 자동으로 생성한다. 디지털 시스템 설계자는 필요한 기능을 명확하게 이해하고, RTL 언어를 이용하여 효율적으로 블록과 전체 시스템을 설계하고, 어떻게 원하는 기능을 만족할 수 있는 테스트 조건을 만들 것인지에 대한 설계 역량을 갖추는 것이 필요하다.

1장 연습문제

1.1 아날로그 신호를 디지털 신호로 변환하는 과정을 설명하여라.

1.2 아날로그 신호가 1kHz 주파수를 지니는 사인파인 경우에, 샘플링 시간 간격을 1μs로 하였을 때, 1ms 동안 한 사이클의 신호에 대해서 표본(Sample)의 개수를 구하여라.

1.3 0V에서 2V까지 값이 변하는 사인파에 대해서, 8비트로 양자화 과정을 수행하는 경우, 최대 양자화 오류 값은 몇 V인가?

1.4 신호와 센서의 정의를 설명하고, 신호의 종류와 기능을 설명하여라.

1.5 스마트 폰에 있는 센서의 종류와 그 기능을 설명하여라.

1.6 아날로그 시스템에 비해서 디지털 시스템의 장점을 설명하고, 현재 대부분의 시스템이 디지털 시스템으로 변환된 주요 요인을 설명하여라.

1.7 반도체 공정 기술의 발전과 반도체 칩에 내장되는 게이트 수의 변화를 설명하여라.

1.8 디지털 시스템의 논리 회로에 대한 설계 과정을 설명하여라.

1.9 반도체 칩의 종류와 내용에 대해서 설명하여라.

1.10 −20℃에서 110℃까지 온도 값을 0V에서 2.6V까지 표현하는 온도 센서에서, 16 비트 디지털 신호로 변환하는 경우 온도 분해능과 양자화 레벨, 최대 양자화 잡음을 구하여라.

02

CMOS를 이용한 기본 게이트 전자회로

2.1 CMOS(Complementary Metal Oxide Semiconductor)

디지털 시스템으로 거의 모든 제품들이 바뀐 주요 이유 중에 하나는 반도체 공정 기술의 발전이다. 반도체 공정 기술 발전은 시스템을 작게 만들 수 있고 또 전력 소모를 줄임으로써, 휴대용으로 제품 개발이 가능해졌다. 이 장에서는 기본 논리 게이트를 구현하는 여러 방식 중에서 현재 디지털 시스템에서 널리 사용되는 CMOS 공정을 이용하는 방식으로 설명할 예정이다. 트랜지스터의 해석은 아날로그 처리와 디지털 처리 방식에서 다르다. 아날로그 처리에 사용되는 해석은 전자회로와 회로 이론에서 다루는 것을 참조하면 된다. 디지털 시스템에서 트랜지스터는 여러 용도 중에서 스위치 동작으로 이해하면 된다.

CMOS는 nMOS와 pMOS로 구성된다. nMOS와 pMOS의 심볼은 그림 2.1과 같다. 3개의 단자로 소스(Source), 드레인(Drain), 게이트(Gate)로 구성된다.

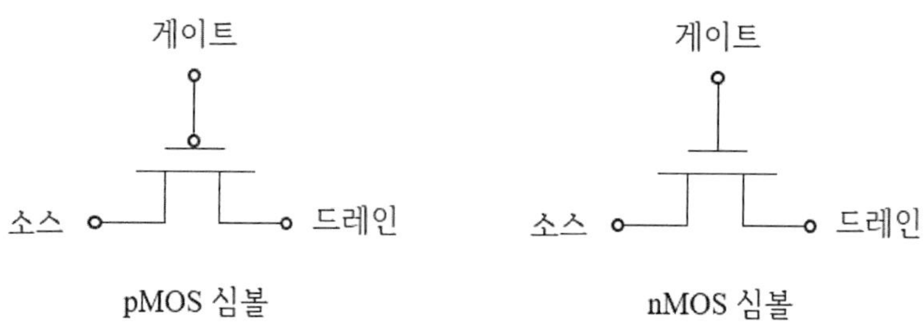

[그림 2.1] nMOS와 pMOS 심볼

MOS공정 기술에 대해서 또 다른 책 한 권의 분량이므로, 관심 있는 독자는 참고 문헌을 참조한다. 반도체 공정 기술에서 중요한 것은 선폭과 게이트의 폭이다. 최근 반도체 공정 기술은 5㎚ 이하의 선폭까지 줄어들고 있으며, 이것은 1981년도 3um에 비해서 600여배 줄어들어서 같은 면적 내에 더 많은 트랜지스터가 집적화 될 수 있다. 만약 지금과 같은 스마트 폰을 만들려면 1980년대 반도체 공정을 기준으로 칩이 적어도 3,000여개가 필요하다.

2.1.1 논리게이트와 진리표

① 논리게이트

논리게이트란 다음과 같이 정의할 수 있다. 전체 집을 구성하는 요소는 지붕, 기둥, 벽으로 구성되고, 다시 벽은 최소 단위인 벽돌로 구성된다. 집을 이루는 최소 단위를 벽돌이라 하면, 디지털 시스템은 통신·신호처리·A/D 변환기·센서 부분은 산술연산장치, 메모리, I/O 인터페이스로 구성된다. 또한, 산술연산장치는 덧셈·뺄셈·곱셈·레지스터 등으로 구성되며, 덧셈기와 곱셈기를 구성하는 최소 단위를 기본 논리 게이트라고 한다. 기본 논리 게이트는 NOT, AND, OR 등 몇 가지로 구성된다.

② 진리표

진리표는 기본 논리 게이트나 디지털 논리 회로의 입력과 출력의 결과 값을 표로 나타낸 것이다. 보통 표의 왼쪽에 사용하는 입력들을 작성하고, 오른쪽에 출력 항목을 작성한다. 디지털 시스템에서는, n개의 입력의 개수에 따라서 나타날 수 있는 경우가 2^n 개다. 예를 들어서 입력의 개수가 4개이면, $2^4 = 16$ 개의 경우가 발생한다. 진리표는 표의 왼쪽에 입력의 개수에 따라 나타날 수 있는 모든 경우를 작성하고, 오른쪽에 각각의 입력 값에 따른 출력 결과를 표로 나타낸다.

2.1.2 nMOS 트랜지스터 스위칭 동작

디지털 시스템에서 트랜지스터는 스위칭 소자로 동작된다. nMOS 트랜지스터는 게이트 전압이 1이면 소스와 드레인이 연결되어 스위치가 켜지는 것과 같다. nMOS 트랜지스터의 게이트 전압이 0이면 소스와 드레인은 연결되지 않고, 스위치가 꺼지는 것과 같다.

[그림 2.2] nMOS 게이트 전압에 따르는 스위칭 동작

게이트의 전압은 실제 반도체 공정 기술에 따라서 3.3V, 2.8V. 2.3V, 0.8V가 논리 값 1이 된다. 게이트의 전압이 0V 이면 논리 값은 0 이 된다.

2.1.3 pMOS 트랜지스터 스위칭 동작

pMOS 트랜지스터는 nMOS트랜지스터와 반대로 동작한다. pMOS 트랜지스터의 게이트 전압이 1이면, 소스와 드레인은 연결되지 않고, 스위치가 꺼지는 것과 같다. pMOS 트랜지스터의 게이트 전압이 0이면, 소스와 드레인은 연결되고, 스위치가 켜지는 것과 같다.

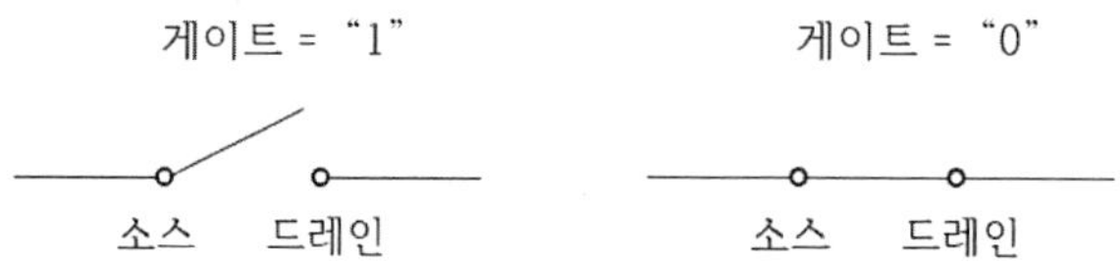

[그림 2.3] pMOS게이트 전압에 따르는 스위칭 동작

CMOS로 구성된 디지털 시스템에서 전자회로에 대한 해석은 그림 2.2와 그림 2.3의 2가지 내용으로 해석이 가능하다. CMOS는 다음 절에서 설명되겠지만, pMOS와 nMOS의 개수는 항상 같은 수이다. CMOS반도체 공정 기술의 장점은 전력 소모가 낮다는 것이다. 이러한 특성으로 이전 nMOS 반도체 공정보다 복잡하지만 2000년부터는 거의 모든 디지털 시스템은 CMOS공정 기술을 사용한다. 다음 절에서는 기본 논리 게이트 NOT, NOR, NAND 게이트에 대해서 CMOS공정 기술을 이용하여 구성된 회로의 동작 원리를 알아보도록 한다.

2.2 CMOS 전자회로를 이용한 NOT 게이트

NOT 게이트 또는 인버터(Inverter)는 가장 동작이 단순하고, CMOS논리 게이트 중에서 간단한 구조이다. NOT 게이트는 입력이 한 개이고, 출력도 한 개다. 입력이 0일 때 출력은 1이고, 입력이 1이면 출력은 0이다.

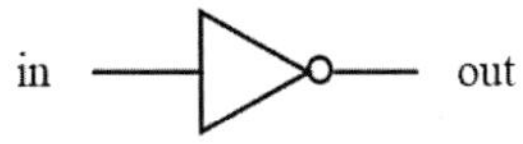

(a) NOT(인버터) 부호(심볼)

in	out
0	1
1	0

(b) NOT(인버터) 진리표

[그림 2.4] NOT 게이트(인버터) 부호와 진리표

NOT 게이트를 CMOS반도체 공정 기술을 이용하여 구현된 전자회로는 그림 2.5와 같다. NOT 게이트는 pMOS트랜지스터 한 개와 nMOS 트랜지스터 한 개를 각각의 게이트를 함께 연결하여 입력 in이 된다. pMOS의 드레인 부분은 전원(+)이 연결되고, pMOS의 소스 부분은 nMOS의 드레인 부분과 직렬로 연결되고 출력 out이 된다. nMOS의 소스 부분은 접지(−)로 연결된다. 진리표의 in = 0가 입력되었을 때 M1 pMOS의 게이트 전압이 0이므로, 이전 절의 pMOS 스위칭 동작에서 소스와 드레인이 연결된다. M2 nMOS의 게이트 전압도 0이므로 이전 절의 nMOS 스위칭 동작에서 소스와 드레인이 연결되지 않는다.

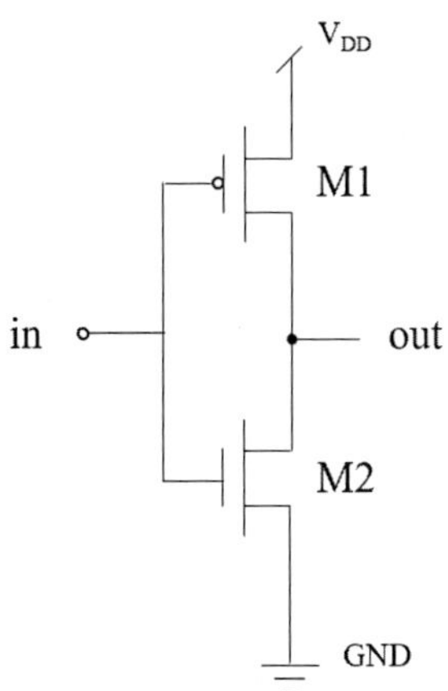

[그림 2.5] NOT 게이트(인버터) CMOS 전자회로

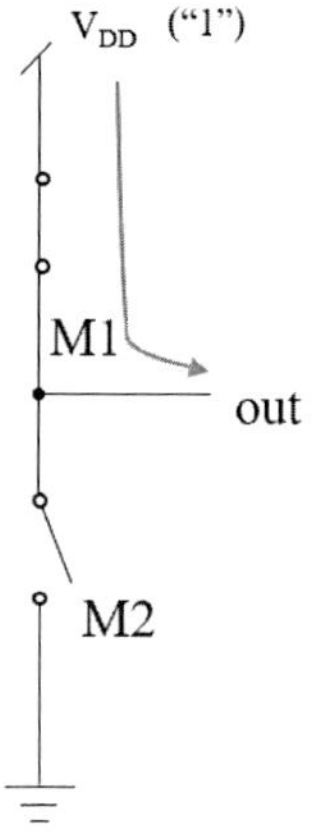

[그림 2.6] in = 0일 때 NOT 게이트의 스위칭 동작 변환

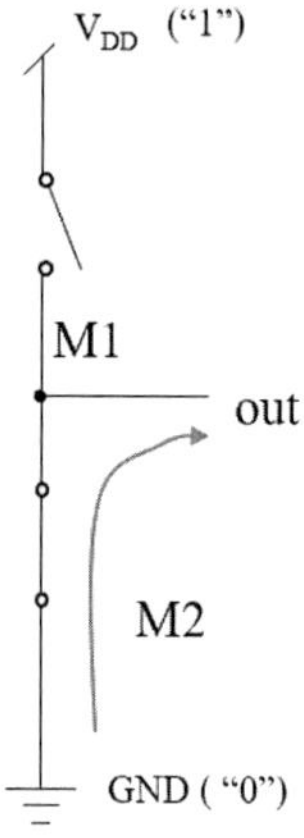

[그림 2.7] in = 1일 때 NOT 게이트의 스위칭 동작 변환

그림 2.6에서 in = 0 가 입력되면 M1 pMOS의 게이트 전압이 0 이므로, 이전 절의 pMOS 스위칭 동작에서 소스와 드레인이 연결된다. M2 nMOS의 게이트 전압도 0이므로, 이전 절의 nMOS 스위칭 동작에서 소스와 드레인이 연결되지 않는다. 스위칭 상태로 2개의 트랜지스터 상태를 변환하면 그림 2.6과 같다. in = 0 이면, 출력 out은 VDD와 연결되면서 high 즉 1인 상태가 출력된다. 출력이 VDD와 연결되면 1(high) 상태이다. 이때 pMOS M1 트랜지스터는 on되었고, nMOS M2 트랜지스터는 off 되었다고 한다. 진리표에 나타난 것처럼 in = 0이면 출력 out = 1이 된다.

그림 2.7에서 in = 1이 입력되면, M1 pMOS의 게이트 전압이 1이므로, 이전 절의 pMOS스위칭 동작에서 소스와 드레인이 연결되지 않는다. M2 nMOS의 게이트 전압도 1이므로, 이전 절의 nMOS 스위칭 동작에서 소스와 드레인이 연결된다. 스위칭 상태로 2개의 트랜지스터를 변환하면 그림 2.7과 같다.

그림 2.7에서 in = 1이면, 출력 out은 GND(= 0)와 연결되면서, low 즉 0인 상태가 출력된다. 출력이 GND(접지)와 연결되면 0 상태이다. 이때 nMOS M2 트랜지스터는 on되었고, pMOS M1 트랜지스터는 off 상태가 된다. NOT 게이트의 진리표와 트랜지스터 상태를 함께 나타내면 표 2.1과 같다.

[표 2.1] NOT 게이트에 대한 진리표와 트랜지스터 상태와 진리표 결과

in	M1	M2	out
0	on	off	1
1	off	on	0

CMOS 반도체 공정 기술을 이용한 NOT 게이트는 in = 0와 in = 1일 때, 2가지 모두 VDD에서 GND로 연결되지 않는다. 따라서 전류 값은 0이므로, 전력 소모가 거의 없다. 정적인 전력 소모는 0이고, 0에서 1 또는 1에서 0으로 변환할 때 동적인 전력 소모만 발생하므로, 현재 디지털 시스템의 논리 게이트는 저전력 소모인 CMOS 반도체 공정 기술을 이용하여 설계된다.

정적인 전력 소모(Static Power Consumption)란, 입력 값이 변하지 않는 상태에서의 전력소모를 의미한다. 동적인 전력 소모(Dynamic Power Consumption)란, 입력 값이 변하는 상태에서의 전력 소모를 나타낸다.

2.3 CMOS 전자회로를 이용한 2-입력 NOR 게이트

NOR 논리 함수는 OR와 NOT을 합친 뜻으로, OR의 반대 값을 지닌다. 따라서, 게이트의 반도체 내부 구조도 OR 게이트와 NOT을 합쳐서 NOR 게이트를 만들 것이라고 생각되지만, CMOS반도체 공정 기술을 이용한 논리 게이트 구현에서는 NOR 게이트가 기본(primitive)이 된다. 그림 2.8은 입력이 2개인 NOR 게이트의 심볼과 진리표를 나타낸다.

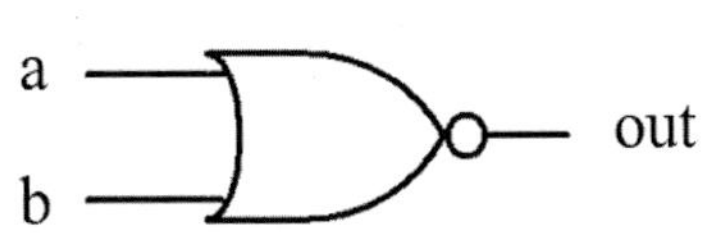

(a) NOR 게이트 부호(심볼)

a	b	out
0	0	1
0	1	0
1	0	0
1	1	0

(b) NOR 게이트 진리표

[그림 2.8] 2입력 NOR 게이트의 심볼과 진리표

그림 2.9는 입력이 2개인 NOR 게이트를 CMOS반도체 공정 기술을 이용하여 구현한 전자회로이다.

2-입력 NOR 게이트는 2개의 pMOS트랜지스터와 2개의 nMOS트랜지스터로 구성된다. 출력 out 윗부분의 pMOS는 직렬로 연결되었고, 아랫부분의 nMOS는 병렬로 연결되었다. 모든 CMOS를 사용하는 전자회로는 출력 윗부분과 아랫부분은 항상 직렬과 병렬이 반대이므로 CMOS의 Complementary(상호 반대) 용어를 사용한다. 2-입력 NOR 게이트는 4개의 트랜지스터로 구현된다. 진리표의 입력 경우에 따라서 출력이 나오는지 진리표 순서대로 회로 상에서 확인하도록 하자.

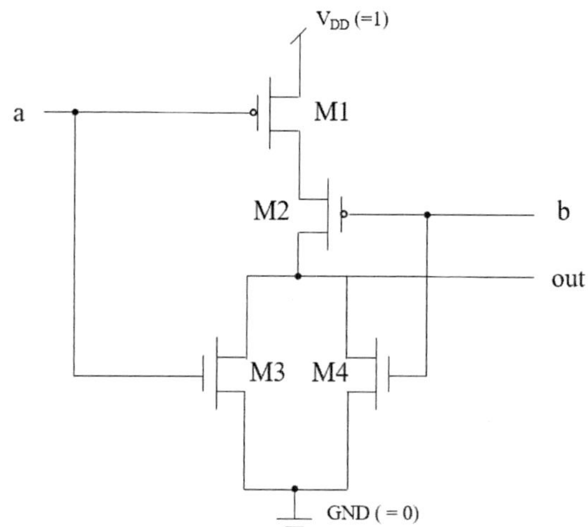

[그림 2.9] 입력 NOR 게이트 CMOS 전자회로도

① a=0이고 b=0인 경우

입력 a는 pMOS M1과 nMOS M3에 연결되어 있고, 입력 b는 pMOS M2와 nMOS M4에 연결된다. pMOS 트랜지스터의 상태를 보면, M1과 M2의 게이트 전압은 모두 0이므로, 스위칭은 연결, 즉 on 상태이다. nMOS 트랜지스터의 상태를 보면, M3와 M4의 게이트 전압이 모두 0이므로, 스위칭은 연결되지 않고, 즉 off 상태이다. 스위칭 상태로 4개의 트랜지스터를 변환하면 그림 2.10과 같다.

그림 2.10에서 출력 out은 M1과 M2 pMOS를 통해서 VDD(= 1)에 연결되므로 출력값은 high(= 1)이 된다. 그림 2.8의 진리표 a=0, b=0 입력 일 때, 출력 out =1 인 경우이다.

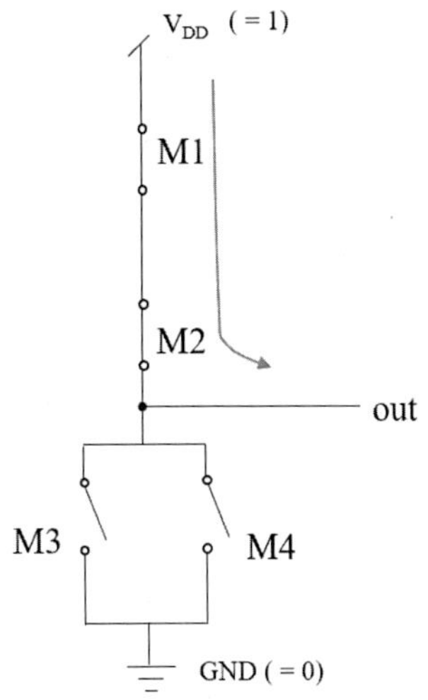

[그림 2.10] a = 0, b = 0일 때 2-입력 NOR 게이트 스위칭 동작 변환

② a=0, b=1인 경우

a = 0, b = 1 이므로, pMOS에서 M1의 게이트 전압은 0 이므로 on(연결) 상태이고, M2의 게이트 전압은 1이므로 off(연결되지 않음) 상태이다. nMOS에서 M3의 게이트 전압은 0 이므로 off 상태(연결되지 않음)이고, M4의 게이트 전압은 1이므로 on 상태(연결)이다. 스위칭 상태로 4개의 트랜지스터를 변환하면 그림 2.11과 같다.

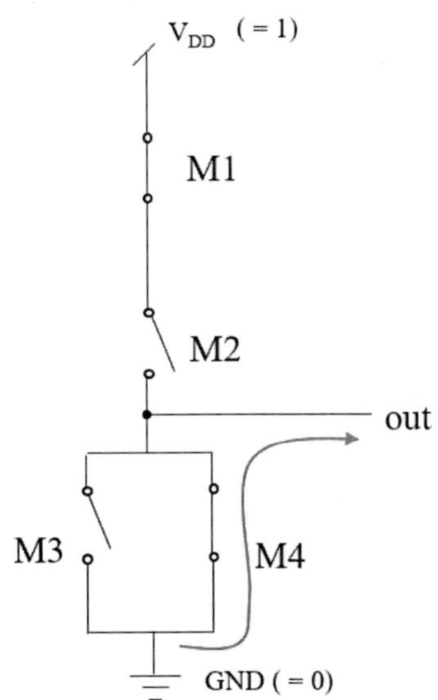

[그림 2.11] a=0, b=1일 때 2-입력 NOR 게이트 스위칭 동작 변환

그림 2.11에서 출력 out은 nMOS M4를 통해서, GND(= 0)에 연결되므로 출력 값은 low(= 0)이 된다. 그림 2.8의 진리표 a = 0, b = 1 입력일 때, 출력 out = 0 인 경우이다.

③ a=1, b=0인 경우

a = 1, b = 0 이므로, pMOS M1은 1이므로 off 상태(연결되지 않음)이고, M2의 게이트 전압은 0 이므로 on 상태(연결)이다. nMOS에서 M3의 게이트 전압은 1이므로 on(연결) 상태이고, M4의 게이트 전압은 0 이므로 off(연결되지 않음) 상태이다. 스위칭 상태로 4개의 트랜지스터를 변화하면 그림 2.12와 같다.

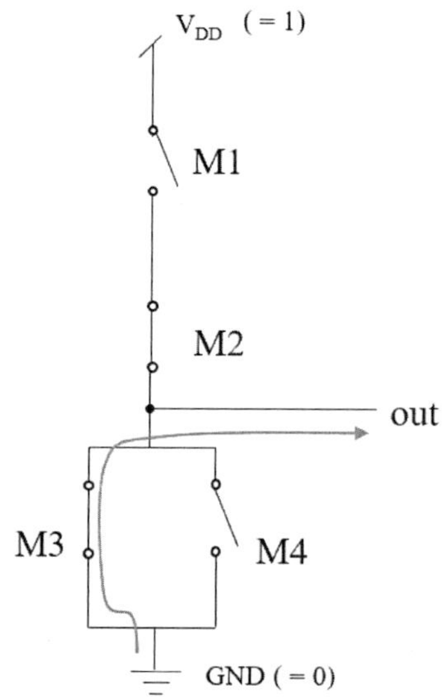

[그림 2.12] a=1, b=0일 때 2-입력 NOR 게이트 스위칭 동작 변환

그림 2.12에서 출력 out은 M3 nMOS를 통해서 GND(= 0)에 연결되므로 출력 값은 low(= 0)가 된다. 그림 2.8의 진리표 a = 1, b = 0 입력일 때, 출력 out = 0 인 경우이다.

④ a=1, b=1인 경우

a = 1, b = 1 이므로, pMOS에서 M1의 게이트 전압은 1이므로 off(연결되지 않음) 상태이고, M2의 게이트 전압도 1 이므로 off(연결되지 않음)상태이다. nMOS에서 M3의 게이트 전압은 1이므로 on(연결) 상태이고, M4의 게이트 전압도 1이므로 on(연결) 상태이다. 스위칭 상태로 4개의 트랜지스터를 변화하면 그림 2.13과 같다.

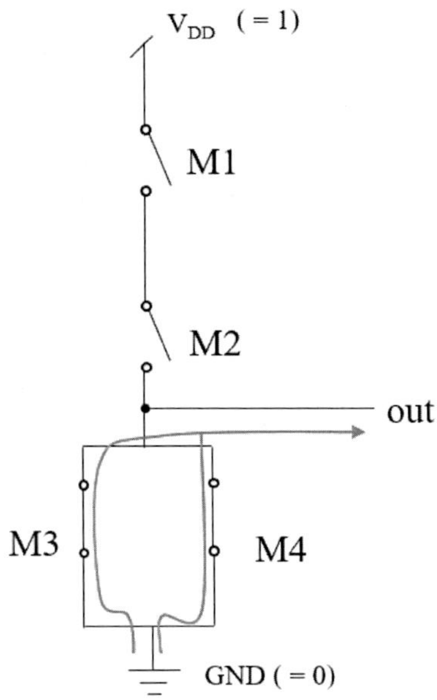

[그림 2.13] a=1, b=1일 때 2-입력 NOR 게이트 스위칭 동작 변환

그림 2.13에서 출력 out은 M3, M4 nMOS를 통해서 접지에 연결되므로 출력 값은 low(= 0)가 된다. 2-입력 NOR 게이트의 트랜지스터 상태와 진리표를 함께 나타내면 표 2.2와 같다.

[표 2.2] 2 입력 NOR 게이트의 진리표와 트랜지스터 상태

a	b	M1	M2	M3	M4	out
0	0	on	on	off	off	1
0	1	on	off	off	on	0
1	0	off	on	on	off	0
1	1	off	off	on	on	0

2.2 절의 NOT 게이트처럼 2 입력 NOR 게이트 CMOS 전자회로도 4가지 입력의 경우 모두 VDD에서 GND로 연결되지 않으므로, 정적인 전력 소모는 0이 되므로, 동적인 전력 소모만 발생한다.

2.4 CMOS 전자회로를 이용한 2-입력 NAND 게이트

2.3절의 2 입력 NOR 게이트와 마찬가지로, CMOS 반도체 공정 기술을 이용한 논리 게이트 구현에서는, AND 게이트가 아니고 NAND 게이트가 기본(primitive)이 된다. 그림 2.14는 입력이 2개인 NAND 게이트의 심볼과 진리표를 나타낸다.

(a) NAND 게이트 부호(심볼)

a	b	out
0	0	1
0	1	1
1	0	1
1	1	0

(b) NAND 게이트 진리표

[그림 2.14] 2-입력 NAND 게이트 심볼과 진리표

그림 2.15는 입력이 2개인 NAND 게이트를 CMOS 반도체 공정 기술을 이용하여 구현한 전자회로이다.

2-입력 NAND 게이트는 NOR 게이트와 반대로 출력(out) 윗부분에 pMOS는 병렬로 연결되고, 출력 아랫부분 nMOS는 직렬로 연결된다. 진리표의 입력 경우에 따라서 진리표 순서대로 출력이 맞는지 확인하도록 하자.

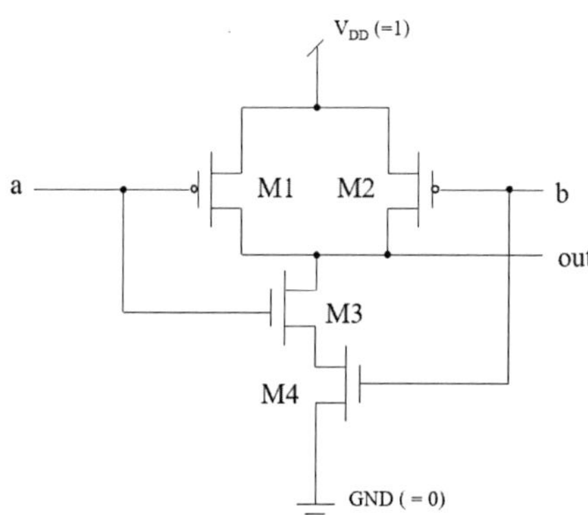

[그림 2.15] 2-입력 NAND 게이트 CMOS 전자회로도

① a=0, b=0인 경우

입력 a는 pMOS M1과 nMOS M3에 연결되어 있고, 입력 b는 pMOS M2와 nMOS M4에 연결된다. pMOS 트랜지스터의 상태를 보면, M1과 M2 게이트 전압은 모두 0이므로 스위칭은 연결, 즉 on 상태이다. nMOS 트랜지스터의 상태는 M3와 M4 게이트 전압이 0이므로, 스위칭은 연결되지 않고, 즉 off 상태이다. 스위칭 상태로 4개의 트랜지스터를 변환하면 그림 2.16과 같다.

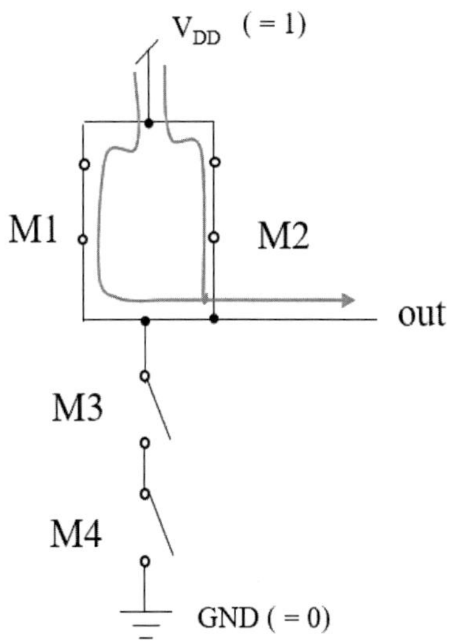

[그림 2.16] a=0, b=0일 때 2-입력 NAND 게이트 스위칭

그림 2.16에서 출력 out은 M1과 M2 pMOS를 통해서 VDD(= 1)에 연결되므로 출력 값은 high(= 1)가 된다. 그림 2.14의 진리표 a = 0, b = 0 입력일 때, 출력 out = 1 인 경우이다.

② a=0, b=1인 경우

a = 0, b = 1이므로 pMOS M1의 게이트 전압은 0 이므로 on(연결) 상태이고, M2의 게이트 전압은 1 이므로 off(연결되지 않음) 상태이다. nMOS M3의 게이트 전압은 0 이므로 off(연결되지 않음) 상태이고, M4의 게이트 전압은 1 이므로 on(연결) 상태이다. 스위칭 상태로 4개의 트랜지스터를 변화하면 그림 2.17과 같다.

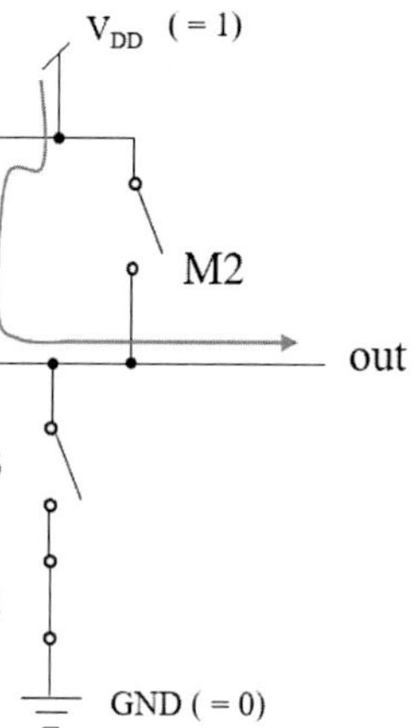

[그림 2.17] a=0, b=1일 때 2-입력 NAND 게이트 스위칭

그림 2.17에서 출력 out은 pMOS M1을 통해서 VDD(= 1)에 연결되므로, 출력 값은 high(= 1)가 된다. 그림 2.14의 진리표 a = 0, b = 1 입력일 때, 출력 out = 1 인 경우이다.

③ a=1, b=0일 때

a = 1, b = 0이므로 pMOS M1의 게이트 전압은 1 이므로 off(연결되지 않음) 상태이고, M2의 게이트 전압은 0 이므로 on(연결) 상태이다. nMOS M3의 게이트 전압은 1 이므로 on(연결) 상태이고, M4의 게이트 전압은 0 이므로 off(연결되지 않음) 상태이다. 스위칭 상태로 4개의 트랜지스터를 변화하면 그림 2.18과 같다.

그림 2.18에서 출력 out은 pMOS M2 트랜지스터를 통하여 VDD(= 1)에 연결되므로 high(= 1)가 된다. 그림 2. 14의 진리표 a = 1, b = 0 입력일 때, 출력 out = 1 인 경우이다.

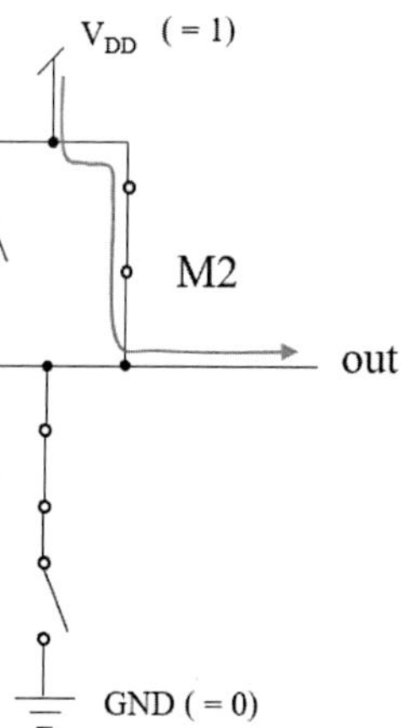

[그림 2.18] a=1, b=0일 때 2-입력 NAND 게이트 스위칭

④ a=1, b=1인 경우

a = 1, b = 1이므로 pMOS M1의 게이트 전압은 1 이므로 off(연결되지 않음) 상태이고, M2의 게이트 전압도 1 이므로 off(연결되지 않음) 상태이다. nMOS M3의 게이트 전압은 1 이므로 on(연결) 상태이고, M4의 게이트 전압도 1 이므로 on(연결) 상태이다. 스위칭 상태로 4개의 트랜지스터를 변환하면 그림 2.19와 같다. 출력 값은 nMOS M3와 M4를 통하여 GND(=0) 에 연결되므로 출력 out은 0이다.

그림 2. 14의 진리표 a = 1, b = 1 입력일 때, 출력 out = 0 인 경우이다.

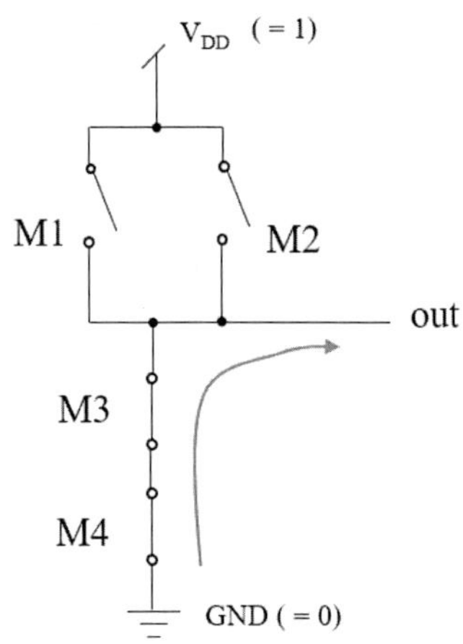

[그림 2.19] a=1, b=1일 때 2-입력 NAND 게이트 스위칭

2. 3절의 NOT 게이트, 2.4절의 NOR 게이트처럼 2-입력 NAND 게이트 CMOS 전자회로도 4가지 입력 모두 [그림 2.16, 그림 2.17, 그림 2.18, 그림 2.19] VDD 전원에서 GND 접지로 연결되지 않으므로, 정적인 전력소모는 0이다.

2-입력에 대해서 NAND, NOR 게이트의 구성을 살펴보았다. 입력이 3개, 4개인 NAND와 NOR 게이트도 마찬가지 방식으로 구성된다. 최대 4개까지의 입력이 존재하는 것은 나중에 설명될 직렬로 최대 연결할 수 있는 개수에 의해서 결정된다.

예제 다음과 같은 논리 회로도를 CMOS를 이용한 전자회로로 그려라.

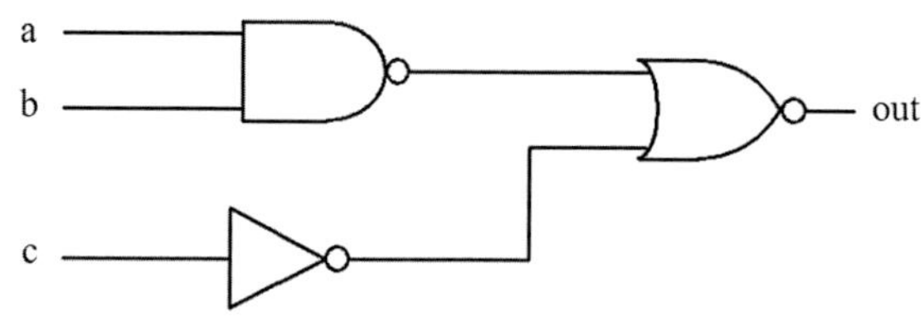

[그림 2.20] 논리 회로도 예제

풀이 ▸▸ 중간 노드의 값을 m과 n으로 정해서 아래와 같이 그린다.

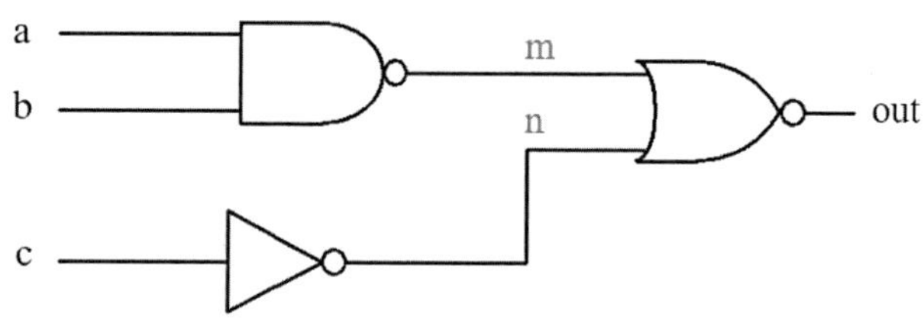

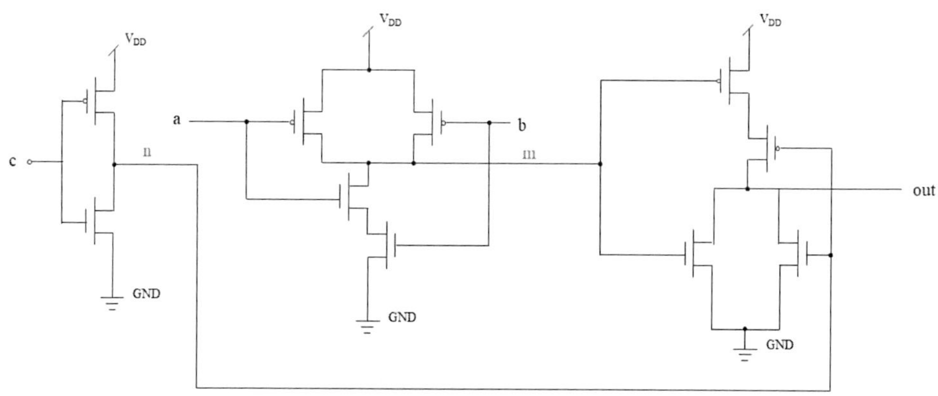

[그림 2.21] CMOS를 이용한 전자 회로도

2.5 NAND 게이트 변환

디지털 논리회로의 기본 게이트는 NOT, NAND, NOR가 기본이므로, 필요한 경우 AND, OR 게이트로 구성한 논리 회로를 NAND 게이트로만 구성된 논리 회로로 바꿀 필요가 있다. AND 게이트는 NAND 게이트와 NOT 게이트로 변환 될 수 있고, OR 게이트는 드모르간 법칙에 의해서 $a+b=\overline{\overline{a+b}}=\overline{\bar{a} \cdot \bar{b}}$로 변환할 수 있다.

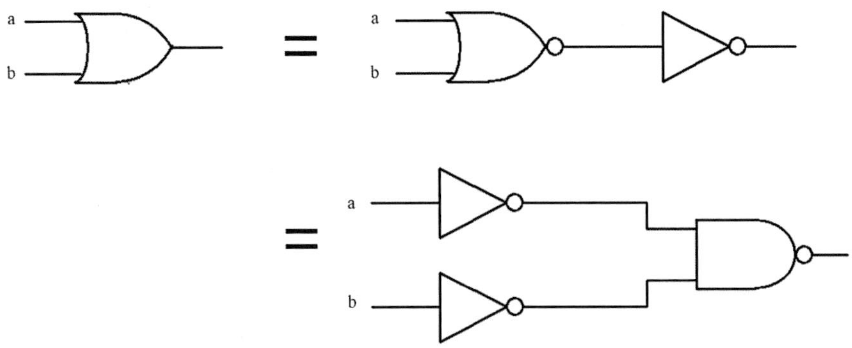

[그림 2.22] OR 게이트를 NOT, NAND 게이트를 이용하여 변환

예제 다음과 같은 논리 회로도를 NOT과 NAND 게이트만 이용하여 그려라.

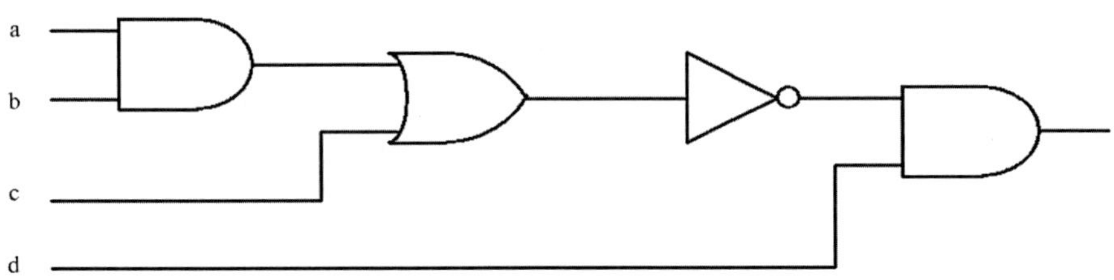

[그림 2.23] 예제 회로도

풀이 ▸▸ 드모르간 법칙을 이용하여 NAND로 바꾸면 다음 그림과 같다.

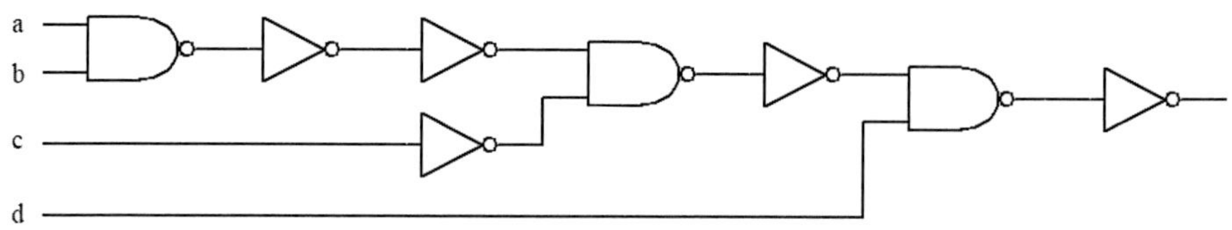

[그림 2.24] 드모르간 법칙을 이용하여 NAND로 변환

그림에서 $\overline{\overline{x}} = x$이므로, 2개의 NOT 게이트는 생략 가능하므로, 다음과 같이 회로를 수정할 수 있다.

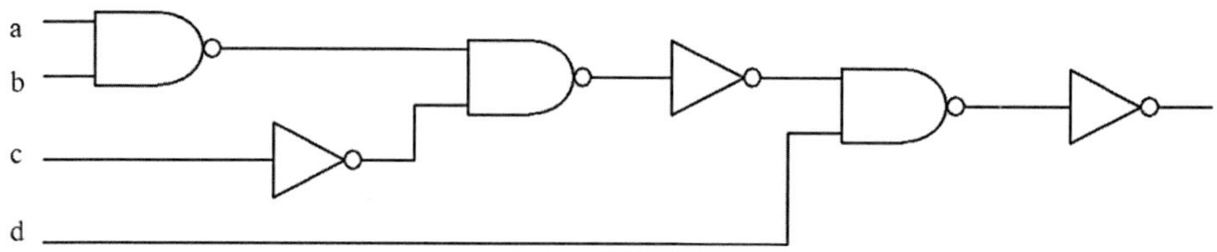

[그림 2.25] NOT과 NAND 게이트만 이용한 논리 회로도

2.6 NOR 게이트 변환

OR 게이트는 NOR 게이트와 NOT 게이트로 변환될 수 있고, AND 게이트는 드모르간 법칙에 의해서 $a \cdot b = \overline{\overline{a \cdot b}} = \overline{\bar{a} + \bar{b}}$로 변환될 수 있다.

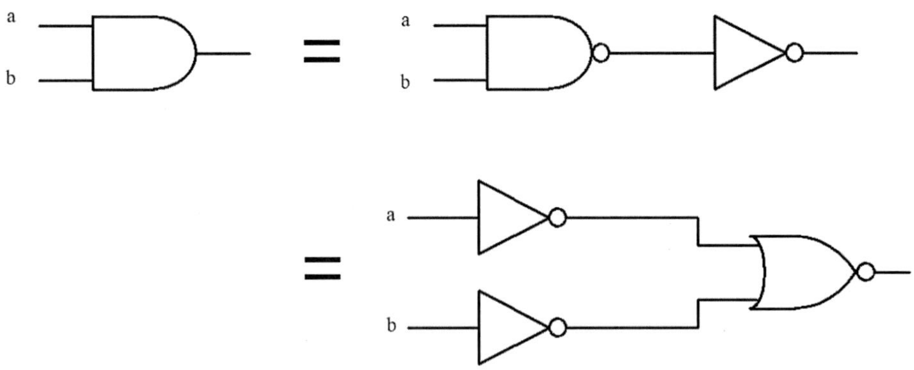

[그림 2.26] AND 게이트를 NOT, NOR 게이트로 변환

예제 다음과 같은 논리 회로도를 NOT, NOR 게이트만 이용하여 그려라.

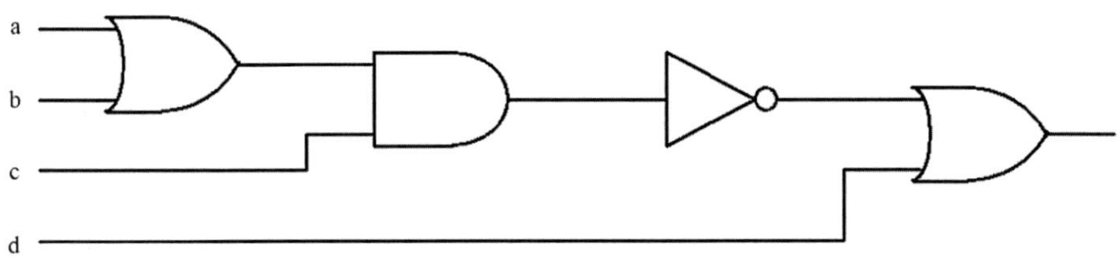

[그림 2.27] 예제 논리 회로도

풀이▸▸ 드모르간 법칙을 이용하여 NOR 게이트로 바꾸면 다음 그림과 같다.

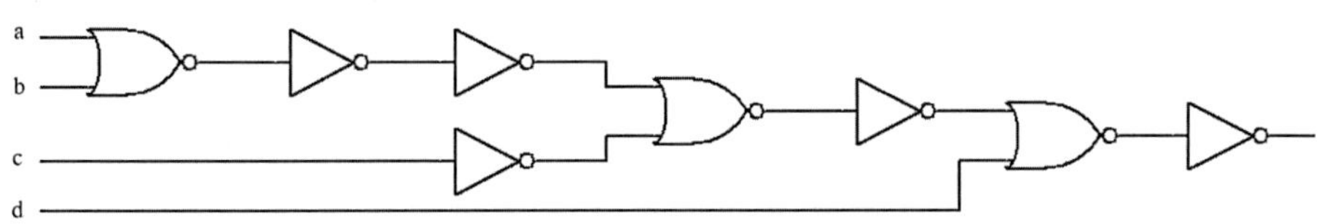

[그림 2.28] 드모르간 법칙을 이용하여 NOR 게이트로 변환

그림 2.28에서 2개의 NOT 게이트는 생략될 수 있다.

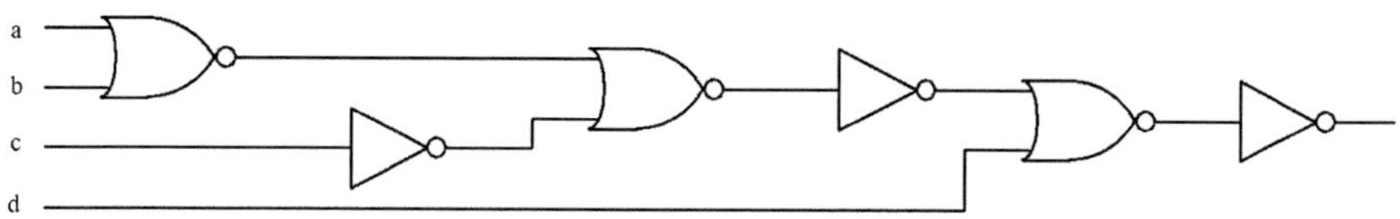

[그림 2.29] NOT과 NOR 게이트만 이용한 논리 회로도

2.7 CMOS 반도체 공정을 이용한 논리 게이트의 전기적 특성

디지털 시스템의 주요 장점이 비교적 속도가 빠르고, 전력 소모가 적다는 것이다. 시스템의 동작 속도는 최근 다양한 성능을 내기 위해서 고속을 요구한다. 이러한 디지털 시스템의 동작 속도와 전력 소모에 대한 전기적 특성을 알아보기로 한다.

2.7.1 지연 시간

여러 기본 게이트의 조합으로 구성된 디지털 논리 회로에서 각각의 입력에 대해서 원하는 출력이 나오는데 걸리는 시간을 지연 시간이라고 한다. 사람들도 어떤 업무를 수행하는데 시간이 걸리는 것처럼 디지털 시스템에서도 주어진 기능을 수행하는데 시간이 걸리게 된다. 예를 들어서 NOT 게이트의 입력이 0에서 1로 변하면, 출력은 1에서 0으로 변하게 된다. 입력이 1에서 0으로 변하면 출력은 0에서 1로 변하게 된다. 이 때 바로 그림 2.30의 윗단 그림처럼 변하는 것은 이상적인 경우이다. 실제 변하는 것은 그림 2.30의 하단 그림처럼 약간의 지연이 발생한다.

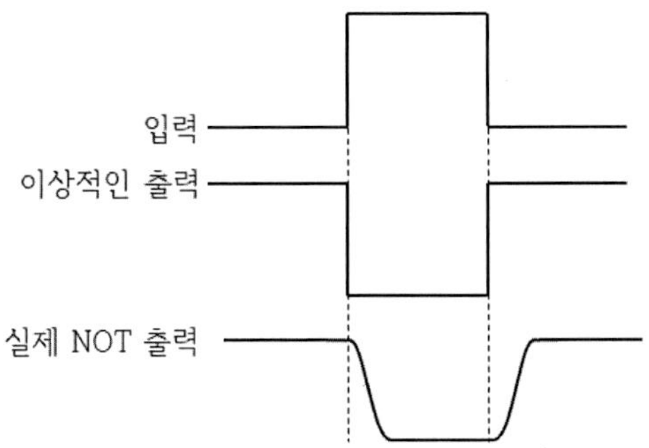

[그림 2.30] NOT게이트의 이상적인 출력과 실제 출력 파형

지연 시간(delay time)은 상승시간(tr)과 하강 시간(tf), 전파지연시간(tp)으로 구분된다. 상승시간(rising time)은 출력 값이 전체 전압 레벨의 20%에서 80%까지 도달하는데 걸리는 시간이다.

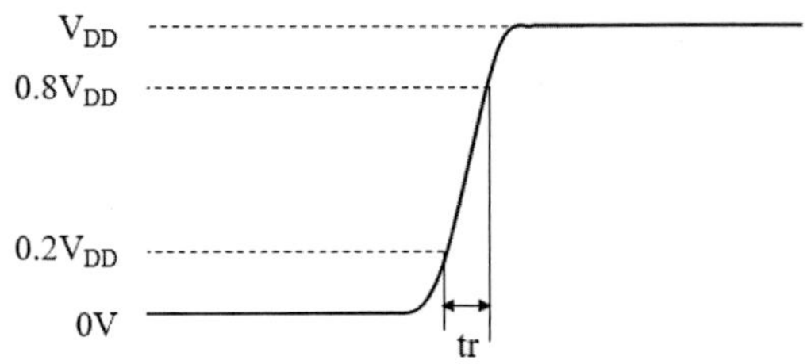

[그림 2.31] 실제 게이트의 상승시간

하강시간(falling time)은 출력 값이 전체 전압 레벨의 80%에서 20%까지 하강하는데 걸리는 시간이다.

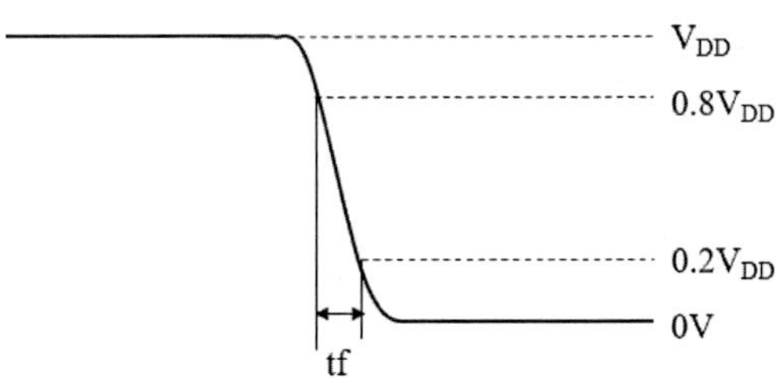

[그림 2.32] 실제 게이트의 하강시간

전파지연 시간(propagation delay time)은 출력이 0에서 1로 변하는 상승 전파지연 시간과 출력이 1에서 0으로 변하는 하강 전파 지연 시간으로 나누어진다. 상승 전파 지연 시간(t_{PLH} : Propagation delay time from low to high)은 입력의 하강 50% 시점에서 출력이 상승 50% 시점으로 변하는데 걸리는 시간이다. 하강 전파 지연 시간(tPHL : Propagation delay time from high to low)는 입력의 상승 50% 시점에서 출력이 하강 50% 시점으로 변하는데 걸리는 시간이다.

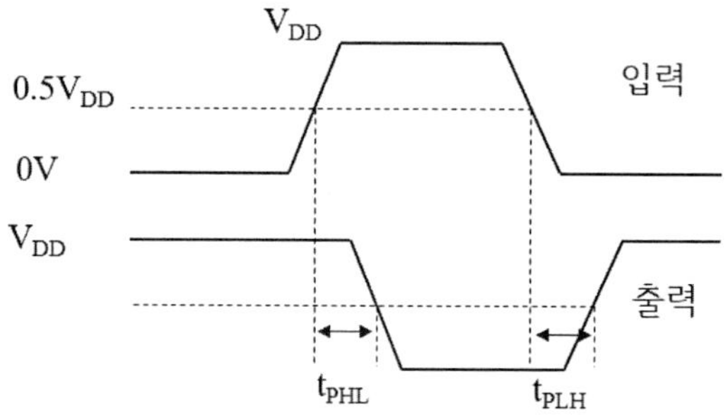

[그림 2.33] 상승전파 지연시간과 하강 전파 지연 시간

실제 게이트에서 상승시간, 하강 시간, 전파 지연 시간이 발생하는 이유는 CMOS 공정 기술로 트랜지스터를 만들게 되면, 원하지 않는 커패시턴스와 저항이 발생한다. 이러한 기생 커패시턴스와 저항에 의해서 지연이 발생하게 된다. 게이트와 트랜지스터의 수가 많아지면서, 이러한 지연 시간은 디지털 시스템에서 주요 속도 성능 결정 요인이 된다.

2.7.2 전력 소모(Power Consumption)

스마트 폰을 비롯한 인간이 가지고 다니는 제품을 포터블 제품(Portable product) 이라 한다. 사무실에 일정한 자리에 위치한 PC등은 전원을 이용하므로, 전력 소모가 성능에 있어서 효과가 적다. 노트북이나 스마트 폰은 배터리에 의해서 동작하게 되고, 만약 이러한 디지털 시스템의 전력 소모가 많으면 배터리의 충전 시간이 빨라지게 된다. 초창기 스마트 폰의 배터리 크기도 크고, 얼마 되지 않아서 다시 충전이 필요한 원인이 전력 소모가 많은 이유이다. 따라서 배터리를 이용하는 포터블 제품 설계에서는 크기와 함께 전력 소모량을 최대로 줄이는 것이 시스템 성능에 중요 설계 요인이다. 이러한 전력 소모를 줄일 수 있는 반도체 기술 중에서 이전 nMOS, 바이폴라 공정에 비해서 디지털 CMOS

반도체 공정 기술은 저 전력 설계에 가장 적합한 공정 기술이다. 얇은 배터리를 이용하면서 우리들이 스마트 폰을 이용해서 어디서나 다양한 서비스를 제공 받는 기술 개발은 많은 설계자와 공정 기술 개발자의 저 전력 소모에 대한 노력과 열정 덕분이다. 전력은 회로 이론에서 $P = V \cdot I$(전력 = 전압 X 전류) 로 나타낸다.

새로운 디지털 제품들의 전원 전압이 이전에 3.3V에서 1.8V, 1.1V로 낮아지는 것은 전력이 전원 전압과 비례하기 때문이다. 전력 소모를 낮추기 위해서는 전원 전압을 낮추는 방안이다. 계속해서 전원 전압을 낮추게 되면 0과 1의 전압 간격 즉 처음 0V와 3.3V 사이의 간격보다는 0V와 1.1V 간격이 적으므로, 0과 1에서 잡음에 대한 영향을 많이 받게 된다. 회로 디지털 시스템이 CMOS반도체 공정 기술을 사용하는 주요 요인은 저 전력 소모의 장점이다. CMOS 공정 기술이 이전 nMOS 공정 기술 보다 더 복잡하지만, CMOS로 게이트를 만든 경우에 정적인 전류(static current)의 값은 0이 된다.

CMOS를 이용한 NOT, NAND, NOR 게이트의 스위칭 동작으로 앞 절에서 설명한 내용을 보면, 어느 경우에나 VDD에서 GND로 연결된 경우가 없고 윗단이나 아랫단을 통해서 출력과 연결된 경우이다. VDD에서 GND로 연결이 되어야 전류가 흐르는데, CMOS로 게이트를 만든 경우는 그림 2.34와 같이 연결이 되지 않으므로, 정적인 전류는 0의 값을 지니게 된다.

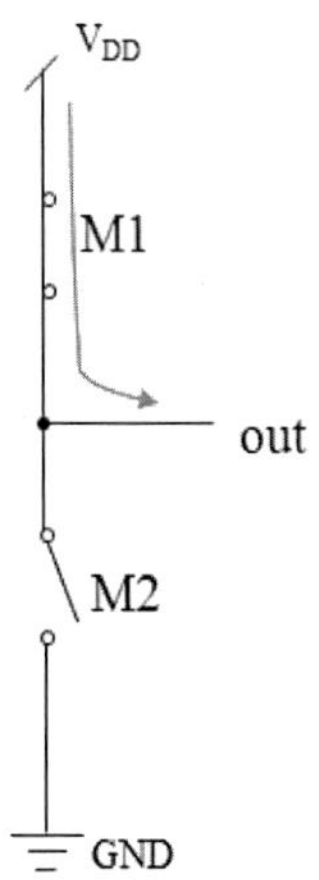

(a) NOT 게이트 입력 "0"일 때

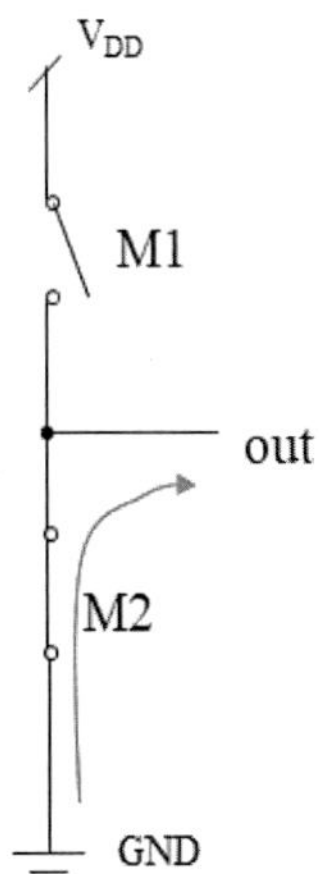

(b) NOT 게이트 입력 "1"일 때

[그림 2.34] NOT게이트에 대한 입력 별 전류 흐름 상태

CMOS를 이용한 디지털 시스템에서 전력 소모를 살펴보면, 정적인 전력 소모는 0 이고, 실제 전력 소모는 동적인 전력 소모(dynamic power dissipation)에 의한 것이다. 동적인 전력 소모가 발생하는 시점은 입력 값이 0에서 1 또는 1에서 0으로 변하는 순간이다. 이때 잠시 동안 전류가 흐르게 된다. CMOS를 구성하는 nMOS와 pMOS의 변이 상태에서 전류가 발생하게 된다.

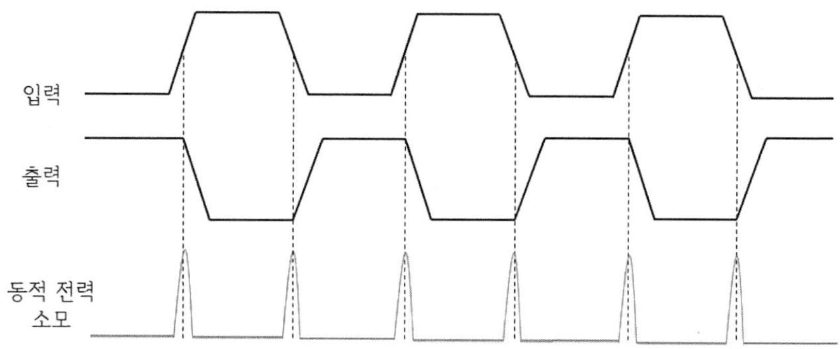

[그림 2.35] CMOS를 이용한 디지털 시스템의 동적 전력 소모 발생 시점

동적인 전력 소모는 아래 수식처럼, 반도체 공정에서 결정되는 기생 커패시턴스와 동작 속도에 의해서 결정된다. 여기서 f 는 주파수, C 는 기생커패시턴스, VDD 는 전압이다.

$$P_{Dynamic} = fCV_{DD}^2$$

2.7.3 잡음 여유도(Noise Margin)

논리 게이트나 디지털 시스템에서 입력이 정확하게 0V와 1에 해당하는 VDD가 들어오지 않고, 원하지 않는 잡음이 섞여서 들어 올 수 있다. 입력에 잡음이 섞여서 들어오더라도 출력 값이 정상적으로 나오는 최대 잡음에 대한 면역(immunity) 정도를 잡음 여유도(Noise Margin)라고 한다. 디지털 시스템이나 게이트를 각기 다른 반도체 회사에서 만들면, 각자의 게이트와 소자의 전기적 특성을 적은 명세서(스펙: specification)가 제공된다. 다음과 같은 전기적 파라미터도 사양서(스펙)에서 제공된다.

V_{IL}(max) : I Input, L은 Low의 약자이다. 입력에서 낮은 즉 0을 나타내는 가장 큰 전압 값을 나타낸다. 만약 스펙에서 V_{IL}(max) = 0.3V이면 입력 전압이 최대 0.3V까지를 0으로 인정한다는 의미이다.

$V_{IH}(min)$: I는 Input, H는 High의 약자이다. 입력에서 높은 즉 1을 나타내는 가장 작은 값을 나타낸다. 만약 스펙에서 $V_{IH}(min) = 2.8V$이면 입력 전압이 최소 2.8V부터 전원 전압(VDD)까지 1로 인정한다는 의미이다.

예제 어떤 IC 제품의 VDD=1.8V이고, $V_{IL}(max)=0.4V$, $V_{IH}(min)=1.4V$이면 입력의 0과 1의 허용 전압을 그림으로 나타내어라.

풀이 ▸▸

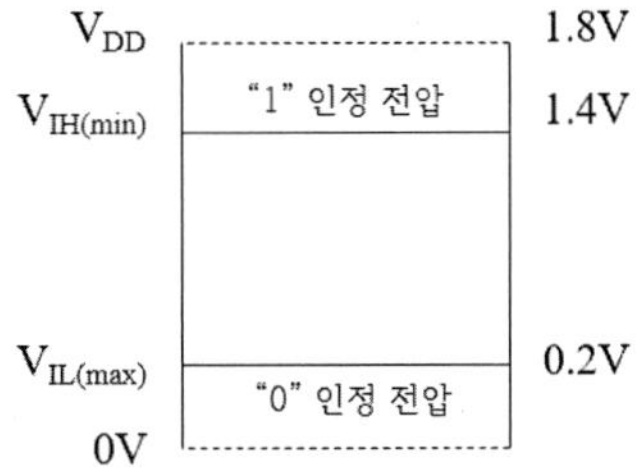

[그림 2.36] $V_{IL}(max)$과 $V_{IH}(min)$입력 전압 레벨

그림 2.36에서 0V에서 0.4V 사이의 입력 전압은 0으로 인정이 되고, 1.4V에서 1.8V는 1의 값으로 허용이 된다. 중간에 0.4V에서 1.4V 사이의 전압은 0과 1 어느 값이 될지 모르므로, 허용되지 않는 값이다. 즉 이 IC를 사용하는 사람은 1.0V를 입력으로 넣어서는 스펙의 조건을 위반하므로, 결과가 틀리게 나올 수 있다. 스펙을 잘 이해하고, IC로 시스템을 만드는 것은 공학도로 매우 중요하다.

입력과 마찬가지로 출력에 대한 전기적 파라미터도 사양서(스펙)에서 제공된다.

- $V_{OL}(max)$: O는 Output, L은 Low의 약자이다. 출력에서 낮은 즉 0을 나타내는 최댓값을 의미한다. 만약 스펙에서 $V_{OL}(max) = 0.2V$이면, 출력 전압이 0V에서 최대 0.2V까지를 0(low)으로 인정한다는 의미이다.
- $V_{OH}(min)$: O는 Output, H는 High의 약자이다. 출력에서 높은 즉 1을 나타내는 최소값을 의미한다. 만약 스펙에서 $V_{OH}(min) = 1.7V$이면, 출력 전압이 1.7V에서 최대 V_{DD}까지를 1(high)로 인정한다는 의미이다.

예제 이전 예제 IC제품의 $V_{OH}(min) = 1.7V$이고, $V_{OL}(max) = 0.2V$이면 출력 0과 1의 허용 전압을 그림으로 나타내어라.

풀이 ▸▸

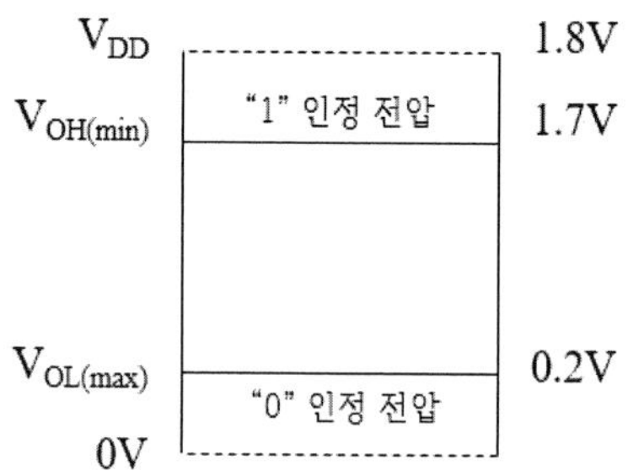

[그림 2.37] $V_{OL(max)}$과 $V_{OH(min)}$의 출력 전압 레벨

4가지 전기적 파라미터를 이해해야 잡음 마진 개념을 이해할 수 있다. 이전 2개의 IC제품을 연결하고, 그 사이에 잡음이 발생했다고 가정한다.

High(= 1)에 대한 잡음 마진(여유도)는

$V_{NH} = |V_{OH}(min) - V_{IH}(min)| = |1.7V - 1.4V| = 0.3V$이고,

Low(= 0)에 대한 잡음 마진(여유도)는

$V_{NL} = |V_{OL}(max) - V_{IL}(max)| = |0.2V - 0.4V| = 0.2V$이다.

$$V_{NH} : V_{Noise\ Margin\_High},\ V_{NL} : V_{Noise\ Margin\_Low}$$

$V_{NH} = 0.3V$와 $V_{NL} = 0.2V$의 의미는 0(= low) 전압 레벨에서는 최대 0.2V의 잡음까지 발생해도, 정상 동작을 하고, 1(high) 전압 레벨에서는 최대 0.3V의 잡음이 발생해도, 정상 동작을 한다는 의미이다. 잡음이 많은 시스템일수록 사용하는 IC 제품의 노이즈 마진이 큰 값을 사용해야 한다.

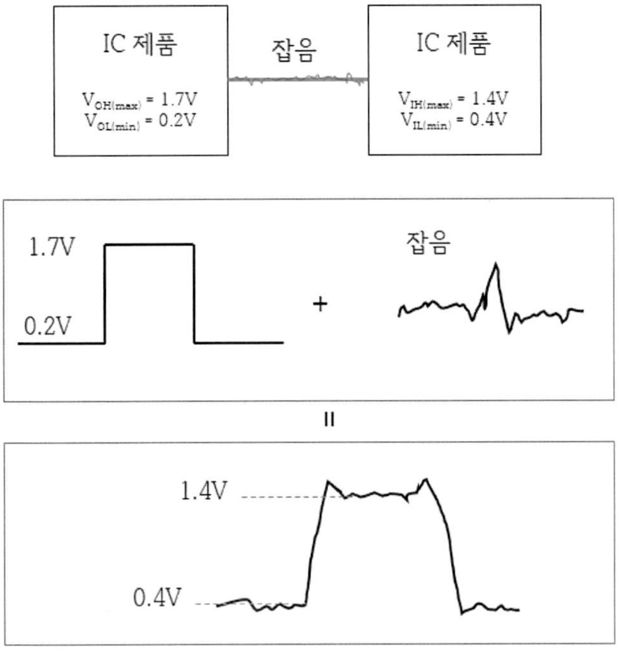

[그림 2.38] 잡음이 발생하는 경우 노이즈 마진

2.7.4 팬인, 팬 아웃(Fan_in, Fan_out)

팬인은 한 개의 게이트에서 연결 될 수 있는 최대 입력 개수를 의미한다. 예를 들어서 CMOS로 구성된 NAND나 NOR게이트는 입력의 개수가 2개, 3개, 최대 4개이다. CMOS NAND 게이트의 팬인(Fan_in)은 4가 된다. 입력의 최대 개수가 팬인으로 제한되는 이유는 CMOS전자회로에서 입력의 개수가 4개 이상 되면 직렬로 연결되는 pMOS나 nMOS에서 성능 저하가 발생하기 때문이다. TTL(Transistor - Transistor Logic) 기술을 이용하면 최대 8개의 입력이 가능하므로, 이 경우 팬인은 8이 된다. CMOS NOR 게이트를 이용해서, 디지털 시스템을 설계할 때 8개의 입력이 필요한 경우에는 4개 입력 NOR 게이트 2개를 사용하여서 구현한다. 성능에 영향을 주지 않고, 연결 될 수 있는 최대 출력 개수를 팬아웃(Fan_out)이라고 한다. 게이트의 구동 능력에 따라서 팬 아웃 값이 결정된다. 힘이 약한 게이트 출력에 다른 게이트의 많은 입력이 연결된다면, 힘이 달려서 지연 시간이 증가하게 된다. 예를 들어서 a라는 게이트에 10개의 NOT게이트가 연결되는 경우와 30개의 NOT게이트가 연결되는 경우 a 게이트의 구동 능력이 20이라면, 10개의 NOT 게이트는 성능 저하 없이 동작되지만, 30개의 NOT게이트가 연결되면, 지연 시간이 증가하게 되어 성능에 영향을 미치게 된다. 같은 기능을 수행하는 NOT, NOR, NAND 게이트도 출력에 몇 개의 입력을 구동할 수 있는지 팬 아웃 수에 따라서, NOR(X1), NOR(X2), NOR(X4)로 달리 구성되어서 설계에 활용된다.

2장 연습문제

2.1 CMOS p-트랜지스터와 n-트랜지스터의 스위칭 동작 원리를 설명하여라.

2.2 CMOS 반도체 공정 기술이 nMOS 반도체 공정 기술과 비교해서 장·단점을 설명하여라.

2.3 3-입력 NOR 게이트를 CMOS 전자 회로로 그리고, 진리표와 각 입력 상태에서의 pMOS, nMOS의 트랜지스터 스위칭 상태를 설명하여라.

2.4 4-입력 NAND 게이트를 CMOS 전자 회로로 그리고, 진리표와 각 입력 상태에서 pMOS, nMOS의 트랜지스터 스위칭 상태를 설명하여라.

2.5 다음과 같은 논리 회로도를 NAND 게이트와 NOT 게이트로 변환하여라.

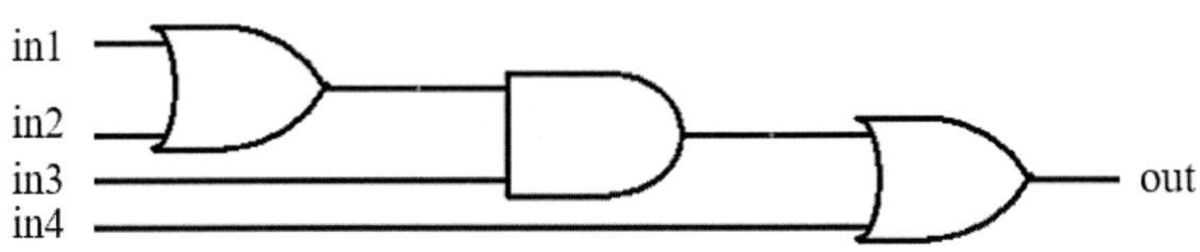

2.6 다음과 같은 논리 회로도를 NOR 게이트와 NOT 게이트로 변환하여라.

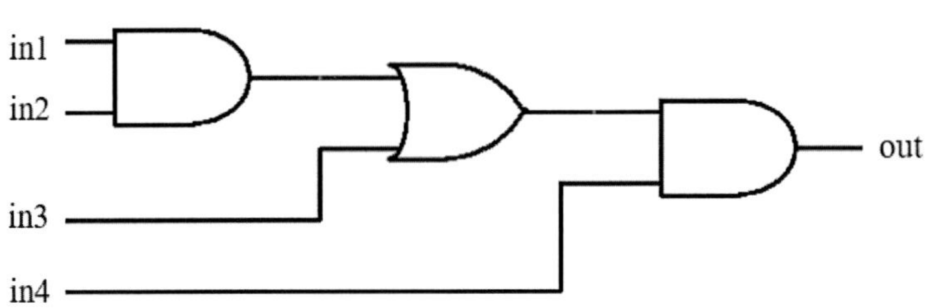

2.7 다음과 같은 논리 회로도에 대한 진리표를 작성하고 논리식을 구하여라.

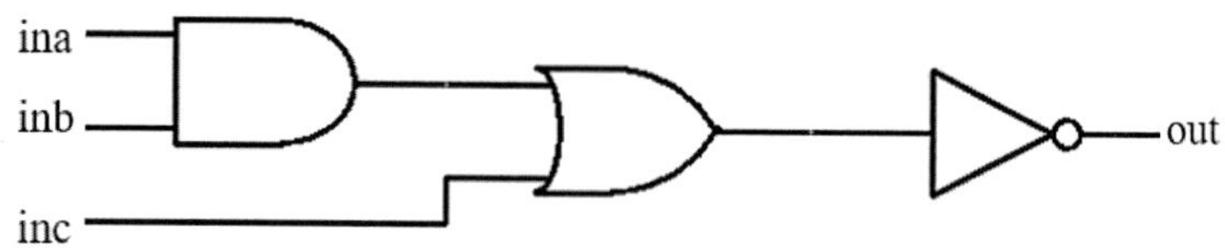

2.8 문제 2.7의 논리 회로도에 대한 CMOS 전자 회로를 그리고, pMOS와 nMOS의 스위칭 상태를 설명하고 출력을 구하여 표로 작성하여라.

2.9 다음과 같은 논리 회로도에 대한 진리표와 타이밍도를 그려라. 단, 입력 in1, in2, in3가 000~111까지 8가지 상태 변화에 대한 진리표와 타이밍도를 작성하여라.

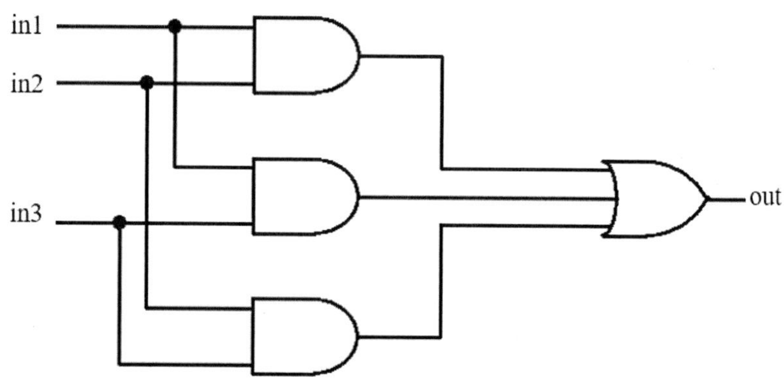

2.10 CMOS로 구성된 디지털 시스템에서 전력 소모가 발생되는 요인을 설명하여라.

2.11 CMOS로 구성된 디지털 시스템에서 게이트의 지연을 가져오는 요인을 설명하여라.

03

논리 함수와 기본 논리 연산자

3.1 논리 함수와 연산자

3.2 논리 게이트와 논리 회로

3.3 부우리언 대수(Boolean Algebra)

3.4 카르노 맵 이용한 논리식의 간소화

3.5 XOR와 XNOR 게이트

3.1 논리 함수와 연산자

주변을 둘러보면, 디지털 제품들로 IT 산업을 구성한다. 디지털 제품이란, 디지털 논리 회로를 이용하여 만든 제품이다. 스마트폰, PC, 디지털 TV 모두 디지털 논리 회로가 주요 구성 요소이다. 3장에서는 디지털 제품의 주요 구성 요소인 디지털 논리 회로의 기능에 명확한 이해와 필요한 이론 및 설명을 기술한다.

디지털 논리 회로를 알기 위해서는 기본이 되는 논리 게이트를 알아야 한다. 논리 회로는 논리 게이트를 연결하여 구성되기 때문이다. 논리 게이트는 NOT, AND, OR가 기본 논리 게이트이다. 아래 그림에서 가장 간단한 구조인 NOT 논리 게이트를 알아본다. 디지털 회로는 논리식과 논리 심볼과 논리 함수로 구성된다, 디지털 회로를 설명하기 위해서는 우리가 사용하는 십진수 대신에 이진수를 알아야 한다. 이진수는 2가지 경우만 존재한다. 10진수는 0, 1, 2, 3, 4, 5, 6, 7, 8, 9까지 10개의 숫자가 존재하지만 2진수는 0과 1의 2개가 존재한다. 2진수를 설명하는 쉬운 예제가 스위치(switch)이다 집안에 조명을 제어하기 위해서 스위치가 존재한다. 스위치의 상태는 2가지 경우가 있다. 전등을 켜 놓은 on("1")과 전등을 꺼 놓은 off("0") 상태이다. 스위치를 나타내는 심볼은 아래 그림 3.1과 같다.

[그림 3.1] 이진수 설명을 위한 스위치 상태

스위치 상태는 입력 변수 X에 의해서 결정된다. 사람이 스위치를 누르지 않은 경우에 입력 변수 X는 "0"이 되고, 이 때 스위치의 상태는 열린 상태(그림 3.1(a))가 된다. 사람이 스위치를 누르는 경우 입력 변수 X는 "1"이 되고, 이 때 스위치의 상태는 닫힌 상태(그림 3.1(b))가 된다. 스위치의 표시를 그림 3.2와 같이 나타내기로 한다.

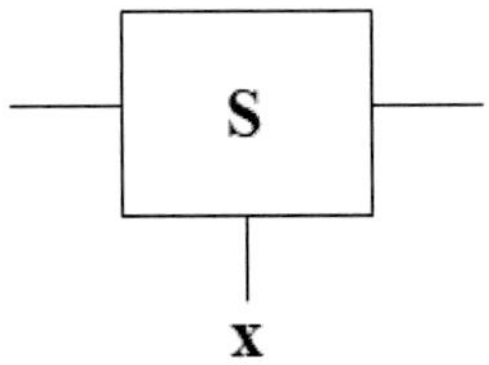

[그림 3.2] 이진 스위치 심볼(부호)

스위치의 상태는 닫히거나 열린 2가지 상태만 존재하므로 이진 스위치(binary switch)라고 한다. X는 스위치의 상태를 결정하는 입력 값이고, 사용자가 스위치를 누르거나 누르지 않는 조건에 따라서 값이 변하므로 변수이다. 그림 3.3과 같이 스위치와 전구 및 건전지를 연결하여서, 스위치의 상태에 따라서 전구의 불이 들어오고, 꺼지는 예를 가지고 논리 함수를 설명하려 한다.

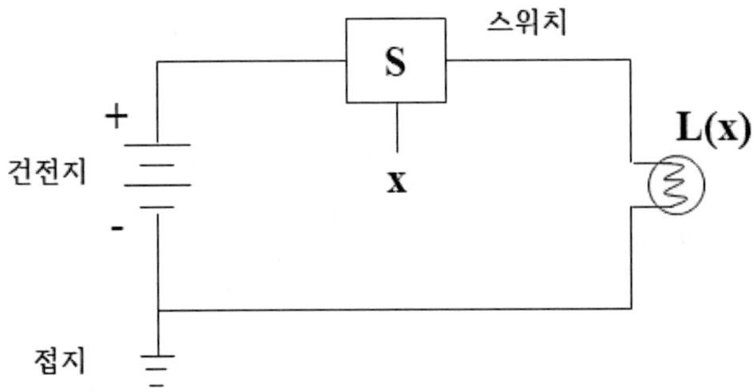

[그림 3.3] 논리 함수(논리 표현) 설명을 위한 스위치 제어 회로도

그림 3.3에서 스위치의 상태는 X 값에 의해 결정되고 이 상태는 전구의 불이 켜지거나 꺼지는 상태를 결정한다. 즉 전등의 상태는 출력 L이고, 스위치의 상태를 결정하는 변수 X가 입력인 함수 관계가 된다. 스위치를 누르면 스위치가 닫힘 상태이고 이 때 X = 1로 설정되고, 출력 L인 전등의 상태는 불이 들어오는 상태(즉, 켜져 있는 상태)가 된다. 스위치를 끄면 스위치가 오픈 상태가 되고 이때 X = 0으로 설정되고 출력 L인 전등의 상태는 불이 안 들어오는 상태(즉, 꺼져있는 상태)가 된다. 스위치 상태를 결정하는 변수 X 값에 따라서, 전등의 상태 L이 결정되고, X와 L은 함수로써 나타낼 수 있다. X = 0이면, 스위치가 열려 있는 상태이므로 전구는 불이 들어오지 않은 상태인 L = 0가 된다. X = 1이면 스위치가 닫혀있는 상태이므로 전구는 불이 들어오고 L = 1이 된다. 함수로 표시하면

L(X) = X이다. X = 0이면, L = 0이고 X = 1이면 L = 1이 되므로, L(X) = X가 된다. 아래 식은 X와 L의 상태를 나타내는 논리 함수(logic function)이다.

$$L(X) = X \quad \cdots\cdots ①$$

(1) AND 논리 함수와 연산자

입력 변수 X(스위치 상태)에 따라서 출력 L(전구의 상태)이 결정된다. 입력 변수 X와 출력 L의 상태를 ①처럼 표시한 식을 논리 함수라고 정의한다. 그림 3.4는 기본적인 논리 함수 중 하나인 AND 논리 연산자를 설명하기 위해서 스위치를 직렬로 연결한 회로이다.

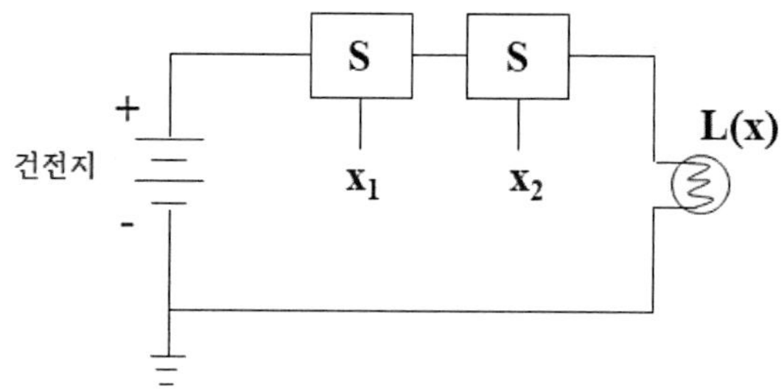

[그림 3.4] AND 논리 연산자를 설명하기 위한 2개의 스위치 직렬연결 회로

스위치 2개의 상태를 각각 X_1과 X_2라고 가정하고, 이 입력 변수 값에 따라서 전구 L의 상태가 결정된다. 2개의 스위치 X_1과 X_2가 모두 "1"인 경우에만 전구에 불이 켜지는 L = 1이 된다. X_1과 X_2 중 어느 하나만 "1"이거나 모두 "0"이면 전구는 불이 들어오지 않는 L = 0이 된다. 만약 $X_1 = 1$, $X_2 = 1$이면 L = 1이고, $X_1 = 0$, $X_2 = 1$이면 L = 0, $X_1 = 1$, $X_2 = 0$이면 L = 0, $X_1 = 0$, $X_2 = 0$이면 L = 0이다. X_1과 X_2는 입력 변수이고 출력 L에 대한 함수 관계의 논리 표현은 다음과 같이 정의한다.

$$L(X_1,\ X_2) = X_1 \cdot X_2 \quad \cdots\cdots ②$$

여기서 ·표시는 AND 연산자를 나타낸다. 입력이 모두 "1"일 때에만 출력이 "1"이 되는 논리 기능을 지닌다. ②와 같은 함수를 논리적 AND 함수라 한다. 논리적이란 0과 1을 지니는 것이고, AND 연산은 입력 중 어느 하나라도 0이면 출력은 0이 되며, 모든 입력 값이 1일 때에만 출력이 1이 된다.

(2) OR 논리 함수와 연산자

그림 3.5는 또 다른 기본 논리 함수 중 하나인 OR 연산자를 설명하기 위해서 스위치를 병렬로 연결한 회로이다.

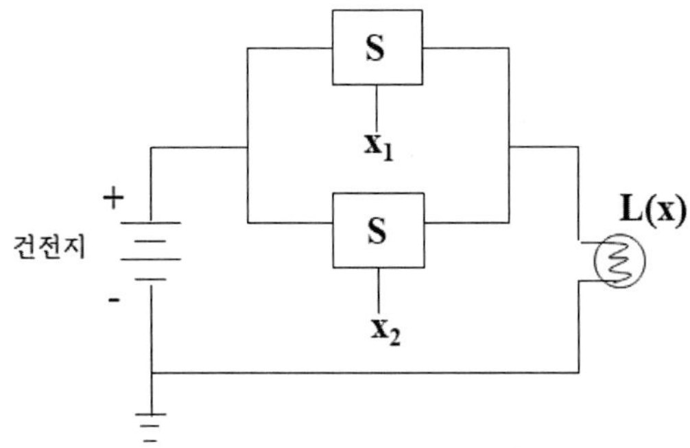

[그림 3.5] OR 논리 연산자를 설명하기 위한 2개의 스위치 병렬연결 회로

스위치가 병렬로 연결되어 있으므로 X_1과 X_2가 둘 다 1이거나, 둘 중에 하나만 1이어도 전구 L에는 불이 들어와서 출력은 1이 된다.

$X_1 = 1$, $X_2 = 1$이면 $L = 1$, $X_1 = 0$, $X_2 = 1$이면 $L = 1$, $X_1 = 1$, $X_2 = 0$이면 $L = 1$, $X_1 = 0$, $X_2 = 0$이면 $L = 0$이다. 이러한 입력과 출력관계를 논리 표현하면 다음과 같다.

$$L(X_1,\ X_2) = X_1 + X_2 \quad \cdots\cdots ③$$

여기서 +는 일반적으로 알고 있는 두 수를 더하는 덧셈(산술) 연산자가 아니고, 디지털 논리 회로에서는 OR 연산자를 나타낸다. 입력 중 적어도 한 개가 1이면, 출력이 1이 되는 논리 기능을 지닌다. ③과 같은 함수를 논리적 OR 함수라 한다. 입력이 3개인 경우 논리적 OR 함수는 다음과 같다.

$$L(X_1,\ X_2,\ X_3) = X_1 + X_2 + X_3 \quad \cdots\cdots ④$$

AND와 OR 논리 함수는 디지털 회로의 가장 기본이 되는 함수이다.

(3) NOT 논리 함수와 연산자

그림 3.6은 NOT 논리 연산자를 설명하기 위해서, 스위치를 전구와 병렬로 연결한 회로이다.

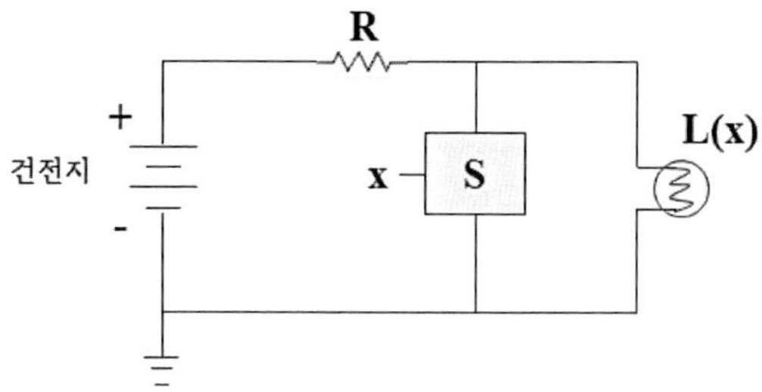

[그림 3.6] NOT 연산자 기능을 설명하기 위한 스위치와 전구의 병렬 회로

회로에서 X = 0일 때, 스위치는 개방되고 다시 그려보면 그림 3.7(a)와 같다.

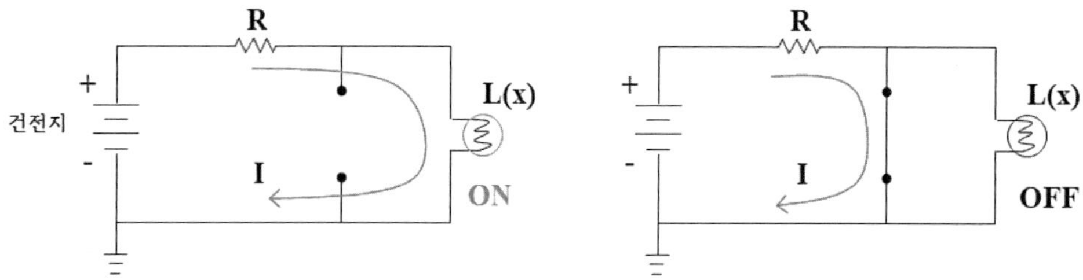

(a) X = 0일 때　　(b) X = 1일 때

[그림 3.7] 스위치 상태에 따르는 NOT 연산자 기능

그림 3.7(a)에서 스위치는 개방되어 있으므로, 전류는 전구 쪽으로 흐르면서 전구의 불이 들어오므로 L = 1이 된다. 회로에서 X = 1일 때 스위치는 단락(연결)되고 그림 3.7(b)와 같은 회로로 표현된다. 그림 3.7(b)에서 스위치는 단락되고 전구는 저항 값이 존재하고, 스위치는 저항 값이 0에 가까우므로 저항이 작은 스위치 쪽으로 전류가 흘러가서 전구의 불은 들어오지 않으므로 L = 0이 된다. 즉, X = 0일 때 L = 1이고, X = 1일 때 L = 0이 된다. 이진 디지털 회로에서 0의 보수(반대) 값은 1이고, 1의 보수(반대) 값은 0이 된다. 이러한 입력과 출력 관계를 지니는 논리 연산을 NOT 논리 함수로 정의한다.

$$L(X) = \overline{X} = !X = \sim X \quad \cdots\cdots ⑤$$

오버바는 NOT을 나타내는 논리 연산자 표시이다. 키보드에서 오버바를 표현하기 어려우므로, ! 또는 ~로 NOT을 표시하기도 한다. X = 0이면 L(X = 0) = !0 = 1

X = 1이면 $L(X=1)=!1=0$이 된다. 앞에서 설명한 3개의 논리 연산자 AND, OR, NOT이 디지털 시스템의 기본이 된다. 3가지 논리 함수를 이용해서 스마트폰을 만들 수 있다.

예제 다음 그림 3.8과 같은 병렬과 직렬로 구성된 회로에 대한 논리 함수 표현을 구하여라.

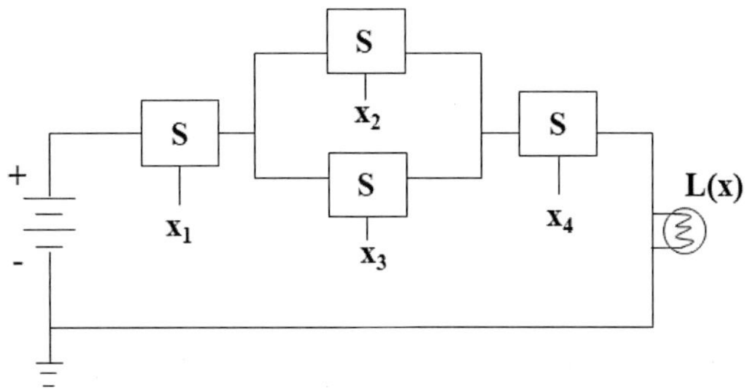

[그림 3.8] 병렬과 직렬로 혼합된 스위치로 구성된 회로

풀이 ▸▸ 직렬연결은 AND이고, 병렬연결은 OR 논리 연산자로 나타낼 수 있다. 출력 L은 입력 X_1, X_2, X_3, X_4 값에 의해서 결정된다. X_2와 X_3 스위치는 병렬 연결이므로, X_2+X_3 OR 연산자를 이용해서 나타낼 수 있고, X_1과 X_4와 (X_2+X_3)는 AND 연산자를 이용하여 나타낼 수 있다.

결과 : $L(X_1, X_2, X_3, X_4) = X_1 \cdot (X_2+X_3) \cdot X_4$

예제 그림 3.8 스위치 회로에서 4개의 스위치가 $X_1=0$, $X_2=1$, $X_3=1$, $X_4=0$일 때와 $X_1=1$, $X_2=0$, $X_3=1$, $X_4=1$일 때 전구가 켜지는지 구하여라.

풀이 ▸▸ ① $X_1 = 0$, $X_2 = 1$, $X_3 = 1$, $X_4 = 0$일 때 스위치 상태를 포함해서 회로를 그리면, 그림 3.9(a)와 같다.

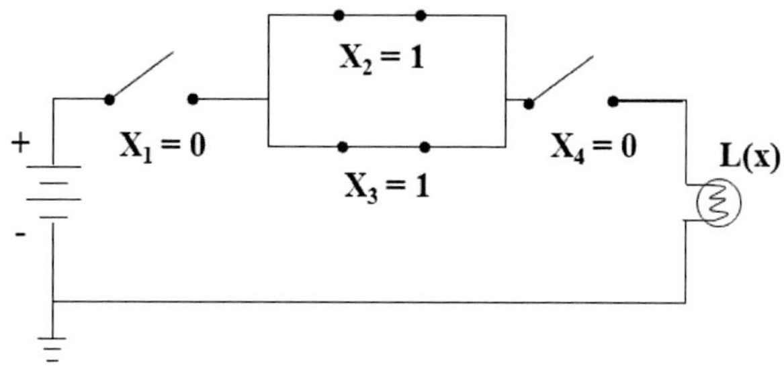

[그림 3.9a] $X_1=0$, $X_2=1$, $X_3=1$, $X_4=0$일 때 회로

그림 3.9(a)에서 건전지의 +에서 $X_1 = 0$에 의해서 전류가 흐르지 못하여, 전구의 불은 들어오지 않으므로, L = 0이 된다. 논리 함수에서는
$L(X_1, X_2, X_3, X_4) = 0 \cdot (1+1) \cdot 0 = 0 \cdot 1 \cdot 0 = 0$이 된다.

② $X_1 = 1$, $X_2 = 0$, $X_3 = 1$, $X_4 = 1$일 때 스위치 상태를 포함해서 회로를 그리면, 그림 3.9(b)와 같다.

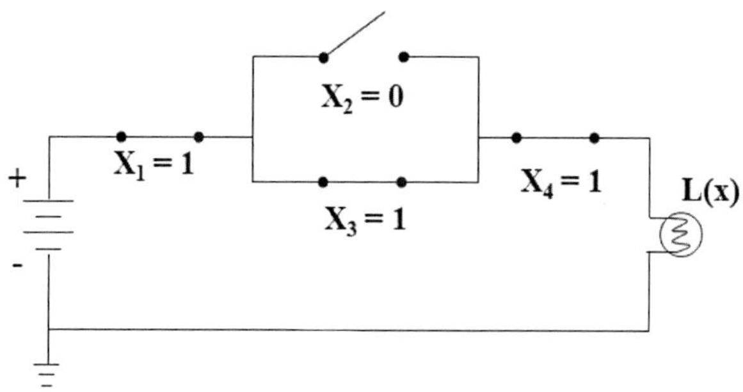

[그림 3.9b] $X_1=1$, $X_2=0$, $X_3=1$, $X_4=1$일 때 회로

그림 3.9(b)에서 건전지 +에서 $X_1 = 1$, $X_3 = 1$, $X_4 = 1$에 의한 스위치가 닫히므로, 전구와 건전지 −까지 전류 경로가 형성되어 전구의 불이 들어오므로, L = 1이 된다.

$$L(X_1, X_2, X_3, X_4) = 1 \cdot (0+1) \cdot 1 = 1 \cdot 1 \cdot 1 = 1$$

(4) 진리표(Truth table)

진리표는 논리함수의 입력 값과 출력 값을 표로 나타내는 것이다. 표의 왼쪽에 입력 값을 적고, 오른 쪽에 출력 값을 나타낸다. 지금까지 배웠던 AND, OR, NOT 논리 함수에 대한 진리표는 다음과 같다.

① AND 논리 함수에 대한 진리표

$L(X_1, X_2) = X_1 \cdot X_2$로 AND 연산자를 표시하였다. 입력이 X_1과 X_2 2개이고 출력은 다음과 같다. 입력이 2개인 경우, 각각의 값이 0과 1 을 가질 때 발생하는 모든 경우의 수는 00, 01, 10, 11 4가지이다. 만약 입력이 3개 또는 그 이상일 때 발생하는 모든 경우의 수는 2^n으로 구할 수 있다. (n은 입력의 개수)

[표 3.1] 입력이 2개인 AND 연산에 대한 진리표

X_1	X_2	$X_1 \cdot X_2$
0	0	0
0	1	0
1	0	0
1	1	1

왼쪽 열에 입력이 발생하는 모든 경우를 적는다. 이때 순서는 항상 낮은 값부터 시작해서 적는다. 입력이 3개 또는 그 이상일 때에도 발생하는 모든 경우를 왼쪽 열에 나타내고, 출력을 오른 쪽에 적는다. $L(X_1, X_2, X_3) = X_1 \cdot X_2 \cdot X_3$ 논리식에 대한 진리표는 표 3.2와 같다.

[표 3.2] 입력이 3개인 AND 연산에 대한 진리표

X_1	X_2	X_3	$X_1 \cdot X_2 \cdot X_3$
0	0	0	0
0	0	1	0
0	1	0	0
0	1	1	0
1	0	0	0
1	0	1	0
1	1	0	0
1	1	1	1

② OR 논리 함수에 대한 진리표

$L(X_1, X_2) = X_1 + X_2$로 OR 연산자를 표시하였다. 입력은 X_1, X_2이고, 출력은 X_1과 X_2를 OR한 X_1+X_2이다. AND 진리표 작성과 마찬가지로 입력의 개수에 따라서 발생할 수 있는 모든 경우를 왼쪽에 적고, 출력 값은 오른 쪽에 적는다.

[표 3.3] 입력이 2개인 OR 연산에 대한 진리표

X_1	X_2	X_1+X_2
0	0	0
0	1	1
1	0	1
1	1	1

왼쪽 열에 입력이 발생하는 모든 경우를 적는다. 이때 순서는 항상 낮은 값부터 시작해서 적는다. 입력이 3개 또는 그 이상일 때에도 발생하는 모든 경우를 왼쪽 열에 나타내고, 출력을 오른 쪽에 적는다. $L(X_1, X_2, X_3) = X_1+X_2+X_3$ 논리식에 대한 진리표는 표 3.4와 같다.

[표 3.4] 입력이 3개인 OR 연산에 대한 진리표

X_1	X_2	X_3	$X_1+X_2+X_3$
0	0	0	0
0	0	1	1
0	1	0	1
0	1	1	1
1	0	0	1
1	0	1	1
1	1	0	1
1	1	1	1

③ NOT 논리 함수에 대한 진리표

$L(X) = \overline{X}$로 NOT 논리 연산자를 표시하였다. 입력은 X이고, 출력은 $\overline{X}$이다. NOT은 하나의 입력만 받게 되고, 출력 값도 한 개이고, 진리표는 표 3.5와 같다.

[표 3.5] NOT 연산에 대한 진리표

X	$\overline{X}$
0	1
1	0

예제 다음과 같은 논리식 표현에 대해서 진리표를 그려라.

$$L(X_1, X_2, X_3, X_4) = (X_1 + X_2) \cdot (\overline{X_3 \cdot X_4})$$

풀이 ▸▸ 입력이 4개이므로, 입력 경우의 수는 $2^4 = 16$ 이므로, 모두 16이다. 표 3.6처럼 낮은 값에서 높은 값으로 모든 입력 경우의 수를 적고, 단계적으로 출력 값을 구한다.

[표 3.6] 논리식 $(X_1 + X_2) \cdot (\overline{X_3 \cdot X_4})$에 대한 진리표

X_1	X_2	X_3	X_4	$X_1 + X_2$	$(\overline{X_3 \cdot X_4})$	$(X_1 + X_2) \cdot (\overline{X_3 \cdot X_4})$
0	0	0	0	0	1	0
0	0	0	1	0	1	0
0	0	1	0	0	1	0
0	0	1	1	0	0	0
0	1	0	0	1	1	1
0	1	0	1	1	1	1
0	1	1	0	1	1	1
0	1	1	1	1	0	0
1	0	0	0	1	1	1
1	0	0	1	1	1	1
1	0	1	0	1	1	1
1	0	1	1	1	0	0
1	1	0	0	1	1	1
1	1	0	1	1	1	1
1	1	1	0	1	1	1
1	1	1	1	1	0	0

3.2 논리 게이트와 논리 회로

이전 3.1절에서 가장 기본이 되는 AND, OR, NOT 논리 연산을 배웠다.

3가지 기본 논리 연산을 이용해서, 복잡한 디지털 논리 기능을 구현할 수 있다. 각각의 논리 연산은 트랜지스터를 사용하여 전자적으로 구현할 수 있으며, 논리 연산을 회로로 만든 것을 논리 게이트라고 한다. 논리 게이트는 한 개 또는 그 이상의 입력을 지니고 출력은 한 개다. 논리 게이트를 심볼로 나타내고, 그 심볼을 이용하여 그린 회로도를 논리 회로도라고 정한다. 먼저 기본 논리 연산에 대한 트랜지스터로 구성된 회로는 2장에서 배운 것처럼 그리기가 복잡하므로, 그림 3.10과 같이 논리 게이트에 대한 심볼을 사용한다.

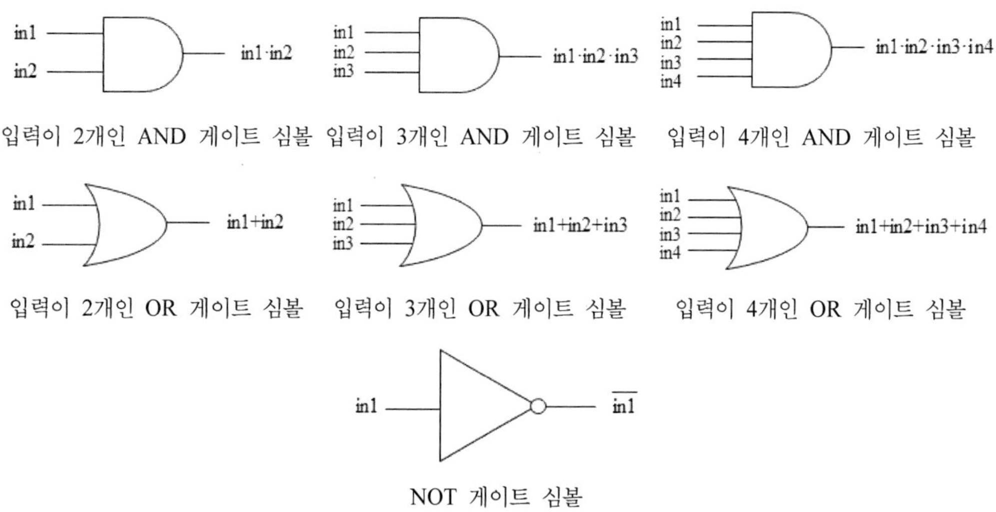

[그림 3.10] AND, OR, NOT 기본 논리 게이트 심볼

논리 함수는 논리식으로 표현될 수 있고, 이러한 논리식은 논리 게이트 심볼을 이용해서 나타낼 수 있다. 여러 개의 논리 게이트 심볼로 구성된 회로를 논리회로도 라고 정의한다.

예를 들어 논리식 $L(\text{in1},\ \text{in2},\ \text{in3},\ \text{in4}) = (\text{in1} + \text{in2}) \cdot \overline{(\text{in3} \cdot \text{in4})}$ 은 논리 게이트 심볼을 사용하여 그림 3.11 처럼 논리 회로로 나타낼 수 있다.

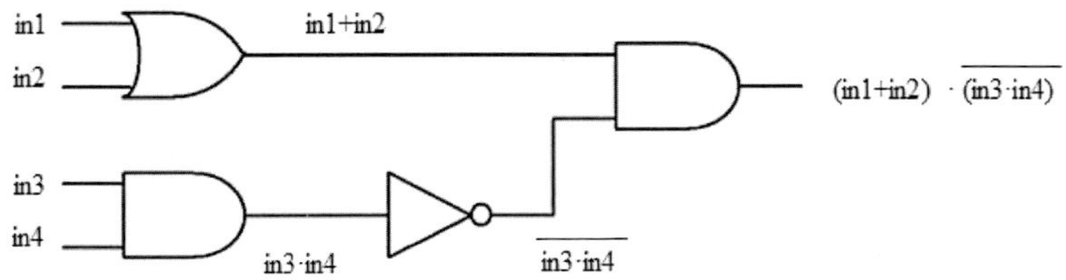

[그림 3.11] 논리식을 논리 게이트 심볼을 사용하여 그린 논리 회로도

디지털 논리 회로를 설계하는 엔지니어는 2가지 과정을 이해하고 구현할 수 있어야 한다. 첫 번째는 주어진 논리 회로도를 보고 입력과 출력의 논리식을 구하는 과정인 논리 회로 해석(analysis)이다. 두 번째는 본인이 원하는 기능을 수행할 수 있는 논리 회로를 설계할 수 있도록 하는 과정인 논리 회로 합성(synthesis)이다.

(1) 논리 회로 해석 과정

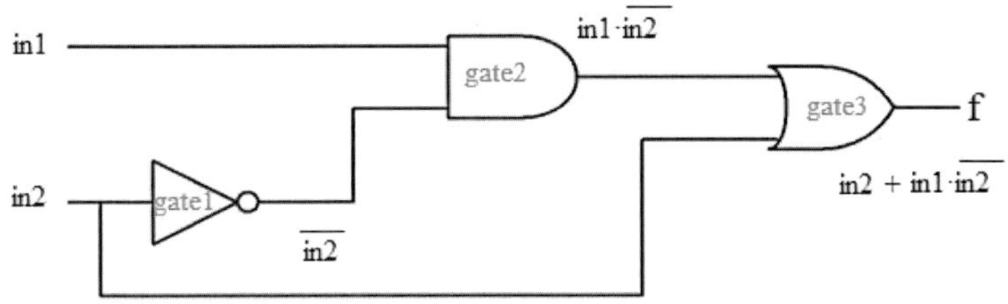

[그림 3.12] 논리 회로 해석 과정-1

그림 3.12에서 논리 회로도를 보고, 입력 in1과 in2와 출력 f의 논리 함수를 구한다. 그림 3.12 처럼 3개의 기본 논리 게이트 NOT, AND, OR로 구성된다. 왼쪽 입력부터 논리 게이트 심볼의 출력을 입력에 대해 논리 연산자로 표현한다. gate1의 입력은 in2이고 출력은 $\overline{\text{in2}}$이다. gate2의 입력은 in1과 $\overline{\text{in2}}$이므로 출력은 in1 · $\overline{\text{in2}}$이다. gate3의 입력은 (in1 · $\overline{\text{in2}}$)와 in2이므로, 최종 출력 f는 in2+(in1 · $\overline{\text{in2}}$)이 된다. 논리 회로 해석 과정은 논리 회로도를 보고, 왼쪽 입력부터 차분하게 논리 연산자를 표현하여, 최종 출력을 논리식으로 표현하므로 어렵지 않은 과정이다. 이전 절에서 진리표를 이용하여 입력과 출력 관계를 표현하는 것도 논리 회로 해석 과정에 포함된다. 입력은 in1과 in2 2개이므로, 모든 입력의 경우 수는 4가지이다.

[표 3.7] 논리 회로 해석 과정-2

in1	in2	$\overline{in2}$	$in1 \cdot \overline{in2}$	$f = in2 + (in1 \cdot \overline{in2})$
0	0	1	0	0
0	1	0	0	1
1	0	1	1	1
1	1	0	0	1

(2) 타이밍도

입력 값과 출력 값을 시간 x축에 대해서 그림으로 나타낸 것을 타이밍도라 한다. 타이밍도는 진리표와 마찬가지로 입력과 출력을 시간에 따라 변화되는 것을 그림으로 표시한다. 타이밍도를 그리는 방법은 입력의 모든 경우의 수를 각각의 신호로 나타내고, 각 상태에 대한 출력 파형을 표시한다. 표 3.7 진리표의 특성을 지니는 $f = in2 + (in1 \cdot \overline{in2})$을 타이밍도로 나타내 보도록 한다. in1과 in2가 입력이고 4가지 경우의 수가 있으므로, x축 시간을 4 구간으로 나누어서 입력의 값이 00, 01, 10, 11인 신호를 그린다. 시간 축의 단위와 시간 간격은 신호마다 다르다. 예를 들어서 ㎲를 사용한다고 가정하자. 타이밍도는 입력부터 그리는데 값이 빠르게 변화되는 신호부터 그린다. 그림에서는 in2가 0에서 50㎲까지 0, 50㎲에서 100㎲까지 1, 100㎲에서 150㎲까지 0, 150㎲에서 200㎲까지 1이므로 0은 낮은 값, 1은 높은 값으로 그림의 첫 번째 행에 그린다. in1은 in2 보다 값이 천천히 변하므로, in1은 0에서 100㎲까지 0, 100㎲에서 200㎲까지 1이므로 두 번째로 그린다. 입력에서 in2와 in1의 값이 진리표의 각 열에서 출력 값을 f에 그림 3.13처럼 그린다.

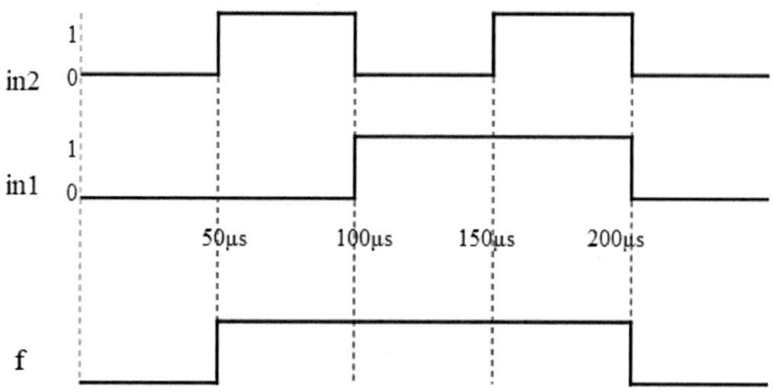

[그림 3.13] 논리 회로에 대한 타이밍도

예제 다음 논리 회로도에 대한 논리식을 구하고, 진리표와 타이밍도를 구하여라.

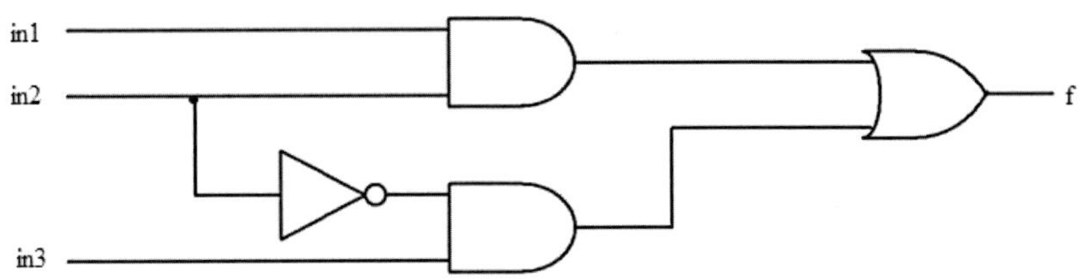

풀이 ▸▸

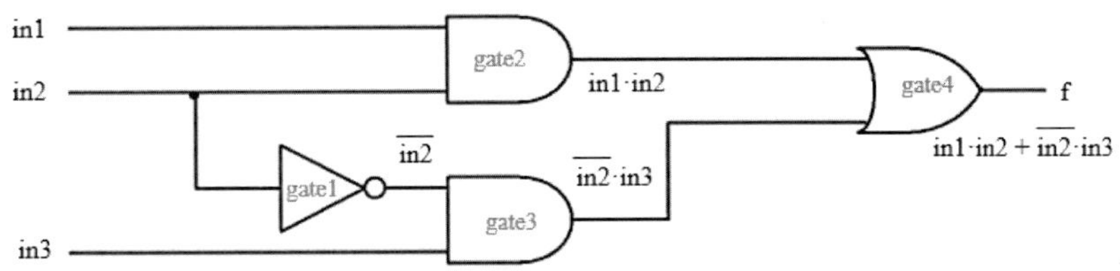

각 게이트 심볼에 대해서 논리 표현을 하면 gate1은 NOT 게이트이고, 입력이 in2이므로 출력식은 $\overline{\text{in2}}$, gate2는 AND 게이트이므로 in1 · in2로 표현할 수 있다. gate3은 AND 게이트이므로, 출력은 $\overline{\text{in2}}$ · in3이다 gate4는 OR 게이트이므로 gate2와 gate3의 출력을 OR로 해서 최종 출력 f는 in1 · in2+$\overline{\text{in2}}$ · in3이다. 진리표는 입력 in1, in2, in3을 왼쪽에 나타내고, 각 중간 결과의 출력과 최종 출력 값 f를 오른 쪽에 나타낸다. 중간 출력은 실제 진리표에서는 생략한다. 입력이 3개이므로, 경우의 수는 $2^3 = 8$가지이다.

[표 3.8] 논리식 f=in1 · in2+$\overline{\text{in2}}$ · in3에 대한 진리표

시간	in1	in2	in3	in1 · in2	$\overline{\text{in2}}$ · in3	in1 · in2+$\overline{\text{in2}}$ · in3
0 μs	0	0	0	0	0	0
10 μs	0	0	1	0	1	1
20 μs	0	1	0	0	0	0
30 μs	0	1	1	0	0	0
40 μs	1	0	0	0	0	0
50 μs	1	0	1	0	1	1
60 μs	1	1	0	1	0	1
70 μs	1	1	1	1	0	1

타이밍도는 각각의 입력 신호가 변하는 시간 간격을 10μs로 가정하여 80μs까지 모든 경우의 수와 각각의 입력과 출력 값을 그림 3.14 처럼 나타낸다.

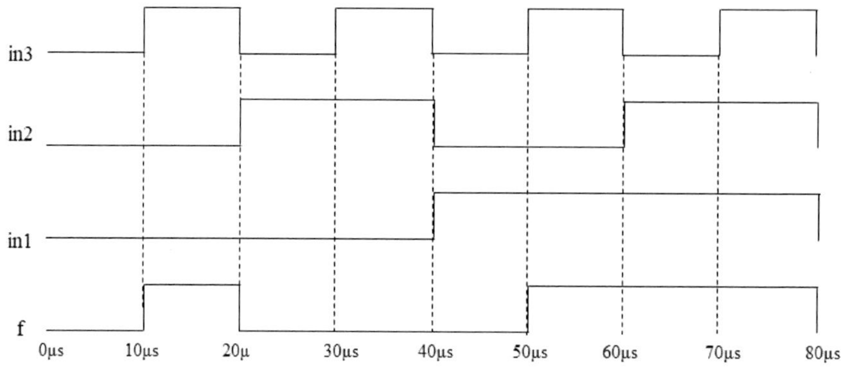

[그림 3.14] $f = \text{in1} \cdot \text{in2} + \overline{\text{in2}} \cdot \text{in3}$에 대한 타이밍도

(3) 논리 회로 합성 과정

논리 회로 합성 과정은 설계자가 원하는 기능을 수행하는 논리식과 논리회로도로 나타내는 과정을 의미한다. 단순히 논리식을 논리 회로도로 나타내는 과정과 함께 똑같은 논리식을 보다 적은 게이트 수를 이용해서 논리 회로도로 나타낼 수 있는 설계 최적화 과정도 필요하다. 원하는 기능을 수행하기 위해서 다음과 같은 논리식을 구현한다고 가정하자.

$$f = \overline{\text{in1}} \cdot \text{in2} + \text{in1} \cdot \text{in2} + \text{in1} \cdot \overline{\text{in2}}$$

주어진 논리식을 논리 회로도로 표현하는 것은 어렵지 않다.

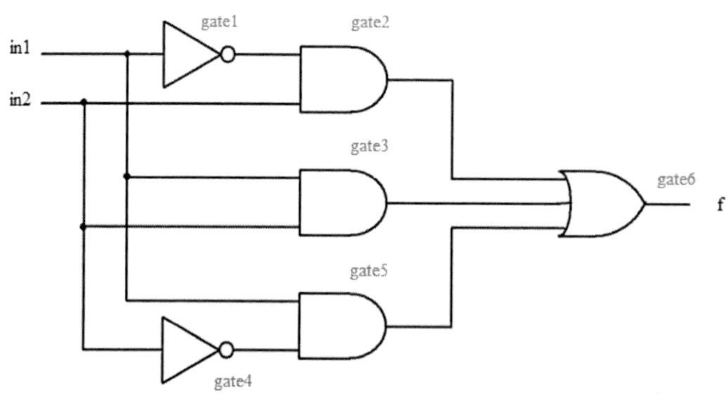

[그림 3.15] $f = \overline{\text{in1}} \cdot \text{in2} + \text{in1} \cdot \text{in2} + \text{in1} \cdot \overline{\text{in2}}$에 대한 논리 회로도

그림 3.15와 같이 NOT 게이트 2개, 2-입력 AND 게이트 3개, 3-입력 OR 게이트 1개로 모두 6개의 기본 논리 게이트로 구성된다. 논리 회로 합성 과정에서 중요한 것은 최적화

과정이다. 같은 논리식을 가장 적은 게이트를 사용하여 설계하는 것이 최적화 과정이다. 일반적으로 게이트 수가 수백만, 수천만 개로 구성되는 디지털 시스템의 합성 과정은 CAD(Computer Aided Design)의 툴을 사용하여 최적화 과정을 진행한다. 적은 수의 게이트로 디지털 시스템을 구성하는 논리 회로 최적화를 위해서 이전에는 부울리언 대수(Boolean Algebra)와 카노프 맵(Karnaugh Map)을 활용하였다.

식 $f=\overline{\text{in1}}\cdot\text{in2}+\text{in1}\cdot\text{in2}+\text{in1}\cdot\overline{\text{in2}}$에 대한 부울리언 대수를 활용하면 다음과 같이 최적화를 할 수 있다.

$$f=(\overline{\text{in1}}+\text{in1})\cdot\text{in2}+\text{in1}\cdot\overline{\text{in2}}=\text{in2}+\text{in1}\cdot\overline{\text{in2}}=\text{in1}+\text{in2}$$

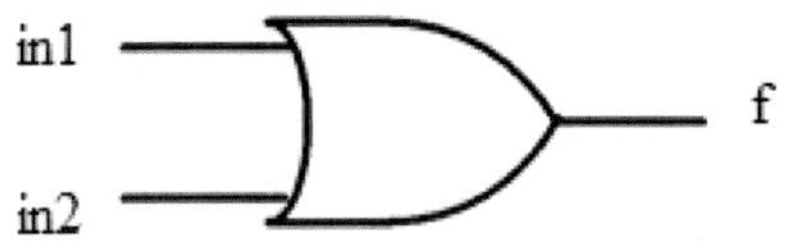

[그림 3.16] $f=\overline{\text{in1}}\cdot\text{in2}+\text{in1}\cdot\text{in2}+\text{in1}\cdot\overline{\text{in2}}$에 대한 최적화된 논리 회로도

만약 부우리언 대수를 알고 있으면, 그림 3.16과 같이 6개의 논리 게이트로 구성된 f를 단지 1개의 논리 게이트로 구성할 수 있다. 그림 3.15와 그림 3.16은 똑같은 기능을 하는지를 진리표로 증명해본다.

[표 3.9] $f=\overline{\text{in1}}\cdot\text{in2}+\text{in1}\cdot\text{in2}+\text{in1}\cdot\overline{\text{in2}}$에 대한 최적화 증명

in1	in2	$\overline{\text{in1}}\cdot\text{in2}$	$\text{in1}\cdot\text{in2}$	$\text{in1}\cdot\overline{\text{in2}}$	f	in1+in2
0	0	0	0	0	0	0
0	1	1	0	0	1	1
1	0	0	0	1	1	1
1	1	0	1	0	1	1

진리표에서 표 3.9의 출력 f와 in1+in2는 모든 입력의 경우에 대해서 출력 값이 똑같으므로, 6개의 게이트로 구성된 그림 3.14와 1개의 게이트로 구성된 그림 3.15는 회로도는 서로 다르지만 모든 입력의 경우에 대해서 출력 값이 똑같으므로 등가 회로라 할 수 있다. 게이트 수가 적을수록 디지털 시스템을 구현하는 비용이 적어지므로 논리 회로 합성 과정

에서 최적화 과정은 매우 중요하다. 최적화에서 필요한 기본 지식인 부우리언 대수와 카르노 맵을 설명하기로 한다.

3.3 부울리언 대수(Boolean Algebra)

부울리언 대수는 1854년「The Law of Thought」책자의 내용으로, 영국의 수학자인 조지 부울(1815년-1864년) 이 이진수에 대한 정리를 한 내용이다. 부울 대수는 디지털 시스템의 논리 회로 간소화에 활용된다. 현재는 논리 설계 자동화 CAD 툴을 사용하여 간소화를 실행하지만, 이전에는 부울 대수를 활용하여 논리 회로 간소화를 실행하였다. 이진수 즉 0과 1을 사용하는 디지털 시스템에서는 다음과 같은 부울 대수 정리가 활용된다.

① $0 \cdot 0 = 0$: 0과 0을 AND 하면 결과는 0이다.
② $1 \cdot 1 = 1$: 1과 1을 AND 하면 결과는 1이다.
③ $0 + 0 = 0$: 0과 0을 OR 하면 결과는 0이다.
④ $1 + 1 = 1$: 1과 1을 OR 하면 결과는 1이다.
⑤ $1 + 0 = 0 + 1 = 1$: 0과 1을 OR 하면 결과는 1이다.

변수 x는 0과 1 중 하나의 값을 가지는 이진수 변수일 때, 아래와 같은 식이 성립한다.

⑥ 만약 $x = 0$이면, $\overline{x}$의 값은 1이다.
⑦ 반대로 $x = 1$이면, $\overline{x}$의 값은 0이다.

■ 단일 변수에 대한 정리

변수가 하나인 경우, ①에서 ⑦의 등식을 이용해서 다음과 같은 정리를 정하였다.

⑧ $x \cdot 0 = 0$: $x = 0$이면 $0 \cdot 0 = 0$이고, $x = 1$이면 $1 \cdot 0 = 0$이므로 성립된다.
⑨ $x + 1 = 1$: $x = 0$이면, $0 + 1 = 1$이고, $x = 1$이면 $1 + 1 = 1$이므로 성립된다.
⑩ $x \cdot 1 = x$: $x = 0$이면, $0 \cdot 1 = 0$이고, $x = 1$이면 $1 \cdot 1 = 1$이므로 성립된다.

⑪ $x+0=x$: $x=0$이면 $0+0=0$이고, $x=1$이면 $1+0=1$이므로 성립된다.

⑫ $x \cdot x=x$: $x=0$이면 $0 \cdot 0=0$이고, $x=1$이면 $1 \cdot 1=1$이므로 성립된다.

⑬ $x+x=x$: $x=0$이면 $0+0=0$이고, $x=1$이면 $1+1=1$이므로 성립된다.

⑭ $x \cdot \overline{x}=0$: $x=0$이면 $0 \cdot 1=0$이고, $x=1$이면 $1 \cdot 0=0$이므로 성립된다.

⑮ $x+\overline{x}=1$: $x=0$이면 $0+\overline{0}=0+1=1$이고, $x=1$이면 $1+\overline{1}=1+0=1$이므로 성립된다.

⑯ $\overline{\overline{x}}=x$: $x=0$이면 $\overline{\overline{0}}=\overline{1}=0$이고, $x=1$이면 $\overline{\overline{1}}=\overline{0}=1$이므로 성립된다.

■ 변수 2개, 3개에 대한 정리

일반적인 대수처럼 다음과 같이 2개 또는 3개의 변수에 대해서 부울리언 대수에서도 아래와 같은 특성을 지닌다.

⑰ $x \cdot y=y \cdot x$

⑱ $x+y=y+x$: AND, OR 논리에 대한 교환 법칙

⑲ $x \cdot (y \cdot z)=(x \cdot y) \cdot z$

$x+(y+z)=(x+y)+z$: AND, OR 논리에 대한 결합 법칙

⑳ $x \cdot (y+z)=x \cdot y+x \cdot z$

$x+y \cdot z=(x+y) \cdot (x+z)$: AND, OR 논리에 대한 분배 법칙

㉑ $x+x \cdot y=x$

$x \cdot (x+y)=x$: AND, OR 논리에 대한 흡수 법칙

㉒ $x \cdot y+x \cdot \overline{y}=x$

$(x+y) \cdot (x+\overline{y})=x$: AND, OR 논리에 대한 조합 법칙

㉓ $\overline{x \cdot y}=\overline{x}+\overline{y}$

$\overline{x+y}=\overline{x} \cdot \overline{y}$: 드모르간 정리

㉔ $x+\overline{x} \cdot y=x+y$

$x \cdot (\overline{x}+y)=xy$

위 식들은 진리표를 이용하여 증명할 수 있다.

㉑번 식, $x+x \cdot y=x$의 정리를 진리표를 이용해서 증명하면 표 3.10과 같다.

[표 3.10] $x+x \cdot y=x$의 진리표

x	y	$x \cdot y$	$x+x \cdot y$
0	0	0	0
0	1	0	0
1	0	0	1
1	1	1	1

RHS(우측항 : Right Hand Side) LHS(좌측항 : Left Hand Side)

㉓번 식 $\overline{x \cdot y}=\overline{x}+\overline{y}$ 드모르간의 정리에 대한 식을 진리표를 이용하여 증명할 수 있다.

[표 3.11] 드모르간 정리 $\overline{x \cdot y}=\overline{x}+\overline{y}$에 대한 진리표

x	y	$x \cdot y$	$\overline{x \cdot y}$	$\overline{x}$	$\overline{y}$	$\overline{x}+\overline{y}$
0	0	0	1	1	1	1
0	1	0	1	1	0	1
1	0	0	1	0	1	1
1	1	1	0	0	0	0

RHS LHS

예제 아래 식에 대해서 부울 대수를 이용하여 간략화 하여라.

(1) $F=\overline{x}(\overline{y}+\overline{z})+\overline{z}+x\overline{z}$

(2) $F=(\overline{x}+y)(x+y)(\overline{y}+z)$

풀이 ▸▸ (1) $F=\overline{x}(\overline{y}+\overline{z})+\overline{z}+x\overline{z}=\overline{x}\,\overline{y}+\overline{x}\,\overline{z}+\overline{z}+x\overline{z}$

$=\overline{x}\,\overline{y}+\overline{z}(\overline{x}+1+x)=\overline{x}\,\overline{y}+\overline{z}$

(2) $F=(\overline{x}+y)(x+y)(\overline{y}+z)=(\overline{x}x+\overline{x}y+xy+yy)(\overline{y}+z)$

$\overline{x}x=0$, $yy=y$와 같으므로

$=(\overline{x}y+xy+y)(\overline{y}+z)=y(\overline{x}+x+1)(\overline{y}+z)\ =y(\overline{y}+z)=y\overline{y}+yz=yz$

3.4 카르노 맵 이용한 논리식의 간소화

같은 기능을 수행하면서, 적은 게이트를 사용하는 것이 설계를 잘하는 것이다. 게이트 수의 증가는 CMOS 트랜지스터의 수를 증가하는 것이고, 칩 면적이 커지는 것이다. 제품을 개발하는데, 기능은 당연히 나오면서 전력 소모도 적고 가격이 싸지면 그러한 제품을 시장에서 사용하게 된다. 원하는 기능을 수행하면서 최소의 게이트와 논리 회로로 구성하는 것을 설계 최적화(Design Optimization) 라고 한다. 설계 최적화는 주어진 기능을 똑같이 하면서, 논리 식을 간소화 하는 의미와 유사하다. 논리식을 간소화하는 방법은 부울 대수를 이용한 전 절의 방법이 있고, 카르노 맵을 이용하여 간소화하는 방법이 있다. 현대 디지털 시스템은 수백, 수천만 게이트로 구성되어 있으므로, 부울 대수와 카르노 맵을 이용해서 최적화는 불가능하다. 고가의 CAD 툴을 이용해서 설계 최적화는 진행되고, 인간은 툴 활용만 하면 된다. 부울 대수와 카르노 맵은 TTL을 이용한 적은 수의 게이트로 실습하는 학부 교육용 논리식 간소화에 적합하다. 카르노 맵은 1953년 모리스 카르노(Maurice Karnaugh)가 제안하였다. 카르노 맵은 주어진 진리표의 입력과 출력을 직사각형이나 정사각형의 도형에 나타내고, 논리 간소화를 실행한다. 입력의 변수가 2개, 3개, 4개인 경우에 대해서 순서대로 살펴본다.

3.4.1 입력 2변수 카르노 맵 논리식 간소화

먼저 진리표가 주어졌을 때, 카르노 맵을 구성하는 것을 본다. 입력이 a와 b 2개이므로, 2변수 입력 카르노 맵에 해당한다.

[표 3.12] 입력 2변수 진리표 예

a	b	out
0	0	1
0	1	1
1	0	0
1	1	0

2개의 입력 변수에서는 4개의 입력 조건이 발생하므로, 카르노 맵은 4칸을 구성한다. 입력 조합은 1개씩 나누어서 4칸의 정사각형을 만든다. ①, ②, ③, ④는 진리표의 순서와 같은 위치를 나타낸다.

입력의 위치를 그림처럼 바꾸어서 4칸의 정사각형을 만들어도 가능하고, ①, ②, ③, ④의 위치는 달라진다.

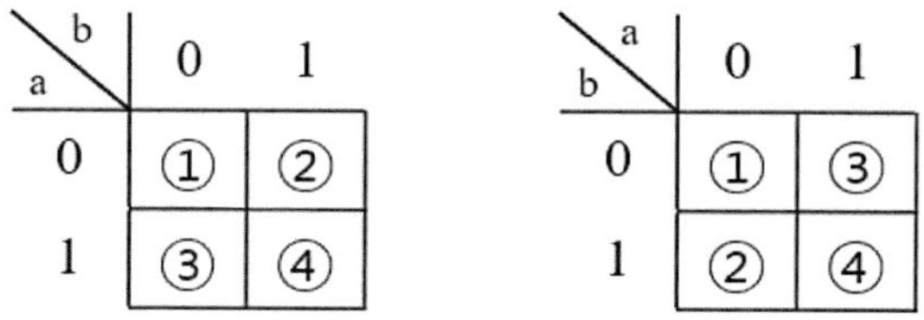

[그림 3.17] 입력 2변수에 대한 카르노 맵 그림

카르노 맵의 4칸과 입력 변수를 나타낸 다음, 각각의 해당 칸에 표 3.12에서 출력이 1인 값을 표시한다. 진리표에서 a = 0, b = 0일 때 출력이 1이므로, 카르노 맵에 a = 0, b = 0인 그림 3.17의 ① 위치 칸에 적는다.

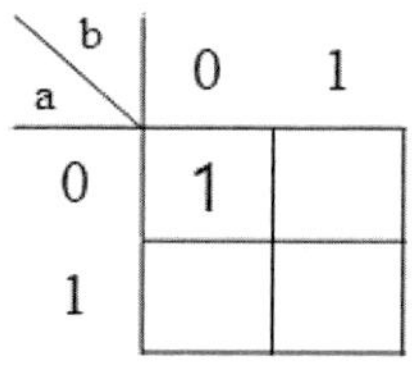

[그림 3.18] 입력 2변수에 대한 카르노 맵 첫 번째 1위치

표 3.12에서 a = 0, b = 1일 때 두 번째 출력 1을 나타낸다. 카르노 맵에서 a = 0, b = 1인 그림 3.17의 ② 위치 칸에 적는다.

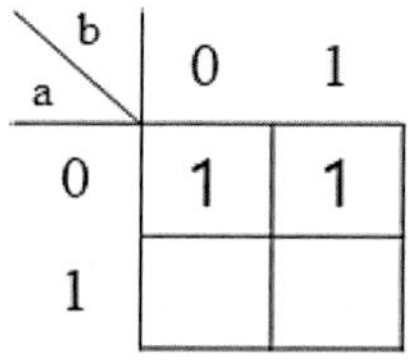

[그림 3.19] 입력 2변수에 대한 카르노 맵 2번째 1위치

여기까지가 2개의 변수를 지니는 입력에 대해서 출력을 카르노 맵에 표현한 것이다. 진리표에 있는 1의 개수와 카르노 맵에 표현한 1의 개수는 같아야 한다. 다음 카르노 맵 간소화 단계는 카르노 맵에 있는 인근 1의 항을 묶어야 한다. 인근 1의 항은 위, 아래, 좌, 우 바로 옆에 있는 항을 의미한다. 묶는 규칙은 앞으로 2개, 3개, 4개 변수 입력에 모두 공통이다.

① 최대한 크게 묶는다. 16개, 8개, 4개, 2개로 크게 묶는 것을 먼저 실행한다.

② 중복하여 묶어서 간소화가 가능하면 중복해서 묶는다.

③ 직사각형이나 정사각형 형태로 묶는다.

④ 이웃한 인접항과 묶이지 않는 항도 나타날 수 있다.

⑤ 무관항(don't care X)의 경우 간소화가 가능하면 묶는다.

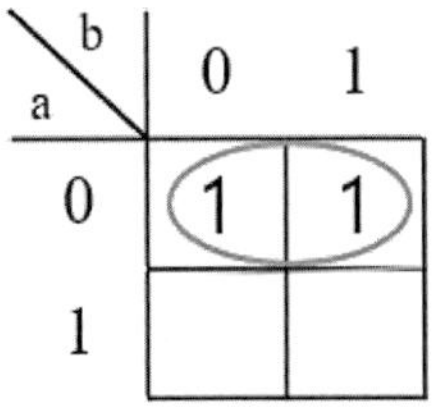

[그림 3.20] 입력 2변수에 대한 1의 묶음

그림 3.20에서 2개의 1이 좌우로 있으므로 묶는 것이 가능하다. 묶은 것에서 변수 중에 값이 변하는 변수를 제외하고, 변하지 않은 입력 변수 값이 카르노 맵을 이용한 논리 간소화 결과이다. 그림에서 묶은 것을 보면, b = 0, b = 1이므로 입력 변수 b는 변하므로, 제외한다. 입력 변수 a = 0는 변하지 않는다. a의 값이 0이므로, 간소화된 출력 논리식 $out = \overline{a}$가 된다. 입력 변수 x가 0으로 변하지 않는 경우는 $\overline{x}$, 1로 변하지 않는 경우는 x로 간소화된다. 부울 논리식을 이용하여 보면, 진리표에서 $out = \overline{a} \cdot \overline{b} + \overline{a} \cdot b = \overline{a} \cdot (\overline{b} + b) = \overline{a} \cdot 1 = \overline{a}$ 로 카르노 맵을 이용한 간소화 결과와 같다.

부울식을 이용한 간소화는 여러 가지 규칙을 알고 잘 적용해야, 간소화가 가능한데 카르노 맵을 이용하는 경우에는 진리표에 대한 내용을 카르노 맵에 정확하게 표현하고, 묶는 규칙을 제대로 수행한 후 변하지 않는 입력 변수를 표현하면 일관되게 논리 간소화가 가능하다.

예제 다음과 같은 진리표 결과를 카르노 맵을 이용하여 간소화하고, 부울 대수 법칙을 이용하여 간소화하여라.

[표 3.13] 2개 입력 변수를 지니는 진리표의 예

a	b	out
0	0	0
0	1	1
1	0	1
1	1	1

풀이 ▸▸

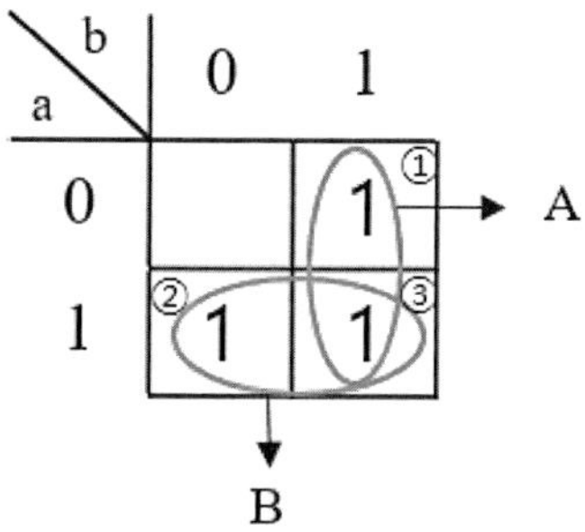

[그림 3.21] 진리표에 대한 카르노 맵

중복해서 묶는 것도 가능하므로, 2개로 묶을 수 있다. A 묶음에 대해서는 변하지 않는 변수가 b = 1이 된다. B 묶음에 대해서는 변하지 않는 변수가 a = 1이 된다. 묶음이 2개 이상이면 각각의 항을 OR 논리 연산을 수행하면 된다. 따라서 A, B항을 OR 해주면 간소화된 출력식이 된다.

$$out = a + b$$

부울 대수를 이용하여 논리식을 간소화하면

$$out = \bar{a} \cdot b + a \cdot \bar{b} + a \cdot b = \bar{a} \cdot b + a \cdot \bar{b} + a \cdot b + a \cdot b \quad [\text{ x + x = x 이용}]$$

$$= (\bar{a} \cdot b + a \cdot b) + (a \cdot \bar{b} + a \cdot b) = b(\bar{a} \cdot a) + a(\bar{b} \cdot b) = a + b$$

가 된다.

카르노 맵을 이용한 논리식 간소화는 여러 가지 법칙을 이용해서 적용하는 부울 대수를 이용한 논리식 간소화보다 규칙적이다. 2개의 변수에 대한 것은 경우의 수가 4개로 적어서, 비교적 간단하다.

3.4.2 입력 3변수 카르노 맵 논리식 간소화

변수가 3개이므로, 8가지 경우의 수가 발생한다. 카르노 맵은 8칸을 생성한다. 입력 3개의 변수가 a, b ,c 라고 하면, 카르노 맵을 구성하는 방법은 a, b, c를 가로 또는 세로로 아래와 같이 구성한다.

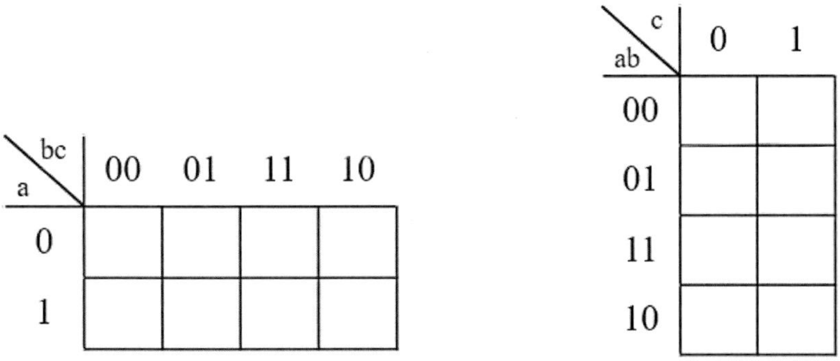

[그림 3.22] (a) a/bc 3변수 카르노맵 (b) ab/c 3변수 카르노맵

순서는 a 변수에 대해서 0과 1을 적는다. bc의 순서는 주의해야 한다. 00, 01, 11, 10으로 적는다. 바로 이웃하는 항들의 차가 한 비트만 변하도록 순서를 정한다. 세로로 표현한 그림 3.22의 (b)에서도 ab의 순서는 00, 01, 10, 11이 아니고 00, 01, 11, 10이 되는 것에 주의한다. 8칸의 카르노 맵이 마련되면, 출력이 1인 입력 위치에 1의 값을 적어서, 묶음 법칙에 따라 최대한 묶는 것을 직사각형 카르노 맵에서 진행한다. 진리표가 다음과 같이 주어진 경우, 3개 변수에 대한 카르노 맵을 그려본다.

[표 3.14] 3변수 항목을 가지는 진리표의 예

a	b	c	out
0	0	0	0
0	0	1	1
0	1	0	1
0	1	1	1
1	0	0	0
1	0	1	1
1	1	0	0
1	1	1	1

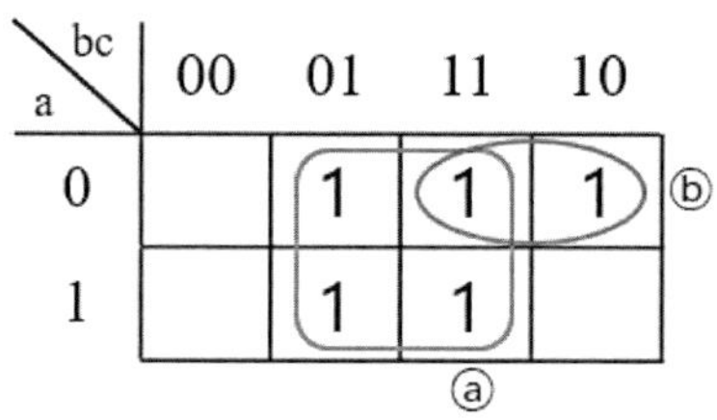

[그림 3.23] 3변수에 대한 카르노 맵

그림에서 가장 크게 묶을 수 있는 것부터 묶는다. 4개의 1을 정사각형으로 묶을 수 있다. (ⓐ) 나머지 1은 중복해서 2개로 묶을 수 있다. (ⓑ) ⓐ 묶음에서 3가지 변수 a, b, c 중에서 변하지 않는 변수는 c = 1이 된다. ⓑ 묶음에서 3가지 변수 a, b, c에서 변하지 않는 변수는 a = 0, b = 1이 된다. 따라서 출력 $out = c + \overline{a} \cdot b$가 된다.

3.4.3 입력 4변수 카르노 맵 논리식 간소화

변수가 4개이므로, 경우의 수는 $2^4 = 16$이고 카로느 맵은 16칸을 생성한다. 입력 4개의 변수가 a, b, c, d라고 가정한다. 2개의 변수를 가로, 또는 세로로 배열할 수 있다.

ab \ cd	00	01	11	10
00				
01				
11				
10				

[그림 3.24] (a) 4변수 배치 예1

cd \ ab	00	01	11	10
00				
01				
11				
10				

(b) 4변수 배치 예2

ab와 cd 모두 순서는 00, 01, 11, 10으로 적는다. 16칸의 카르노 맵이 마련되면, 원하는 출력이 1인 입력 위치에 1의 값을 적어서 묶음 법칙에 따라 최대한 묶는 것을 정사각형 카르노 맵에서 진행하고, 논리식을 생성한다. 진리표가 표 3.15 와 같이 주어졌을 때, 4개 변수 카르노 맵을 그려서 논리식을 간소화하도록 하자.

[표 3.15] 4개 입력 변수를 지니는 진리표의 예

a	b	c	d	out	a	b	c	d	out
0	0	0	0	1①	1	0	0	0	1⑤
0	0	0	1	1②	1	0	0	1	1⑥
0	0	1	0	1③	1	0	1	0	1⑦
0	0	1	1	1④	1	0	1	1	1⑧
0	1	0	0	0	1	1	0	0	0
0	1	0	1	0	1	1	0	1	0
0	1	1	0	0	1	1	1	0	0
0	1	1	1	0	1	1	1	1	0

가로 축으로 a, b 입력, 세로 축으로 c, d 입력을 적어서 16개의 진리표 입력을 정사각형 형태로 그린다.

ab \ cd	00	01	11	10
00				
01				
11				
10				

[그림 3.25] 표 3.15에 대한 4변수 카르노 맵 기본 형태

진리표에서 출력 out의 값이 1인 위치에 해당하는 카르노 맵에 1을 표기한다. 진리표에서 첫 번째 ①의 위치는 a = b = c = d = 0이므로, 카르노 맵에서 맨 왼쪽 위가 된다.

ab \ cd	00	01	11	10
00	①1			
01				
11				
10				

[그림 3.26] 카르노 맵에 a = b = c = d = 0 위치에 1 표시

두 번째부터 8번째까지 (②-⑧) a, b, c, d의 값에 해당하는 카르노 맵 칸에 순서대로 1을 적는다.

ab \ cd	00	01	11	10
00	①1	②1	③1	④1
01				
11				
10	⑤1	⑥1	⑦1	⑧1

[그림 3.27] 표 3.15 진리표에 대한 전체 카르노 맵에서 출력 1의 값 위치 표시

묶음 규칙에 따라서 최대한 크게 묶는다. 16개, 8개, 4개, 2개로 차례로 묶을 수 있으면 묶는다. 인접하게 묶는 것 중 그림 3.28 과 같이 위, 아래도 인접한 것으로 간주한다. 맨 왼쪽과 맨 오른쪽도 마찬가지로 인접한 것으로 간주하고 묶을 수 있다.

ab \ cd	00	01	11	10
00	1	1	1	1
01				
11				
10	1	1	1	1

[그림 3.28] 표 3.15 진리표에 대한 묶은 결과

8개의 1을 그림처럼 묶고, 출력 out에 대해서 논리식을 작성한다. 8개의 1에서 입력 a, b, c, d 중에서 변하지 않는 변수를 표현한다. ab = 00과 ab = 10(위, 아래) 값을 지니므로, a는 0과 1이고, b = 0으로 고정된다. cd = 00, 01, 11, 10으로 변하므로, 출력 $out = \overline{b}$ 가 된다. 4가지 변수에 대해서 다양한 형태에 대한 카르노 맵을 이용한 논리식 간소화를 표현할 수 있도록 많은 문제를 풀어보아야 한다.

예제 다음과 같은 4개의 변수를 지니는 여러 가지 경우의 카르노 맵에 대해서 간소화된 논리식을 구해보도록 한다.

ab \ cd	00	01	11	10
00	1			1
01	1			1
11	1			1
10	1			1

[그림 3.29] 제시된 카르노 맵 1

그림 3-29처럼 8개로 묶는 경우 출력은 변수 1개로 표현된다. a, b는 1이 있는 위치가 00, 01, 11, 10 4개가 다 변하고, c, d는 1의 위치가 00, 10이므로 변하지 않는 것은 d = 0이므로, 간소화된 논리식은 $out = \overline{d}$이다.

ab \ cd	00	01	11	10
00				
01	1	1	1	1
11	1	1	1	1
10				

[그림 3.30] 제시된 카르노 맵 2

그림 3.30처럼 8개를 묶는 그림에서, a, b는 01, 11이고, cd는 00, 01, 11, 10이므로 변하지 않는 값은 b = 1이 된다. 그러므로, 간소화된 논리식은 $out = b$가 된다.

ab \ cd	00	01	11	10
00	1			1
01				
11				
10	1			1

[그림 3.31] 제시된 카르노 맵 3

그림 3.31에서 1이 4개인데, 마치 인접하지 않는 것처럼 보인다. 맨 위와 맨 아래, 가장 왼쪽과 가장 오른 쪽도 인접한 것이다. 4개의 묶음에 대해서 간소화된 논리 식은 변수 2개로 표현된다. ab는 00과 10이므로 변하지 않는 것은 b = 0이다. cd는 00과 10이므로 변하지 않는 것은 d = 0이다. 그러므로 출력 $out = \overline{b} \cdot \overline{d}$가 된다.

ab \ cd	00	01	11	10
00				
01	1			1
11	1			1
10				

[그림 3.32] 제시된 카르노 맵 4

그림 3.32에서 4개의 1 묶음에서 ab는 01과 11의 위치이므로 변하지 않는 것은 b = 1이다. cd는 00과 10이므로 변하지 않는 것은 d = 0이다. 그러므로 출력 $out = b \cdot \overline{d}$이다.

ab \ cd	00	01	11	10
00		1	1	
01				
11				
10		1	1	

[그림 3.33] 제시된 카르노 맵 5

그림 3.33에서 위, 아래도 인접이므로 4개의 1을 묶을 수 있다. 1의 위치는 ab = 00과 10이므로, b = 0가 변하지 않는다. cd는 01과 11이므로, d = 1이 변하지 않는다. 그러므로 출력 $out = \overline{b} \cdot d$이다.

ab \ cd	00	01	11	10	
00	1	1	1	1	③
01	1		1		
11	1		1		
10	1		1		
	①		②		

[그림 3.34] 제시된 카르노 맵 6

그림 3.34에서 필요하면 1을 중복해서 묶을 수 있다. 그림에서 4개의 1을 3개(①,②,③)로 묶을 수 있다. ① 묶음에서 ab는 00, 01, 11, 10이고 cd = 00이므로, 변하지 않는 항은 $\bar{c} \cdot \bar{d}$이다. ② 묶음에서 ab는 00, 01, 11, 10이고 cd = 11이므로, 변하지 않는 항은 $c \cdot d$이다. ③ 묶음에서 ab는 00이고, cd는 00, 01, 11, 10이므로 변하지 않는 항은 $\bar{a} \cdot \bar{b}$이다. 3개의 묶음에 대한 변하지 않는 항을 OR 해서 출력을 표현한다. 출력 $out=$ ①+②+③= $\bar{c} \cdot \bar{d} + c \cdot d + \bar{a} \cdot \bar{b}$

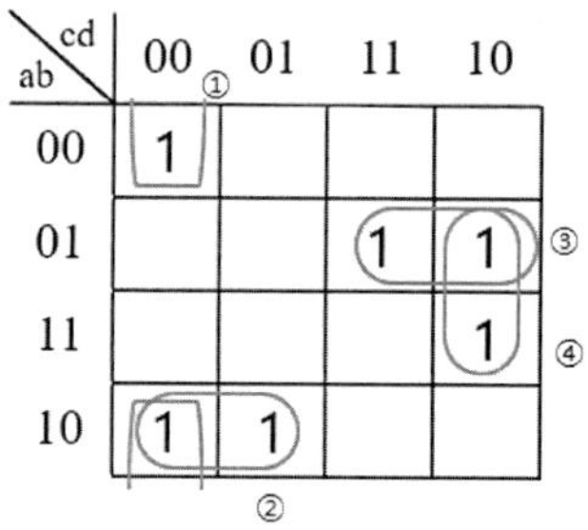

[그림 3.35] 제시된 카르노 맵 7

그림 3.35에서 2개의 1을 4개로 묶을 수 있다. 2개의 1은 입력 변수가 3개로 표현된다. ① 묶음은 위,아래로 가능하다. ab = 00과 10이고, cd = 00이다. 변하는 않는 항은 b = 0와 cd = 00이다. ② 묶음은 ab = 10이고 cd는 00과 01이다. 변하지 않는 항은 ab = 10와 c = 0이 된다. ③ 묶음은 ab = 01이고, cd는 11과 10이다. 변하지 않는 항은 ab = 01과 c = 1이 된다. ④ 묶음은 ab = 01과 11이고, cd는 10이 된다. 변하지 않는 항은 b = 1과 cd = 10이 된다. 간소화된 출력식은 다음과 같다.

$$out = ①+②+③+④ = \bar{b} \cdot \bar{c} \cdot \bar{d} + a \cdot \bar{b} \cdot \bar{c} + \bar{a} \cdot b \cdot c + b \cdot c \cdot \bar{d}$$

무관항(don't care : X)이 있는 경우에는 묶는데 도움이 되면 X를 1로 간주해서 묶는다. 무관항을 잘 이용하면 논리식을 더 간소화할 수 있다.

예제 다음과 같이 무관항을 포함하는 진리표에 대해서 카르노 맵을 이용하여 논리식을 간단히 하여라.

[표 3.16] 무관항이 포함된 진리표의 예

a	b	c	d	out	a	b	c	d	out
0	0	0	0	X	1	0	0	0	1
0	0	0	1	1	1	0	0	1	0
0	0	1	0	1	1	0	1	0	X
0	0	1	1	X	1	0	1	1	0
0	1	0	0	0	1	1	0	0	X
0	1	0	1	0	1	1	0	1	0
0	1	1	0	0	1	1	1	0	1
0	1	1	1	0	1	1	1	1	1

풀이▸▸ 카르노맵에서 1과 함께 무관항 X 도 적어준다.

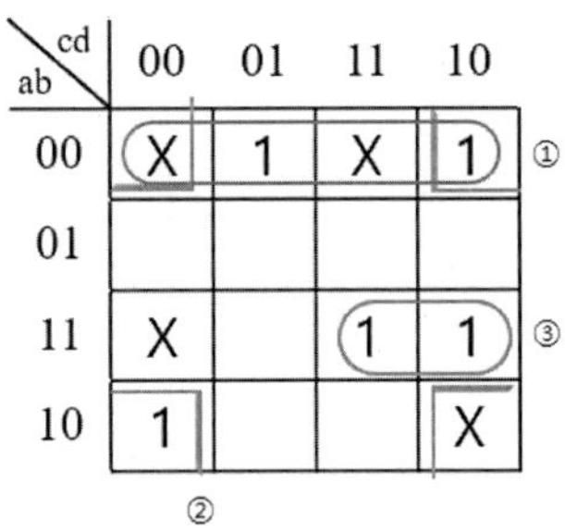

[그림 3.36] 표 3-16에 대한 카르노 맵 결과

무관항 X 는 묶음에 도움이 되면, 1처럼 간주하고 반드시 출력식에 포함할 필요는 없다. ① 묶음은 4개의 1과 X 로 구성된다. ab=00 이고, cd = 00, 01, 11, 10 이므로 출력항은 $\overline{a} \cdot \overline{b}$ 이다. ② 묶음은 4개의 1 과 X 로 구성된다. ab = 00, 10 이고 cd = 00,10 이다. 출력 항은 $\overline{a} \cdot \overline{d}$ 이다. ③ 묶음은 2개의 1 로 구성된다. ab=11 이고, cd 는 11 과 10 이다. 따라서 출력항은 $a \cdot b \cdot c$ 이다. 간소화된 출력 논리식은 다음과 같다.

$$out = \overline{a} \cdot \overline{b} + \overline{a} \cdot \overline{d} + a \cdot b \cdot c$$

ab=11, cd=00 에 위치한 무관항 X 는 출력 논리식에 포함할 필요가 없다.

3.5 XOR와 XNOR 게이트

3.1 절에서 논리 회로를 구성하는 기본 게이트는 NOT, AND, OR 게이트로 설명하였다. XOR는 Exclusive_OR 게이트의 약자로, 이진수 2비트를 더하는 덧셈회로와 오류 감지 회로에 사용된다. XNOR는 Exclusive_NOR 게이트로 XOR에 NOT을 더한 게이트로 동작한다.

3.5.1 XOR 게이트

XOR(익스클루시브 오아) 게이트의 심볼과 진리표는 그림과 같다.

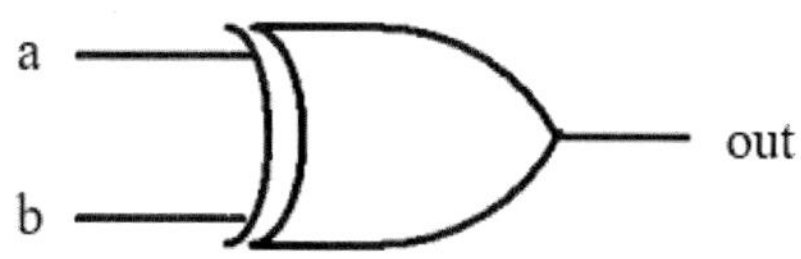

[그림 3.37] XOR 게이트 심볼

[표 3.17] 2입력 XOR 게이트의 진리표

a	b	out
0	0	0
0	1	1
1	0	1
1	1	0

2입력 XOR 게이트의 출력은 입력 a, b가 같은 값이면 출력이 0이고, 다르면 출력은 1이 된다. 또 $0+0=0$, $0+1=1$, $1+0=1$, $1+1=0$으로 이진수 1비트 덧셈 결과와도 같다.

2입력 XOR 게이트의 논리 기호는 $out=a\oplus b$로 표시한다. 진리표에서 $out=\overline{a}\bullet b+a\bullet \overline{b}$이므로, 기본 게이트인 NOT, AND, OR 게이트를 이용하여 그림 3.38과 같이 논리 회로로 설계할 수 있다.

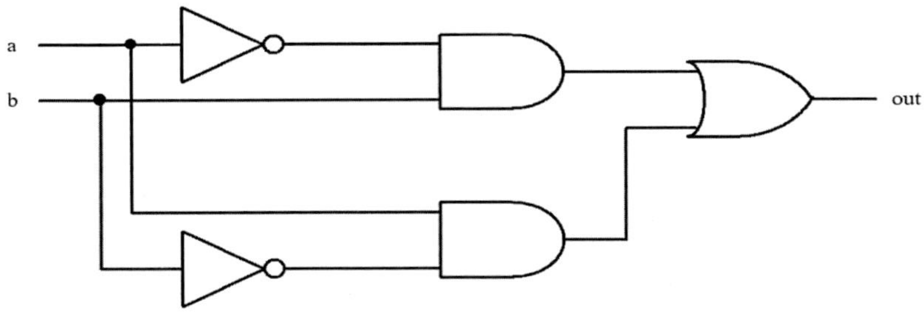

[그림 3.38] XOR 게이트에 대한 논리 회로도

3.5.2 XNOR 게이트

XNOR(익스클루시브 노아) 게이트의 심볼과 진리표는 그림 3.39와 같다.

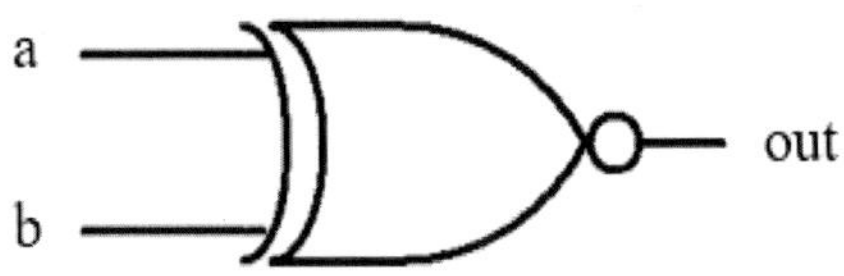

[그림 3.39] XNOR 게이트 심볼

[표 3.18] 2입력 XNOR 게이트의 진리표

a	b	out
0	0	1
0	1	0
1	0	0
1	1	1

2입력 XNOR 게이트는 입력 a, b가 같은 값이면 출력은 1이 되고, 입력 a, b가 다르면 출력은 0이 된다. 논리 기호는 $out = \overline{(a \oplus b)}$로 표시한다. $out = \bar{a} \cdot \bar{b} + a \cdot b$ 이므로, 기본 게이트인 NOT, AND, OR 게이트를 이용하여 그림 3.40과 같이 논리 회로로 설계할 수 있다.

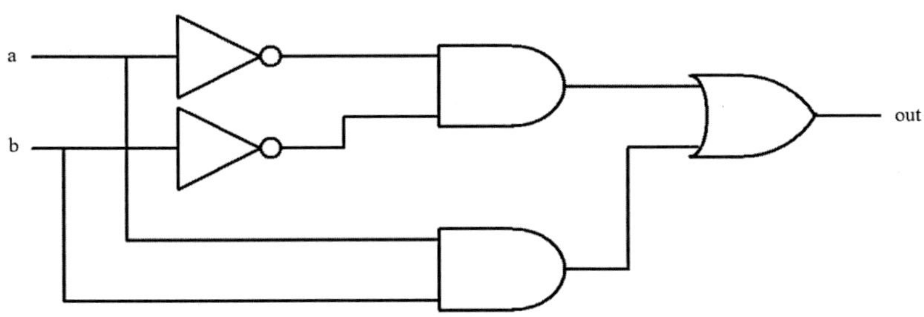

[그림 3.40] XNOR 게이트에 대한 논리 회로도

3.5.3 XOR, XNOR 게이트 활용

디지털 데이터 정보를 유선이나 무선을 통하여 전송하게 되면, 보내는 곳(송신부)에서, 받는 곳(수신부)의 거리나 환경에 따라서 전송 오류가 발생할 수 있다. 서울에서 0100을 송신하였는데, 부산에서 1100을 수신할 수 있다. 수신부에서 보낸 디지털 정보(0과 1로 구성)가 송신부에서 받았을 때 오류가 발생한지 확인하고, 오류가 발생했다면, 수신부에 재전송을 요구하거나 다른 조치를 취해야 한다. 가장 간단하게 전송 오류를 찾아내는 방법이 홀수, 짝수 패리티(Parity) 비트를 이용하는 방식이다. 키보드에서 PC본체로 데이터 전송 중 오류 감지를 위해서 패리티 비트 방식을 사용한다. 이러한 패리티 비트를 사용한 오류 감지 회로(Error Detection Circuit)에 XOR 게이트를 활용할 수 있다.

예제 7비트 디지털 데이터에 대해서 홀수 패리티 발생회로를 XOR 게이트를 이용해서 설계하고 동작을 설명하여라.

풀이 ▸▸ 송신부(보내는 부분)에서 전송하려는 데이터가 1101100 7비트이면, 1의 개수가 4개로 짝수이므로 패리티 1비트는 1이 되어서, 패리티 비트를 포함한 8비트의 전체 1의 개수는 홀수개가 된다. 이러한 것을 홀수 패리티 비트라고 한다. 만약 전송하려는 데이터가 0100110 7비트이면, 1의 개수가 3개로 홀수이므로 패리티 1비트는 0이 되어서, 패리티 비트를 포함한 8비트의 전체 1의 개수는 홀수개가 된다. 홀수 패리티 비트는 1비트인데, 보내려는 데이터에서 1의 개수가 홀수 개이면 0이 되고, 보내려는 데이터에서 1의 개수가 짝수개이면 1이 된다. 패리티 비트는 보내려는 원래 데이터의 1의 개수를 파악하여 1 또는 0이 결정되고, 원래 데이터와 홀수 패리티 비트 모두 포함하면 항상 1의 개수는 홀수개로 만들어서 송신부에서 보내게 된다. 수신부에서는 다시 패리티 비트를 포함하여 1의 개수를 세어서 만약 1의 개수가 홀수 개이면 전송이 잘 되었다고 판단하고, 1의 개수가 짝수 개이면 전송 데이터 어디에선가 1비트 오류가 있다고 판단하게 되어서 단일 1비트 오류가 있는지 없는지 결정하게 된다. 1비트 오류가 7비트 중에서 어느 부분인지는 모르지만, 단일 오류(single bit error)를 감지할 수 있다. 7비트 입력에 대해서 홀수 패리티 비트 0 또는 1을 발생하는 홀수 패리티 발생 회로를 XOR 게이트를 활용하여 설계할 수 있다.

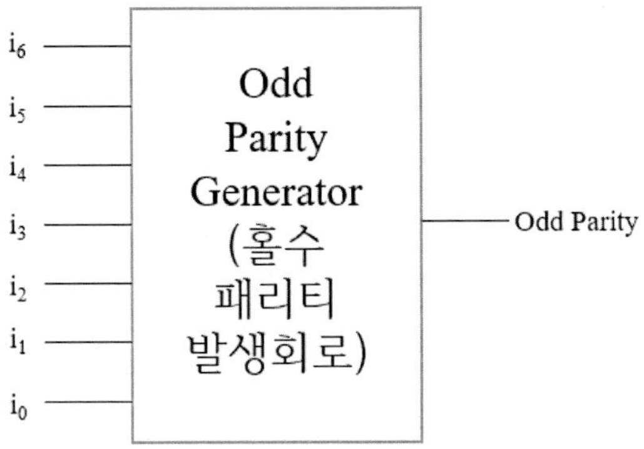

[그림 3.41] 홀수 패리티 발생 회로 (송신부)

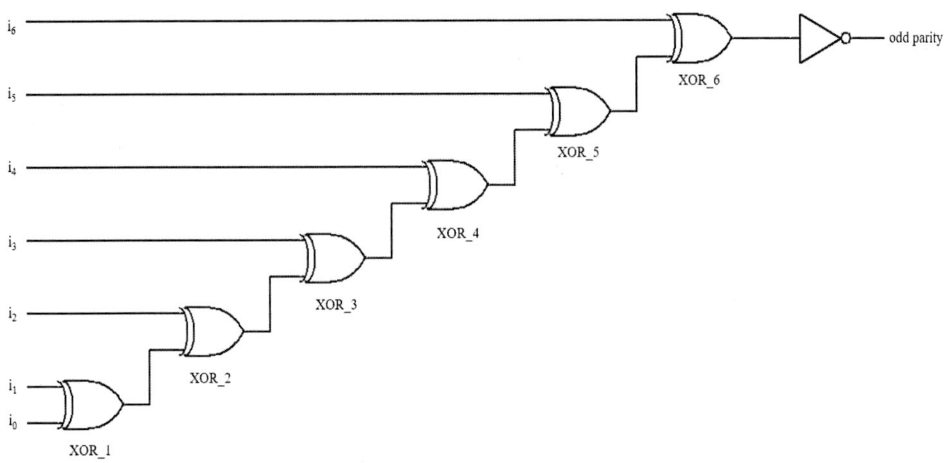

[그림 3.42] XOR 게이트를 이용한 홀수 패리티 발생 논리 회로도

송신부에서 전송하려는 디지털 데이터 7비트 $i_6i_5i_4i_3i_2i_1i_0 = 1101100$이면 그림 3.43에서 출력 1 비트는 1이 발생한다. 1101100_1 전체 8비트(홀수 패리티 비트 포함)의 1의 개수는 5개로 홀수 개가 된다.

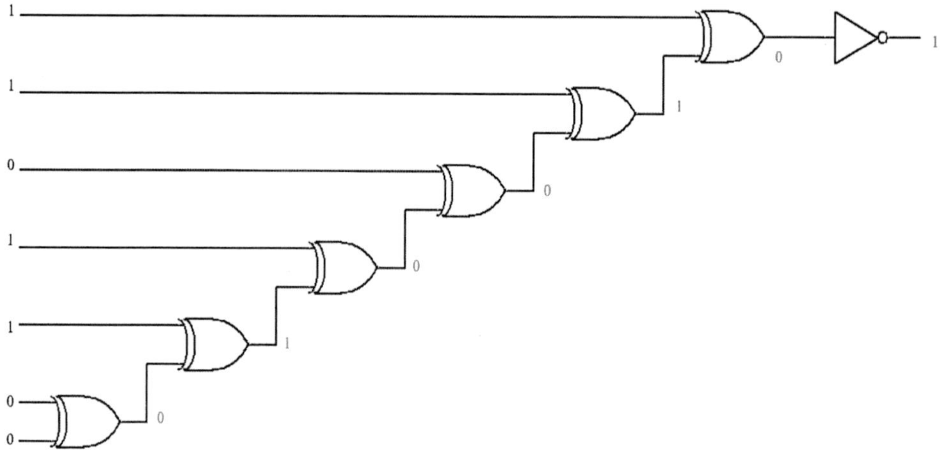

[그림 3.43] 입력 7비트(= 1101100)일 때 홀수 패리티 출력(= 1)

송신부에서 전송하려는 디지털 데이터 7비트 $i_6i_5i_4i_3i_2i_1i_0$ = 0100110이면 그림 3.44에서 출력 odd_parity는 0이 출력된다. 0100110_0 전체 8비트(홀수 패리티 비트 포함)는 1의 개수가 3개로 홀수개가 된다. 2가지 경우 뿐만 아니라, 어떠한 7비트 데이터가 입력되어도, 출력 odd_parity 1비트 값은 전체 8비트의 1의 개수가 홀수가 되도록 0 또는 1의 값을 출력하게 된다. XOR 게이트는 입력을 2개로 설계되었으므로 전체 6개의 2_입력 XOR게이트가 홀수 패리티 발생 회로에 필요하게 된다.

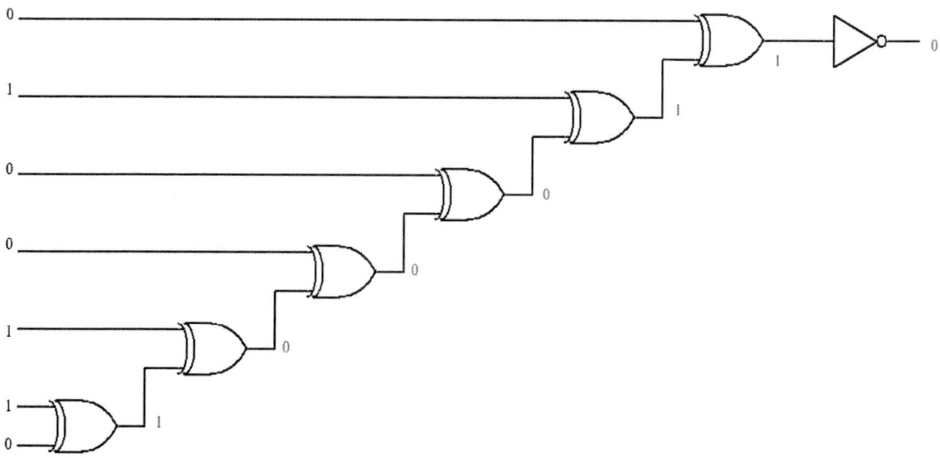

[그림 3.44] 입력 7비트(= 0100110)일 때 홀수 패리티 출력(= 0)

짝수 패리티 발생 회로는 홀수 패리티 발생 회로의 마지막 단에 있는 NOT 게이트만 빼고 쉽게 설계할 수 있다.

예제 홀수 패리티 비트를 포함한 8비트 데이터에 대해서, 단일 오류를 감지할 수 있는 홀수 패리티 오류 감지 회로를 XOR 게이트를 이용해서 설계하고, 동작을 설명하여라.

풀이 ▸▸

[그림 3.45] 홀수 패리티 오류 감지 회로 (수신부)

송신부에서 7비트 데이터의 1의 개수에 따라서 odd_parity를 1 또는 0으로 해서 전체 8비트의 1의 개수를 홀수개로 해서 송신하게 되면, 수신부에서는 송신 과정에서 오류가 발생했는지 감지회로에서 알 수 있다.
그림 3.45와 3.46과 같이 수신부에서 오류 감지 회로도 XOR 게이트를 이용하여 설계할 수 있다.

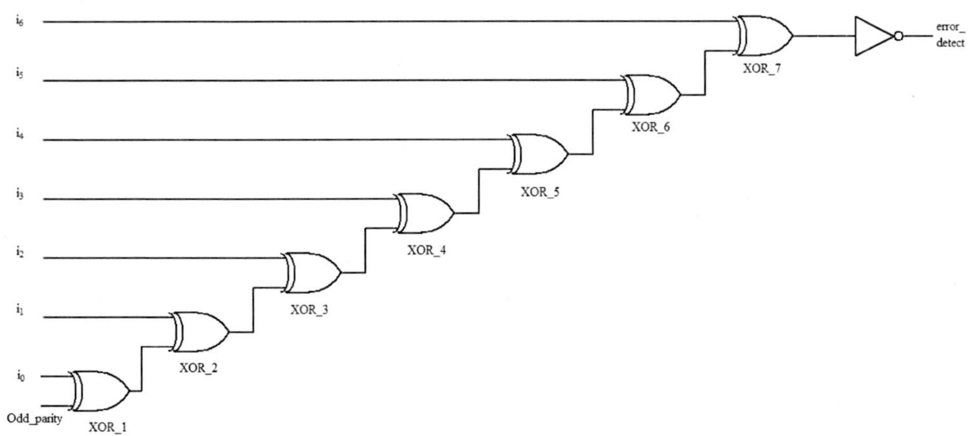

[그림 3.46] 홀수 패리티를 이용한 단일 오류 감지 회로(수신부)

그림 3.43의 $i_6 i_5 i_4 i_3 i_2 i_1 i_0 = 1101100$과 odd_parity = 1 의 값 8비트 1101100_1이 송신 과정에서 오류없이 수신부에 전달되었다고 가정하면, 그림 3.47 단일 오류 감지 회로로 입력된다.

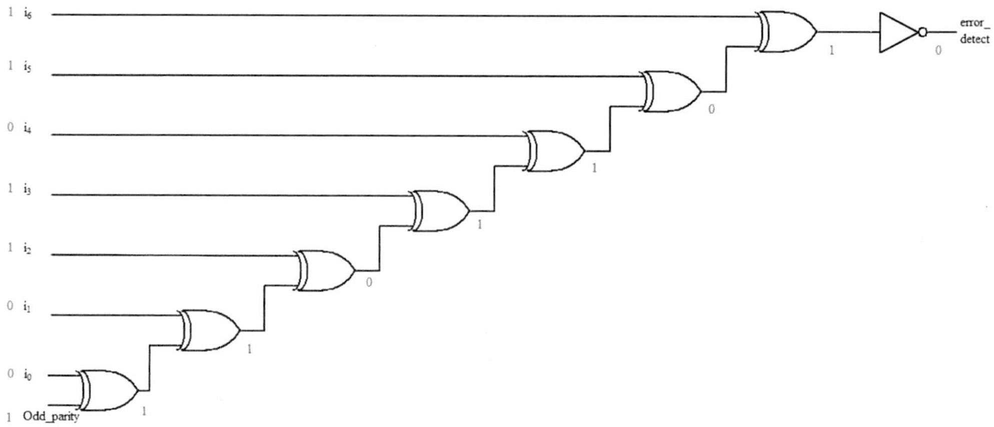

[그림 3.47] 입력 데이터(1101100_1)에 오류 없음을 나타내는 출력(=0)

전송과정에서 오류가 없으므로, 출력 error_detect = 0 이고, 수신 데이터를 처리한다. 그림 3.43의 $i_6 i_5 i_4 i_3 i_2 i_1 i_0 = 1101100$과 odd_pariry = 1이 전송 과정에서 오류로 인하여 1001100_1의 값이 수신되었다고 가정하면, 그림 3.48과 같이 단일 오류 감지 회로로 입력된다.

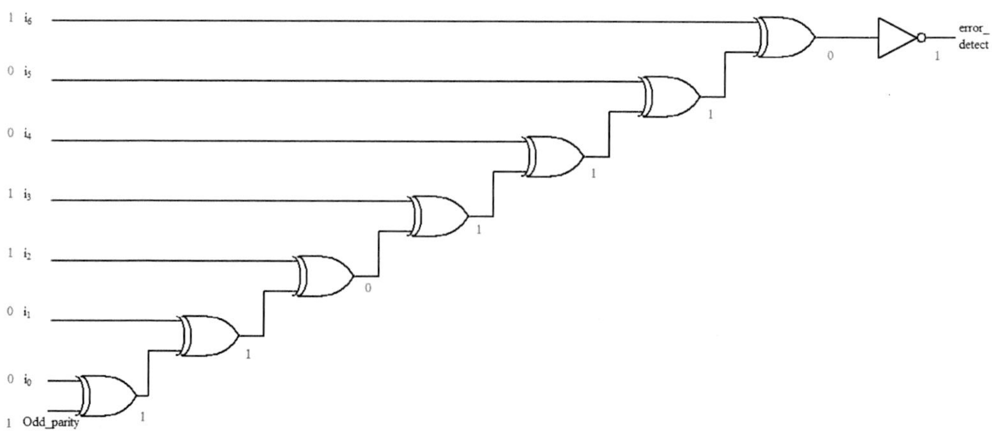

[그림 3.48] 입력 데이터(1001100_1)에 오류 감지를 나타내는 출력(=1)

출력 error_detect의 값이 "1"이면, 8비트 수신 데이터에서 오류가 발생한 것을 나타낸다. 어떤 위치에서 오류가 발생한 것은 알 수 없고, 1비트 오류가 발생한 것을 의미하므로, 송신단에 데이터를 재전송 요구를 하거나 후속 조치를 취해야 한다.
XOR 게이트를 이용하여 홀수 패리티 발생회로와 단일 오류 감지 회로를 짝수 패리티 발생 및 오류감지회로에도 활용할 수 있다.

3장 연습문제

3.1 다음과 같은 논리 함수에 대한 진리표와 논리 회로도를 그려라.

$$out = a \cdot \overline{sel} + b \cdot sel$$

3.2 다음과 같은 논리 함수에 대한 잔리표와 논리 회로도를 그려라.

$$out = a \cdot \bar{b} + \bar{a} \cdot b$$

3.3 4개의 벽면에 스위치가 있고, 중앙 천장에 조명이 설치된 큰 홀이 있다. 각 벽면에 스위치 입력을 SW1, SW2, SW3, SW4로 정의하고, 중앙 천장의 조명은 L_out이라고 정의한다. 4개의 스위치 중 어느 하나가 켜지면 조명 L_out은 “1”이 되고, 2개의 스위치가 켜지면 L_out은 “0”이 되고, 3개의 스위치가 켜지면 L_out은 “1”이 되고, 4개의 스위치가 켜지면 L_out은 “0”이 되는 진리표를 그려라. 진리표를 바탕으로 논리식을 구하고 논리 회로도를 그려라.

3.4 다음과 같은 논리식을 부우리언 대수를 이용하려 논리식을 간소화하여라.

$$out = \bar{a} \cdot \bar{b} \cdot c + \bar{a} \cdot b \cdot \bar{c} + \bar{a} \cdot b \cdot c + a \cdot \bar{b} \cdot \bar{c} + a \cdot \bar{b} \cdot c$$

3.5 다음과 같은 논리식을 부우리언 대수를 이용하여 논리식을 간소화하여라.

$$out = a \cdot b + a \cdot (b + c) + b \cdot (b + c)$$

3.6 다음과 같은 논리식을 부우리언 대수를 이용하여 논리식을 간소화하여라.

$$out = \bar{a} \bullet \bar{b} \bullet \bar{c} + \bar{a} \bullet b \bullet \bar{c} + \bar{a} \bullet b \bullet c + a \bullet \bar{b} \bullet \bar{c}$$

3.7 출력이 f이고, 입력이 $x_{1,}\, x_{0,}\, y_{1,}\, y_0$인 회로를 설계한다. $X = x_1x_0$는 2비트로 00, 01, 10, 11 값을 지닌다. $Y = y_1y_0$도 2비트의 같은 값을 지닌다. 출력 f는 2개의 수 X, Y가 서로 같은 값을 가질 때 "1" 이 되고, 다르면 "0"의 값을 가지도록 진리표를 그리고, 논리식과 논리 회로도를 그려라.

3.8 다음과 같은 4개 입력에 대한 출력을 나타내는 진리표에 대해서, 논리식을 적고 카르노 맵을 이용하여 논리식을 간소화한 후, 간소화 된 논리식을 적어라.

a	b	c	d	out
0	0	0	0	0
0	0	0	1	0
0	0	1	0	0
0	0	1	1	1
0	1	0	0	1
0	1	0	1	1
0	1	1	0	1
0	1	1	1	1

a	b	c	d	out
1	0	0	0	0
1	0	0	1	0
1	0	1	0	1
1	0	1	1	1
1	1	0	0	1
1	1	0	1	1
1	1	1	0	1
1	1	1	1	1

3.9 다음과 같은 4개 입력에 대한 출력을 나타내는 진리표에 대해서, 논리식을 적고 카르노 맵을 이용하여 논리식을 간소화한 후, 간소화 된 논리식을 적어라.

a	b	c	d	out
0	0	0	0	1
0	0	0	1	1
0	0	1	0	0
0	0	1	1	0
0	1	0	0	0
0	1	0	1	0
0	1	1	0	1
0	1	1	1	1

a	b	c	d	out
1	0	0	0	1
1	0	0	1	1
1	0	1	0	0
1	0	1	1	0
1	1	0	0	1
1	1	0	1	1
1	1	1	0	0
1	1	1	1	0

3.10 5비트 데이터에 대해서 짝수 패리티 값을 32가지 경우에 대해 구하여 진리표를 작성하여라. 짝수 패리티 출력을 발생하는 짝수 패리티 생성 논리 회로를 그리고 5비트 데이터가 "10110"일 때 논리 회로에서 출력을 구하여라.

3.11 문제 3.9에서 5비트 데이터와 짝수 패리티 비트 전체 6비트를 입력 받아서 단일 오류가 발생 되었는지 감지하는 짝수 패리티 오류 감지 논리 회로를 설계하여라. 입력되는 데이터와 짝수 패리티 비트가 "110011_0"과 "010110_0" 일 때 출력 값을 구하고 설명하여라.

04

수의 체계 (Number Representation)

4.1 양수(Unsigned Number)의 이진수 표현

4.2 정수(Signed Number)의 이진수 표현

4.3 부동소수점(Floating Point)의 이진수 표현

일반적으로 수를 표현할 때 0, 1, 2, 3, 4, 5, 6, 7, 8, 9까지 10개의 숫자를 사용하는 10진수를 사용한다. 양수는 부호가 +인 값을 나타내고, 정수는 양수와 음수를 포함한다. 부동 소수점은 1.602×10^{-19}와 같이 지수와 가수로 나타낸다. 디지털 시스템은 단지 0과 1만으로 구성된 이진수를 사용한다. 이 장에서는 인간이 사용하는 양수, 정수, 부동 소수점 표현을 디지털 시스템에서 0과 1로 어떻게 표현하는지를 이해하려고 한다. 4장은 가장 쉬운 양수의 표현, 음수를 포함하는 정수의 표현, 부동 소수점의 표현을 설명하고 이진수 이외의 8진수와 16진수의 활용 사례와 변환으로 구성하였다.

4.1 양수(Unsigned Number)의 이진수 표현

어떤 대학교의 재학생 수는 양수로만 나타낼 수 있고, 8,624명을 표현하고자 할 때 8,624는 다음과 같은 의미이다.

$$8 \times 10^3 + 6 \times 10^2 + 2 \times 10^1 + 4 \times 10^0 = 8{,}000 + 600 + 20 + 4 = 8{,}624$$

10이 기수이므로 10진수라고 하고, 가장 왼쪽의 숫자 8이 큰 수 자리수이다. 가장 유효숫자가 큰 숫자를 나타낸다. MSD(Most Significant Digit)라고 한다. 가장 오른쪽은 크기가 가장 작은 자리수이다. 보통 가장 유효숫자가 작은 숫자를 LSD(Least Significant Digit)라고 한다. 4 자리 수는 0에서 최대 9,999까지 나타낼 수 있다. 이진수는 0과 1로 구성되고, 0 또는 1을 1비트(bit)로 정의한다. 만약 6비트 110011는 다음과 같은 10진수 값을 지닌다.

10진수의 기수 10 대신에 2진수의 기수는 2이다.

$$1 \times 2^5 + 1 \times 2^4 + 0 \times 2^3 + 0 \times 2^2 + 1 \times 2^1 + 1 \times 2^0 = 32 + 16 + 2 + 1 = 51$$

맨 왼쪽에 있는 비트는 2^5자리이므로, 가장 큰 유효 숫자 비트이다. MSB(Most Significant Bit) 라고 한다. 맨 오른쪽에 있는 비트는 $2^0 (=1)$ 자리이므로, 가장 작은 유효 숫자 비트이다. LSB(Least Significant Bit)라고 한다. MSB와 LSB는 차후에 사용되므로 알아 둘 필요가 있다. 비트의 수가 많을수록 나타낼 수 있는 값의 범위는 커지게 된다.

만약 4비트이면, 0에서 $2^4-1=15$까지 나타낼 수 있다. 십진수 양수에 대한 4비트 이진수 값은 표 4.1과 같다.

[표 4.1] 양수(십진수)에 대한 이진수 값

십진수(Decimal Number)	이진수(Binary Number)
0	0000
1	0001
2	0010
3	0011
4	0100
5	0101
6	0110
7	0111
8	1000
9	1001
10	1010
11	1011
12	1100
13	1101
14	1110
15	1111

n 비트로 나타낼 수 있는 양수 값의 범위는 2^n-1이다.(0 포함) n = 8 비트이면, 0에서 $2^8-1=255$까지가 8비트 이진수로 나타낼 수 있는 양수 값의 범위이다.

예제 n=16비트이면, 0에서 양수의 최대 값은 얼마까지 나타낼 수 있는가?

풀이▸▸ $2^{16}-1=65{,}536-1=65{,}535$ 이므로 0에서 65,535까지 나타낼 수 있다.

예제 다음 8비트의 값이 양수만을 나타내는 경우, 십진수 값은 얼마인가?

$$101100_2\ ,\ 010011_2$$

풀이 ▸▸ $101100_2 = 1\times2^5+0\times2^4+1\times2^3+1\times2^2+0\times2^1+0\times2^0=32+8+4=44$

$010011_2 = 0\times2^5+1\times2^4+0\times2^3+0\times2^2+1\times2^1+1\times2^0=16+2+1=19$

8비트, 16비트, 32비트로 비트 길이가 커져도 같은 방식으로 자리수를 정해서 10진수 값으로 바꿀 수 있다. 10진수 양수 값을 2진수로 변환하는 방식을 알아본다. 43의 값을 2진수로 변환하기 위해서는 우선 비트 수는 4비트이면 최대 $2^4-1=15$이고, 5비트이면 최대 $2^5-1=31$이고, 6비트이면 최대 $2^6-1=63$로 표현되므로, 최소 6비트 이상이어야 한다.

2진수로 변환하려는 값을 2로 나누어서, 몫이 1이 될 때까지 계속 나눈다. 몫을 적고, 오른쪽에 나머지 0 또는 1을 적는다. 최종 몫에서부터 화살표 방향으로 2진수 값을 나타내면 101011_2과 같다.

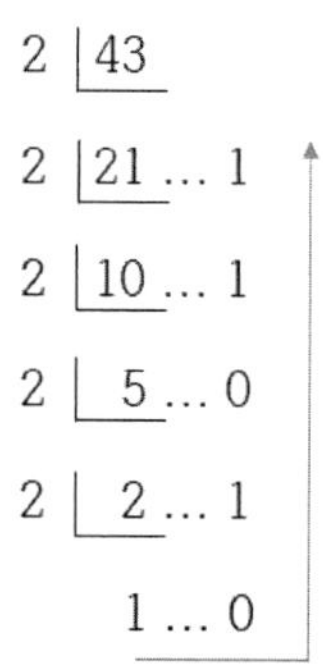

101011_2이 43인지 확인을 해보면,

$1\times2^5+0\times2^4+1\times2^3+0\times2^2+1\times2^1+1\times2^0=32+8+2+1=43$임을 알 수 있다. 양수를 2진수로 표현하는 것이 가장 쉽다. 문제를 많이 풀어서, 이진수의 값에 친근해져야 인간이 아닌 디지털 시스템을 이해하기 쉽다. 중국인과 친해지려면, 중국어를 알면 좋은 것처럼, 디지털 시스템, 스마트폰, 디지털 TV, 디지털 카메라를 알려면, 10진수 보다 2진수를 이해하고 익숙해지는 것이 필요하다.

예제 양수 1,241을 2진수로 변환하기 위해서 필요한 최소 비트 수와 2진수 값을 구하여라.

풀이 $2^{10}=1024$, $2^{11}=2048$이므로, 11비트가 필요하다.

```
2 | 1241
2 |  620 ... 1   ↑
2 |  310 ... 0
2 |  155 ... 0
2 |   77 ... 1
2 |   38 ... 1
2 |   19 ... 0
2 |    9 ... 1
2 |    4 ... 1
2 |    2 ... 0
       1 ... 0
```

이 값이 1241 인지 확인하려면,

$$10011011001_2 = 1\times2^{10}+1\times2^7+1\times2^6+1\times2^4+1\times2^3+1\times2^0$$
$$=1024+128+64+16+8+1=1241$$

와 같음을 알 수 있다.

4.2 정수(Signed Number)의 이진수 표현

정수는 -127, -13, 0, 15, 128과 같이 양수, 0과 음수를 포함한다.

십진수에서 음수인 경우 (-) 부호를 붙여서 나타낼 수 있지만, 이진수는 0과 1, 2가지 경우만 있으므로 부호 기호가 따로 존재하지 않는다. 음수의 2진수 표현은 지금까지 강의를 하면서 학생들이 가장 많이 헷갈리는 부분이다. 3가지 방식으로 음수를 표현하는 방식이 존재하지만, 현재 디지털 시스템에서는 2의 보수 방식(2's complement method)을 사용한다. 인간이 이해하기에는 불편하지만, 디지털 시스템을 설계하는 경우, 2의 보수 방식이 가장 편하다. 따라서 우리는 2의 보수 방식으로 음수를 표현하는 것을 이해해야 한다.

우리 사람이 이해하기 쉬운 것부터 차례대로 음수를 표현하는 3가지 방식을 설명한다. 3가지 방식은 (i) 부호-크기 방식, (ii) 1의 보수 방식, (iii) 2의 보수 방식이다.

4.2.1 부호-크기 방식(Sign-and-magnitude method)

사람이 사용하는 십진수와 비슷한 방식으로 음수를 표현한다. MSB(가장 왼쪽비트)를 부호비트라고 하고, +는 0, −는 1로 나타내고, 나머지 비트들은 크기를 나타낸다.

4비트 예를 들면

+3인 경우 부호비트는 0이고, 크기 011이므로 0_011이 된다.

+는 부호비트가 0이 되고, 3이라는 크기는 011 값을 적는다.

-4인 경우 부호비트는 1이고, 4라는 크기는 100 값을 적는다. 따라서 1_100이 된다.

예제 −7과 −12, +8을 5 비트 부호-크기 방식 이진수로 나타내어라.

풀이 ▸▸ −7 : 부호가 음이므로, 부호비트 MSB = 1이고, 크기 7은 0111이므로, 1_0111

−12 : 부호가 음이므로, 부호비트 MSB = 1이고, 크기 12는 1100이므로, 1_1100

+8 : 부호가 양이므로, 부호비트 MSB = 0이고, 크기 8은 1000이므로, 0_1000

이해하기는 가장 쉽지만, 디지털 시스템에서 음수에 대한 부호-크기 방식을 사용한다면, 디지털 논리 회로 설계가 복잡해진다. 예를 들어서 2수를 더하는 경우에 부호가 같은 경우에는 다음과 같이 문제가 없다.

+3 : 0_0011
+2 : 0_0010
―――――――
+5 : 0_0101

그러나 서로 다른 부호를 지니는 2수를 부호-크기 방식을 사용하여, 그냥 비트끼리 단순하게 더하게 되면

+3 : 0_0011
−5 : 1_0101
―――――――
−2 : 1_1000이므로 답은 -8이 나오므로 틀린 결과를 가져온다.

서로 다른 부호를 지닌 2 수를 부호-크기 방식에서 더하려면, 두 수 중 크기가 큰 수 (5>3)의 부호로 결과 부호가 결정되고, 실제 크기는 큰 수에서 작은 수를 뺀 (5-3) 2 값으

로 최종 -2 값이 나오도록 회로를 설계해야 된다. 디지털 논리회로 설계 및 구현은 가능하지만, 나중에 2의 보수 방식에서는 이러한 과정이 필요 없게 된다. 또 하나, 부호-크기 방식에서는 2가지 0이 존재하는 단점도 존재한다. 0_0000(+0)과 1_0000(-0)이 존재하게 되어서 경우의 수를 하나 줄여서 사용하게 된다.

4.2.2 1의 보수 방식(1's complement method)

부호-크기 방식의 개선된 형태로 정수에서 양수 부분은 이전 양수 표현과 같다. 만약에 5비트로 +5는 0_0101이 된다. 양수는 모두 MSB가 0이 된다.

만약에 5비트로 −5를 1의 보수 방식으로 나타내려고 하면, 먼저 +5 값을 구하고, 모든 비트 값을 0은 1 로, 1은 0으로 보수(반대) 값을 취하면 된다.

+5 : 00101

−5 : 11010

1의 보수 방식으로 표현된 6비트 이진수 값 101100에 대한 10진수 값을 구하려면, MSB(맨 왼쪽비트)가 1이므로, 음수를 나타낸다. 크기를 알려고 하면, 101100의 보수(모든 비트를 0는 1, 1은 0으로 변환) 010011 값의 크기는 16+2+1 = 19이므로, 101100은 −19를 나타낸다.

1의 보수 방식으로 음수를 표현하는 과정은 다음과 같다.

(1) 크기 값을 구한다.

(2) 각각의 비트를 보수(반대)화한다.(1은 0으로, 0은 1로 변환)

1의 보수 방식은 부호-크기 방식보다는 약간 복잡하지만 디지털 시스템 설계 면에서 부호-크기 방식처럼 2수를 더하는 경우 보다 쉽게 설계 할 수 있다. 십진수 +3, +2, -5, -11 값에 대해서 1의 보수 방식 6비트 2진수는 다음과 같다.

+3 : 000011

+2 : 000010

+5 : 000101 → −5 : 111010

+11 : 001011 → −11 : 110100

예제 −7의 값을 6비트 1의 보수 형식으로 변환하여라.

풀이 ▸▸ ① 먼저 6비트 크기 7(양수)인 2진수 값을 구한다.

000111 $(2^2 \times 1 + 2^1 \times 1 + 2^0 \times 1 = 4 + 2 + 1 = 7)$

② 각각의 비트를 모두 보수(반대)한다.

0 0 0 1 1 1
↓ ↓ ↓ ↓ ↓ ↓
1 1 1 0 0 0

111000은 6비트 1의 보수 형식으로 −7값을 나타낸다.

예제 8비트 1의 보수 형식으로 11001101 이진수 값이 십진수로 얼마인지 구하여라.

풀이 ▸▸ 맨 왼쪽 비트(MSB)가 1이므로 음수를 나타낸다. 크기를 알기 위해서는 모든 비트를 보수(반대)한다.

1 1 0 0 1 1 0 1
↓ ↓ ↓ ↓ ↓ ↓ ↓ ↓
0 0 1 1 0 0 1 0 이고,

$00110010 = 1 \times 2^5 + 1 \times 2^4 + 1 \times 2^1 = 32 + 16 + 2 = 50$

따라서 11001101은 −50 값을 나타낸다.

예제 십진수 43 값을 1의 보수 형식의 8비트로 나타내어라.

풀이 ▸▸ 양수의 값은 3가지 방식 모두 똑같다. 43을 이진수로 변환하면 101011이다. 101011 6비트 값을 8비트로 표현하기 위해서는 왼쪽에 0을 2비트 채운다. 00101011 확인을 해보면,

$00101011 = 2^5 \times 1 + 2^3 \times 1 + 2^1 \times 1 + 2^0 \times 1 = 32 + 8 + 2 + 1 = 43$

십진수 43은 8비트 1의 보수 방식 이진수로 00101011이 된다.

1의 보수 방식으로 표현된 정수 값에 대한 덧셈을 알아본다.

① 양수와 양수를 더하는 경우

$$
\begin{array}{rl}
+3 : & 000011 \\
+ \quad +2 : & 000010 \\
\hline
+5 : & 000101 (2^2 + 2^0 = 5)
\end{array}
$$

1의 보수 방식의 6비트 값을 그대로 더하면 결과는 맞게 나온다.

② 양수와 음수를 더하는 경우

```
    +3  : 000011
+  -11  : 110100
------------------
    -8  : 110111
```

110111은 음수이고, 크기를 알기 위해서는 110111의 보수(반대)값 001000($2^3=8$)이므로, -8이 되어서 10진수 더한 결과 값이 맞게 나온다.

③ 음수와 양수를 더하는 경우

```
    -5 : 111010
+   +2 : 000010
----------------
    -3 : 111100
```

111100은 음수이고, 크기를 알기 위해서는 111100의 보수(반전) 값 000011($2^1+2^0=3$)이므로, -3이 되어서 10진수 더한 결과 값이 맞게 나온다.

④ 음수와 음수를 더하는 경우

```
    -5  :    111010
+  -11  :    110100
--------------------
   -16  : 1 101110
```

이진수 덧셈에서 이전과 다르게 캐리가 발생하였다. 캐리 값을 무시한 6비트 101110의 값은 음수이다. 크기를 알아보기 위해서, 101110의 값을 보수(반대)하면, 010001이고, 이 값은 17이므로, 전체 값은 -17이 된다. 원래 (-5)+(-11)=-16이므로, 더한 결과 값이 틀리다. 1의 보수 방식에서는 만약 이진수 2개를 더한 결과에서 캐리가 없으면 답이 맞지만, 캐리가 발생하면 캐리 값 1을 더해 주어야 한다.

```
    -5 :     111010
+  -11 :     110100
--------------------
   -16 : ① 101110
          +       1
          ---------
             101111
```

101111은 MSB가 1이므로, 음수이고 크기는 010000 = 16이 되어서 (−5)+(−11) = −16 값인 −16이 된다. 1의 보수 방식은 부호-크기 방식의 덧셈 시스템 보다는 비교적 간단하다. 2개의 이진수를 더해서 결과 값에서 캐리가 발생하면 그 캐리 값을 더해주는 과정이 필요하다. 이러한 캐리 값이 발생했을 때 1을 더해주는 과정도 없는 것이 2의 보수 방식이다. 인간이 이해하기에는 2의 보수 방식이 가장 복잡해 보이지만, 2 수를 더하는 과정에서는 캐리 발생과 상관없이 결과가 맞게 되므로 디지털 시스템에서는 2의 보수 방식이 연산회로 구성에서 가장 간단하다.

4.2.3 2의 보수 방식(2's complement method)

음수의 표현 방식은 2의 보수 방식을 모든 디지털 시스템이 사용한다. 컴퓨터에서도 정수를 나타내는 이진수는 모두 2의 보수 방식이다. 따라서 인간이 이해하기는 어렵지만, 디지털 시스템의 연산과정에서 설계가 간단하므로, 2의 보수방식은 반드시 이해하여야 한다. 반복되지만, 양수의 표현은 부호-크기 방식, 1의 보수 방식, 2의 보수 방식 모두 똑같다. 십진수 +23에 대해서 6비트로 부호-크기 방식, 1의 보수 방식, 2의 보수 방식은 모두 010111이 된다.

```
2 |23
2 |11 ... 1   ↑
2 |  5 ... 1
2 |  2 ... 1
     1 ... 0
```

010111$(= 2^4 + 2^2 + 2^1 + 2^0 = 23)$

[표 4.2] +23에 대한 2진수 표현 방식

십진수	크기_부호 방식	1의 보수 방식	2의 보수 방식
+23	010111	010111	010111

2의 보수 방식으로 음수를 표현하는 과정은 다음과 같다.

(1) 음수에 대한 1의 보수 방식으로 2진수를 구한다.

(2) 구한 2진수에 1을 더한다.

십진수 음수 -13을 6비트 2의 보수 방식으로 변환하는 과정은 다음과 같다.

(1) +13 양수에 대한 6비트 이진수 값을 구한다. 001101

(2) 모든 비트를 보수(반대)화한다. 001101→ 110010(-13에 대한 1의 보수방식 표현)

(3) 1의 보수 방식 결과에 1을 더한다. 110010+1 → 110011(-13에 대한 2의 보수방식 표현)

110011이 -13을 나타내는 6비트 2의 보수 방식 결과이다.

예제 −17을 8비트 2의 보수 방식 이진수로 나타내어라.

풀이 (1) 먼저 십진수 +17값을 8비트로 구한다.

```
2 | 17
2 | 8 ... 1  ↑
2 | 4 ... 0
2 | 2 ... 0
    1 ... 0
```

10001이므로, 8비트로 만들기 위해서 왼쪽에 0을 채워주면, 00010001이 +17을 나타내는 8비트이다.

(2) +17(00010001)의 각각의 비트를 보수(반대)하여, 1의 보수 방식으로 −17값을 만든다.

0001001 → 1110110(십진수 -17에 대한 1의 보수 방식 이진수 표현)

(3) 1110110에 1을 더해 준다. 1110110+1 → 1110111

1110111 값이 -17을 나타내는 8비트 2의 보수 방식 이진수 결과이다.

만약에 이진수 2의 보수 방식의 n비트 값이 10진수로 얼마인지를 알 수 있는 방식이 궁금해 질 것이다. 8비트 $b_7b_6b_5b_4b_3b_2b_1b_0$ 예를 들면, 2의 보수 방식 이진수에 대한 자리 매김은 다음과 같다.

$$-2^7 \times b_7 + 2^6 \times b_6 + 2^5 \times b_5 + 2^4 \times b_4 + 2^3 \times b_3 + 2^2 \times b_2 + 2^1 \times b_1 + 2^0 \times b_0$$

2의 보수 방식에서는 가장 왼쪽 비트(MSB)의 자래매김 값이 - 값에 주의해야 한다. 2의 보수 방식으로 표현된 n비트 $b_{n-1}b_{n-2}b_{n-3}\cdots\cdots b_3b_2b_1b_0$ 에 대한 10진수 값은 다음과 같이 구할 수 있다.

$$-b_{n-1}\times 2^{n-1}+b_{n-2}\times 2^{n-2}+bn-3\times 2^{n-3}+\cdots\cdots+b_2\times 2^2+b_1\times 2^1+b_0\times 2^0$$

예제 8비트 2의 보수 방식으로 다음과 같은 이진수가 10진수로 얼마인지 구하여라.

10100010, 11001011, 01001001

풀이 ▸▸ (1) $1\times(-2^7)+1\times(2^5)+1\times(2^1)=-128+32+2=-94$

(2) $1\times(-2^7)+1\times(2^6)+1\times(2^3)+1\times(2^1)+1\times(2^0)=-128+64+8+2+1$
$=-53$

(3) $0\times(-2^7)+1\times(2^6)+1\times(2^3)+1\times(2^0)=64+8+1=73$

MSB가 "0"이면 3가지 방식 모두 양수를 나타내고, MSB가 "1"이면 3가지 방식 모두 음수를 나타낸다. 약간은 이해하기 번거로운 2의 보수 방식으로 음수와 양수를 표현하고, 덧셈 기능을 설명하여, 연산 회로 구현에 적합한 방식임을 설명한다.

+12, +17, −21, −19, −11값은 6비트 2의 보수 방식으로 다음과 같다.

+12 : 001100

+17 : 010001

−21 = -32+8+1이므로, 101001

−19 = -32+8+4+1이므로 101101

−11 = -32+ 16+4+1이므로 110101이 된다.

+12와 +17은 2의 보수 방식, 1의 보수 방식, 부호-크기 방식 모두 똑같이 001010과 010001이 된다.

① 양수와 양수를 더하는 경우

$$\begin{array}{rrr} & +12 & 001100 \\ + & +17 & +010001 \\ \hline & +29 & 011101 \end{array}$$

$(2^4+2^3+2^2+2^0 = 16+8+4+1 = 29)$

그대로 더하면, 10진수 결과와 2진수 결과 답이 맞다.

② 양수와 음수를 더하는 경우

$$\begin{array}{rrr} & +17 & 010001 \\ + & -19 & +101101 \\ \hline & -2 & 111110 \end{array}$$

$111110 = -2^5+2^4+2^3+2^2+2^1 = -32+16+8+4+2 = -2$

그대로 더하면 출력 결과 111110은 계산에 의해서, 2의 보수 방식으로 -2가 나와서 답이 맞는다.

③ 음수와 양수를 더하는 경우

$$\begin{array}{rrr} & -21 & 101011 \\ + & +12 & +001100 \\ \hline & -9 & 110111 \end{array}$$

$110111 = -2^5+2^4+2^2+2^1+2^0 = -32+16+4+2+1 = -9$

그대로 더하면 출력 결과 110111은 계산에 의해서, 2의 보수 방식으로 -9가 나와서 답이 맞는다.

④ 음수와 음수를 더하는 경우

$$\begin{array}{rrr} & -19 & 101101 \\ + & -11 & +\ 110101 \\ \hline & -30 & 1\ 100010 \end{array}$$

이 경우에는 캐리가 발생하였다. 1의 보수 방식에서는 더한 결과 캐리가 발생하면 1을 더해주는 단계가 필요하다. 2의 보수 방식에서는 캐리가 생기더라도 그 값을 무시하고, 나머지 값 100010은 $-2^5 + 2^1 = -32+2 = -30$이므로, 더한 결과가 맞는다. 2의 보수 방식으로 음수를 표현하면, 더한 결과는 캐리가 발생하든 하지 않든 나머지 6비트 결과가 모두 맞게 된다. 따라서 2의 보수 방식은 인간이 이해하기 힘들지만, 디지털 시스템의 덧셈연산에서 그대로 더하고 결과에 대해서 다른 부가 처리를 하지 않고 답이 나오게 되므로 시스템 설계가 가장 간단하다. 그러므로 현재 컴퓨터를 포함한 모든 디지털 시스템에서 음수에 대한 표현은 모두 2의 보수 방식을 사용한다.

표 4.3은 지금까지 진행된 부호-크기 방식, 1의 보수 방식, 2의 보수 방식에 대해서 5비트로 양수와 음수를 표현한 값을 정리한 표이다.

표에서 확인할 수 있듯이 부호-크기 방식과 1의 보수 방식은 5비트로 표현할 수 있는 32가지(= 2^5) 경우의 수에서, 양수는 세 가지 방식 모두 같은 이진수 값으로 0에서 +15까지 표현된다. 부호-크기 방식과 1의 보수 방식은 -0을 5비트로 나타나므로, -1에서 -15까지만 표현할 수 있다. 2의 보수 방식은 십진수 0의 값을 나타내는 조합이 00000 한 개만 존재하므로, 32개의 경우의 수를 양수 0을 포함하여 +1에서 +15까지 16개와 음수 -1에서 -16까지 16개로 사용이 가능하다. n 비트를 2의 보수 방식을 이용하여 십진수 정수를 표현하면 나타낼 수 있는 값의 범위는 $-2^{n-1} \leqq b_{n-1}b_{n-2}\cdots b_2b_1b_0 < 2^{n-1}-1$이 된다.

만약 n = 8 비트로 나타낼 수 있는 정수의 범위는

$$-2^{8-1} \leqq b_7b_6b_5b_4b_3b_2b_1b_0 < 2^{8-1}-1\text{이므로,}\ -128 \leqq b_7b_6b_5b_4b_3b_2b_1b_0 \leqq +127$$

전체 경우의 수 256개의 절반인 128개는 0과 양수 +1에서 +127까지 사용되고, 나머지 절반인 128개는 -1에서 -128까지 표현하는데 사용된다.

[표 4.3] 5비트 양수와 음수에 대한 3가지 표현 방식

십진수	부호_크기 방식	1의보수 방식	2의보수 방식
+15	01111	01111	01111
+14	01110	01110	01110
+13	01101	01101	01101
+12	01100	01100	01100
+11	01011	01011	01011
+10	01010	01010	01010
+9	01001	01001	01001
+8	01000	01000	01000
+7	00111	00111	00111
+6	00110	00110	00110
+5	00101	00101	00101
+4	00100	00100	00100
+3	00011	00011	00011
+2	00010	00010	00010
+1	00001	00001	00001
+0	00000	00000	00000
-0	10000	11111	해당없음
-1	10001	11110	11111
-2	10010	11101	11110
-3	10011	11100	11101
-4	10100	11011	11100
-5	10101	11010	11011
-6	10110	11001	11010
-7	10111	11000	11001
-8	11000	10111	11000
-9	11001	10110	10111
-10	11010	10101	10110
-11	11011	10100	10101
-12	11100	10011	10100
-13	11101	10010	10011
-14	11110	10001	10010
-15	11111	10000	10001
-16	해당없음	해당없음	10000

예제 n=16 비트로 2의 보수 방식으로 표현할 수 있는 정수 값의 범위를 구하여라.

풀이 ▸▸ $-2^{16-1} \leqq b_{15}b_{14}b_{13}b_{12}b_{11}b_{10}b_9b_8b_7b_6b_5b_4b_3b_2b_1b_0 < 2^{16-1}-1$

−32,768에서 +32767까지의 정수 범위를 지닌다. 이 값은 C 언어에서 int로 정의된 경우에 값의 범위와 같은 것을 알 수 있다.

4.3 부동소수점(Floating Point)의 이진수 표현

인간이 사용하는 1.602×10^{-19}, 3.141592 등과 같은 실수(real number)를 0과 1로만 구성된 이진수를 이용하여 표현하는 방법을 설명한다. 먼저 과학적 표기 방식과 정규화 표현방식을 알아보자.

4.3.1 과학적 표기 방식(Scientific Notation)

다음과 같은 값들은 모두 같은 값이다.

$$3145.9,\ 3145.9\times10^0,\ 314.59\times10^1,\ 31.459\times10^2,\ 3.1459\times10^3$$

소수점의 위치가 달라지면서 뒷부분 지수부분의 값들도 달라진다. 모두 같은 값을 나타내지만, 뒷부분 지수 값에 따라서 값이 달라지고, 소수점의 위치가 정해져 있지 않으므로 부동(floating : 물에 둥둥떠다닌다, 위치가 변한다) 소수점 이라고 한다.

과학적 표기 방식이란 소수점 왼쪽에 1자리 수만 오도록 정의한 것이다. 위의 4가지 모두 같은 값 중에서 과학적 표기 방식은 소수점 왼쪽에 1자리 수만 오는 3.1459×10^3이 해당된다.

정규화는 과학적 표기 방식에서 소수점 왼쪽의 값이 0이 아닌 값이 나오도록 지수 부분을 변환한 것이다.

$0.03252 = 0.3252\times10^{-1} = 3.252\times10^{-2}$ 모두 같은 값이지만, 소수점 왼쪽의 값이 0이 아닌 3.252×10^{-2}이 정규화 표현 방식이다.

예제 0.03252 값을 정규화(Normalization) 표현방식으로 나타내어라.

풀이▸▸ $0.03252 = 0.03252 \times 10^{0} = 0.3252 \times 10^{-1} = 3.252 \times 10^{-2}$이므로, 정규화 방식은 3.252×10^{-2}이 된다.

예제 0.00101 2진수 부동 소수점에 대해서 정규화 표현방식으로 나타내어라.

풀이▸▸ $0.00101 = 0.0101 \times 2^{-1} = 0.1010 \times 2^{-2} = 1.0100 \times 2^{-3}$

예제 0.10101×2^{-1} 2진수 부동소수점에 대해서 정규화를 진행하여라.

풀이▸▸ $0.10101 \times 2^{-1} = 1.0101 \times 2^{-2}$

부동소수점 2진수에 대해서 정규화를 진행하는 목적은 정규화를 표준화함으로써 소수점 왼쪽이 항상 1이라는 것을 규칙으로 하고, 1비트를 절약하여 비트 수를 효율적으로 활용하기 위한 것이다. 컴퓨터와 디지털 시스템에서는 사람들이 사용하는 실수를 표현하기 위해서는 IEEE754 표준 표기 방식을 사용한다. C언어에서 변수를 float로 선언한 경우 실수 값을 32비트 2진수로 표현되는데 다음과 같은 형식을 지닌다.

2가지 방식이 사용되며, 단일정밀도(Single Precision)와 2배수 정밀도(Double Precision)로 각각 32비트와 64비트 이진수를 사용하고, C언어에서 double float가 2배 정밀도에 해당한다.

4.3.2 단일정밀도 2진수 부동소수점 표현 방식

단일정밀도는 32비트로 하나의 십진수 실수 값을 표현한다. 32비트는 다음과 같이 부호비트, 지수비트, 가수비트로 구성된다.

[그림 4.1] 단일정밀도 표현 방식

31	30	29	28	27	26	25	24	23	22	21	20	19	18	17	16	15	14	13	12	11	10	9	8	7	6	5	4	3	2	1	0
부호	지수(8비트)								가수(23비트)																						

맨 왼쪽 비트(MSB)는 부호를 나타내는 1비트이고, 다음 8비트는 지수부분, 나머지 23비트는 가수부분을 나타낸다. 부호 비트는 실수 값이 음수인지 양수인지를 나타낸다. 실수 값이 음수이면 부호비트는 1이 된다. 실수 값이 양수이면 부호비트는 0이 된다. 지수비트는 8비트이고, 0에서 255까지 부호가 없는 양수를 나타낸다. 지수비트가 양의 지수와 음의 지수를 나타내기 위해 127을 바이어스로 기준 점을 잡는다. 예를 들어서 2^{16}에서 지수부분의 값 16에 127을 더해서 실제로는 143에 대한 양수 8비트 값이 지수부분으로 표현된다. $16+127=143=128+8+4+2+1=2^7+2^3+2^2+2^1+2^0$이므로, 8비트 지수부분은 10001111 값이 저장된다. 2^{-33}에서 지수부분 −33에 127을 더해서 실제로는 94의 8 비트 값이 지수부분에 표현된다. $94=64+16+8+4+2=2^6+2^4+2^3+2^2+2^1$이므로 01011110이다.

바이어스 127을 더하는 것은 지수부의 음수를 양수로 나타내기 위한 것이다. 표는 원래 지수 값과 바이어스 된 2진수 8비트로 지수부분을 나타낸 표이다.

[표 4.4] 지수 값과 단일정밀도 8비트 지수부분

2진 부동소수점 지수 값	바이어스 된 값	단일정밀도 8비트 지수 부분
+128	+128 + 127 = 255	11111111
…	…	…
+2	+2 + 127 = 129	10000001
+1	+1 + 127 = 128	10000000
0	0 + 127 = 127	01111111
…	…	…
−125	−125 + 127 = 2	00000010
−126	−126 + 127 = 1	00000001
−127	−127 + 127 = 0	00000000

따라서 8 비트 지수부분은 2^{-127}에서 2^{+128}까지의 지수범위를 지닌다. 가수 부분은 단일정밀도에서 23비트로 표현된다. 가수 부분은 소수점 이하 자리의 값을 나타낸다. 가수부분으로 구하기 위해서는 먼저 이진수를 정규화하고, 소수점 이하 부분이 가수부분을 나타낸다. 실수 27.6825 값을 32비트 단일정밀도로 변환하는 과정을 살펴보자.

$27.6825 = 16+8+2+1+0.5+0.125+0.0625 = 2^4+2^3+2^1+2^0+2^{-1}+2^{-3}+2^{-4}$ 이므로 2진수 부동소수점으로 표현하면 11011.1011이 된다. 이 값을 소수점 왼쪽에 1비트 값이 존재하고 0이 아닌 1의 값을 지니도록 정규화한다.

$$11011.1011 \times 2^0 = 1101.11011 \times 2^1 = 110.111011 \times 2^2 = 11.0111011 \times 2^3$$
$$= 1.10111011 \times 2^4$$

맨 마지막 표현이 27.6875실수 값을 이진수 부동소수점으로 나타내기 위한 정규화 결과이다. 여기서 지수부는 2^4의 4이고, 바이어스 값 127을 더해서 $4+127 = 131$이므로, 8비트 지수부분은 $131 = 128+2+1 = 2^7+2^1+2^0$이므로 10000011이 된다. 가수 부분은 2진수 소수점 오른 쪽 값 10111011 을 그대로 23비트로 나타내면 된다. 항상 정규화된 형식을 따르게 되므로, 소수점 왼쪽의 1 비트는 1로 만들었기 때문에 1비트를 절약할 수 있다. 뒤에 23 비트의 지수는 2^{-1}에서 2^{-23}까지의 해상도를 지닌다. 27.6875 실수 값은 32비트 단일정밀도 표현방식으로 0_100000011_ 10111011000000000000000 이 된다.

10진수 -65.6825 값을 2진수 단일 정밀도 32비트로 나타내는 과정을 한 번 더 살펴보자.

(1) 10진수 값을 2진수 부동소수점 방식으로 변환한다.

$65.6825 = 64+1+0.5+0.125+0.0625 = 2^6+2^0+2^{-1}+2^{-3}+2^{-4}$

이므로, 65.6875 = 1000001.1011

(2) 2진수 부동소수점 방식을 정규화한다.

$1000001.1011 = 1000001.1011 \times 2^0 = 100000.11011 \times 2^1 = 10000.011011 \times 2^2$

$= 1000.0011011 \times 2^3 = 100.00011011 \times 2^4 = 10.000011011 \times 2^5$

$= 1.0000011011 \times 2^6$으로, 1.0000011011×2^6이 정규화된 값이다.

(3) 부호비트는 -65.6875가 음수이므로 1이 된다.

(4) 지수부분은 2^6의 값을 바이어스 값과 더하여 8비트 값으로 변환한다. $6+127 = 133 = 128+4+1$이므로 10000101이 지수부분이다.

(5) 가수 부분 23 비트는 이진수 부동소수점 정규화 된 값의 소수점 오른쪽 부분을 그대로 적으면 된다. 00000110110000000000000이 된다.

만약에 C언어에서 float로 정의한 32비트 값이 01000010100000110110000000000000 이라면, 실수 값으로 얼마인지 알아보는 과정을 살펴보도록 하자.

맨 왼쪽 비트(MSB)가 0이므로, 양수를 나타낸다. 다음 8비트 값은 10000101이므로 $2^7 + 2^2 + 2^0 = 133$이고, 실제 지수 값은 바이어스 된 127 값을 빼 주어야 하므로, 133-127 = 6이 된다.

가수부분은 뒤에 23비트이므로, 00000110110000000000000이 된다.

정규화된 2진 부동소수점으로 변환하면, $1.0000011011 \times 2^6 = 1000001.1011 = 2^6+2^0+2^{-1}+2^{-3}+2^{-4} = 64+1+0.5+0.125+0.0625 = 65.6875$ 실수 값이 된다.

32비트 단일정밀도 보다 더 작거나, 더 큰 값과 정확도가 필요한 경우에는 64비트를 이용한 2배 정밀도를 사용한다. 2배 정밀도는 단일정밀도처럼 MSB가 부호 비트이고, 11비트의 지수 부분과 52비트의 가수부분을 사용한다. 2배 정밀도는 바이어스 값이 1023이 된다. 10진수 부동소수점 형식을 2진수 부동 소수점 형식으로 변환하는 과정은 단일 정밀도와 같다. 정확도는 2^{-52}값의 분해능을 지니고, 지수 부분은 2^{-1023}부터 2^{+1024}값까지 범위를 지닌다. 다음 표 4.5는 2배 정밀도의 지수 값을 나타낸다.

[표 4.5] 지수 값과 2배정밀도 11비트 지수부분

2진 부동소수점 지수 값	바이어스 된 값	2배정밀도 11비트 지수 부분
+1024	+1024 + 1023 = 2047	11111111111
…	…	…
+2	+2 + 1023 = 1025	10000000001
+1	+1 + 1023 = 1024	10000000000
0	0 + 1023 = 1023	01111111111
…	…	…
-1021	-1021 +1023 = 2	00000000010
-1022	-1022 + 1023 = 1	00000000001
-1023	-1023 + 1023 = 0	00000000000

가수 부분은 단일정밀도는 2^{-23} 이지만, 2배정밀도는 2^{-52}의 작은 분해능을 지니므로, 매우 작은 값을 나타낼 수 있다.

예제 $-\dfrac{3}{256}$의 10진수 분수 값을 단일정밀도 32비트로 나타내어라.

풀이 ▸▸ 음수 값이므로 MSB 부호비트는 1이다.

$\dfrac{3}{256}=\dfrac{1}{256}+\dfrac{2}{256}=\dfrac{1}{256}+\dfrac{1}{128}=2^{-8}+2^{-7}$이므로, 이진수 부동 소수점으로 표현하면, 0.000000011×2^{0}이고, 정규화 하면 1.1×2^{-8} 된다. 지수 -8에 바이어스 값을 더하면 -8+127=119이다. 8 비트 지수 부분은 $64+32+16+4+2+1=2^{6}+2^{5}+2^{4}+2^{2}+2^{1}+2^{0}$이므로 01110111 이 된다. 가수 부분은 1.1에서 소수점 오른쪽 1이므로 23비트는 10000000000000000000000이 된다. 그러므로 $-\dfrac{3}{256}$ 분수 값은 32비트 단일 정밀도로 1_01110111_10000000000000000000000이다.

예제 $\dfrac{11}{1024}$ 값을 2배 정밀도 64비트로 나타내어라.

풀이 ▸▸ $\dfrac{8+2+1}{1024}=\dfrac{1}{256}+\dfrac{1}{512}+\dfrac{1}{1024}=2^{-8}+2^{-9}+2^{-10}$이므로, 2진수 부동소수점으로 표현하면 0.0000000111×2^{0}은 1.11×2^{-8}으로 정규화 된다. 지수부분의 값 -8은 바이어스 값 1023을 더해주면 -8 +1023=1015이다. 1015=512+256+128+64+32+16+4+2+1이므로 $2^{9}+2^{8}+2^{7}+2^{6}+2^{5}+2^{4}+2^{2}+2^{1}+2^{0}$이므로 지수부분 11비트는 01111110111이 된다. 가수부분은 1.11에서 11이므로 52비트가수부분은 1100000000000000000000000000000000000000000000000000이 된다.

전체 $\dfrac{11}{1024}$는 64비트

0_01111110111_1100000000000000000000000000000000000000000000000000

이 된다.

사람들이 사용하는 소수점, 분수 부분을 단지 0과 1로 어떻게 표현하는지 이번 절에서 32비트 단일 정밀도 부동소수점 표현방식과 64비트 2배 정밀도 부동소수점 표현방식을 알아보았다.

4장 연습문제

4.1 다음과 같은 8비트 이진수 값이 양수로 정의되었을 때 십진수 값을 구하여라.

① 01001011　　② 10101100

③ 01101101　　④ 00001101

4.2 다음과 같은 8비트 이진수 값이 부호-크기 방식으로 정의되었을 때 십진수 값을 구하여라.

① 11001011　　② 00110101

③ 10010011　　④ 01010101

4.3 다음과 같은 8비트 이진수 값이 1의 보수 방식으로 정의되었을 때 십진수 값을 구하여라.

① 11011100　　② 00110011

③ 10111101　　④ 10010110

4.4 다음과 같은 8비트 이진수 값이 2의 보수 방식으로 정의되었을 때 십진수 값을 구하여라.

① 00110101　　② 10001111

③ 10111001　　④ 01010101

4.5 다음과 같은 십진수 값을 16비트 이진수로 부호-크기 방식, 1의 보수 방식, 2의 보수 방식으로 각각 나타내어라

① -563　　② 1024

③ -386　　④ -128

4.6 다음 표현 방식은 32비트 부동 소수점 단일정밀도 표현 방식일 때 각각 해당하는 실수 값을 구하여라.

① 0_11001100_11010101100.....0

② 1_00110110_00101101100.....0

③ 1_10000000_01001000000.....0

④ 0_11110000_01000000000.....0

4.7 다음과 같은 실수 값을 이진수 단일 정밀도 표현 방식을 표현하여 이진수 32비트로 나타내어라.

① 3.141592

② 1.602×10^{-19}

③ 0.125

④ 0.0004

4.8 문제 4.7의 실수 값을 이진수 2배 정밀도 표현 방식으로 표현하여 이진수 64비트로 나타내어라.

4.9 이진수 단일 정밀도 표현에서 가장 적게 나타낼 수 있는 양의 값 32비트를 구하고, 실수 값으로 얼마인지 구하여라.

4.10 이진수 2배 정밀도 표현에서 가장 크게 나타낼 수 있는 양의 값 64비트를 구하고, 실수 값으로 얼마인지 구하여라.

05

조합 회로 (Combinational Circuit)

조합 회로는 현재 출력이 현재 입력에 의해서 결정되는 회로이다. 지금까지 설명한 기본 게이트인 AND, OR, NOT 회로를 이용해서 조합 회로를 구성할 수 있다. 조합회로는 컴퓨터 CPU와 스마트폰 AP(Application Processor), 통신과 거의 모든 디지털 시스템을 구현하는데 활용된다. 조합 회로는 기능에 따라서 다양한 회로가 있다. 4장에서는 조합회로의 기본이 되는 연산 회로에 대해서 먼저 알아본다. 이전 장에서 배웠던, 양수, 정수, 실수에 대한 이진수 8비트, 16비트, 32비트, 64비트에 대한 가산, 감산, 승산, 제산을 하는 연산회로를 설명한다. 이러한 사칙 연산은 CPU와 디지털 시스템의 중요한 산술 논리회로(ALU: Arithmetic Logic Unit) 를 구성한다. 연산 회로뿐만 아니라, 디코더와 인코더, 멀티플렉서와 디멀티플렉서, 각종 코드 변환기를 살펴본다. 4장에서의 기본 회로들은 고학년이 되어서 컴퓨터 구조와 디지털 신호 처리, 디지털 통신의 알고리즘을 수행하는 기본 하드웨어 구성을 이해하는 핵심 논리 회로 설계기술이므로, 철저하게 이해할 필요가 있다.

5.1 연산 회로(Arithmetic Circuit)

가산 회로와 감산 회로, 곱셈과 나눗셈 디지털 회로를 설명한다. 가장 쉬운 개념의 연산 회로를 이해하고, 고속회로는 필요할 때 참고자료를 통하여 이해한다.

5.1.1 가산 회로(덧셈 회로 : Adder)

(1) 반가산기

이진수 1비트를 더하는 회로부터 시작한다. 1비트의 A와 B를 더하는 경우는 4가지이다. 0+0=0, 0+1=1, 1+0=1, 1+1=10이 된다. 10진수에서 3+9=12이고, 여기서 1은 자리 올림(캐리 : carry) 이라고 한다. 마찬가지로 이진수에서 1+1은 2가 아니고, 이진수에서는 한 자리 올림이 발생한다. 여기서 1을 캐리(carry, 자리 올림)라고 한다. 이진수 1비트 덧셈은 A+B=CS로 표현할 수 있다.

$$\begin{array}{r}0\\+\ 0\\\hline 00\end{array}\qquad\begin{array}{r}0\\+\ 1\\\hline 01\end{array}\qquad\begin{array}{r}1\\+\ 0\\\hline 01\end{array}\qquad\begin{array}{r}1\\+\ 1\\\hline 10\end{array}$$

1비트 2개의 피연산자 A, B를 더해서 출력 C와 S 값을 출력하는 회로를 반가산기(Half Adder) 라고 한다. 반가산기의 진리표는 표 5-1과 같다. [C는 carry의 약자, S는 Sum 더한 합의 약자]

[표 5.1] 반가산기(Half Adder) 진리표

A	B	C	S
0	0	0	0
0	1	0	1
1	0	0	1
1	1	1	0

2장의 논리 회로 합성(설계)에서 배운 논리식에 의하여 출력 C와 S는 $C = A \cdot B$이고, $S = \overline{A} \cdot B + A \cdot \overline{B}$가 된다.

출력 S 결과는 XOR(Exclusive_OR)의 진리표 논리 결과와 같으므로 반가산기의 논리 회로도는 그림 5.1과 같이 나타내고 사용한다.

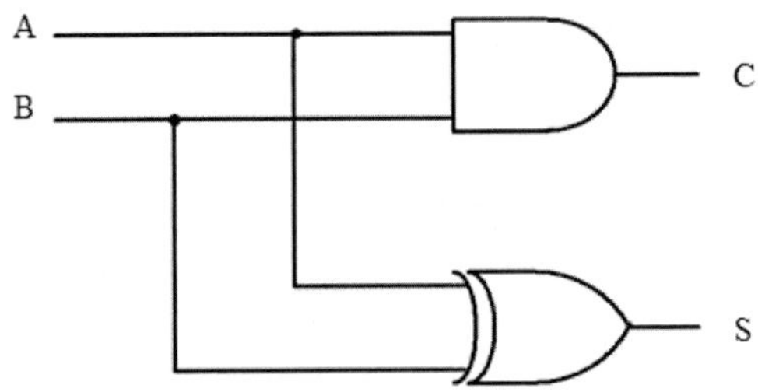

[그림 5.1] 반가산기의 논리 회로도

반가산기는 논리회로를 다 그리면 복잡하므로, 보다 큰 시스템을 설계할 때에는 기호(심볼)를 그림 5.2와 같이 나타낸다.

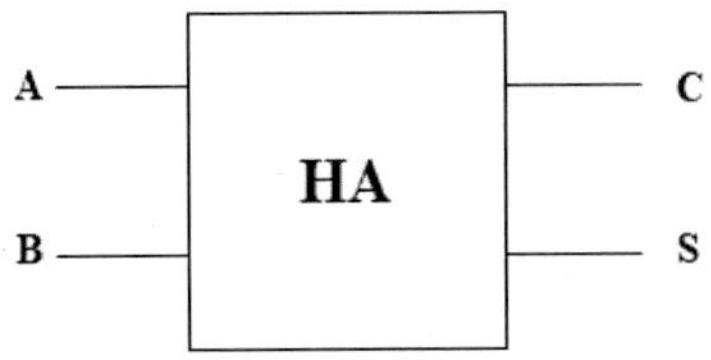

[그림 5.2] 반가산기 심볼(기호)

반가산기는 기본 가산을 이해하기 위한 것이고, 10진수의 293+137을 수행할 때 다음과 같다.

```
    1  1
    2  9  3
+   1  3  7
-----------
    4  3  0
```

맨 오른 쪽 자리수는 3+7 = 10 과 같이 2개를 더하지만, 두 번째 자리수에서는 2개의 수와 이전 자리의 자리 올림이 있으면 1+9+3 = 13과 같이 3개의 수를 더해야 한다. 맨 왼쪽 자리수에서도 1+2+1 = 4과 같이 2개의 더하는 수와 이전 자리의 자리 올림이 있으면 3개의 수를 더해야 한다. 그러므로 이전 캐리와 더하는 두 수를 포함해서 3비트를 더해야 하는 회로가 필요하다.

(2) 전가산기

이진수에서도 마찬가지로. 맨 오른쪽자리에만 2개의 수를 더하는 것이고, 그 다음 왼쪽 비트 부터는 이전 캐리의 값과 2개의 수 3가지 입력을 더해야 한다. 입력을 더하려는 2개의 비트와 이전 자리에서 올라올 수 있는 캐리 값 3가지를 입력으로 받아서 출력 S와 C가 출력된다. 이렇게 3가지 입력에 대해서 2개의 출력을 지니는 논리 회로를 전가산기 (Full Adder) 라고 한다. 전가산기의 진리표는 표 5.2와 같다.

[표 5.2] 전가산기(Full Adder) 진리표

A	B	C_{in}	C_{out}	Sum
0	0	0	0	0
0	0	1	0	1
0	1	0	0	1
0	1	1	1	0
1	0	0	0	1
1	0	1	1	0
1	1	0	1	0
1	1	1	1	1

전가산기의 진리표에서 입력에 대한 출력 논리식은 다음과 같다.

$$C_{out} = \overline{A} \cdot B \cdot C_{in} + A \cdot \overline{B} \cdot C_{in} + A \cdot B \cdot \overline{C_{in}} + A \cdot B \cdot C_{in}$$

$$= (\overline{A \cdot B} + A \cdot \overline{B}) \cdot C_{in} + A \cdot B \cdot (\overline{C_{in}} + C_{in}) = (A \oplus B) C_{in} + A \cdot B$$

$$Sum = \overline{A} \cdot \overline{B} \cdot C_{in} + \overline{A} \cdot B \cdot \overline{C_{in}} + A \cdot \overline{B} \cdot \overline{C_{in}} + A \cdot B \cdot C_{in}$$

$$= \overline{A}(\overline{B} \cdot C_{in} + B \cdot \overline{C_{in}}) + A(\overline{B} \cdot \overline{C_{in}} + B \cdot C_{in}) = \overline{A}(B \oplus C_{in}) + A(\overline{B \oplus C_{in}})$$

$B \oplus C_{in} = F$라고 치환하면,

$$= \overline{A} \cdot F + A \cdot \overline{F} = A \oplus F = A \oplus B \oplus C_{in}$$

1비트 전가산기의 논리 회로도는 그림 5.3과 같다.

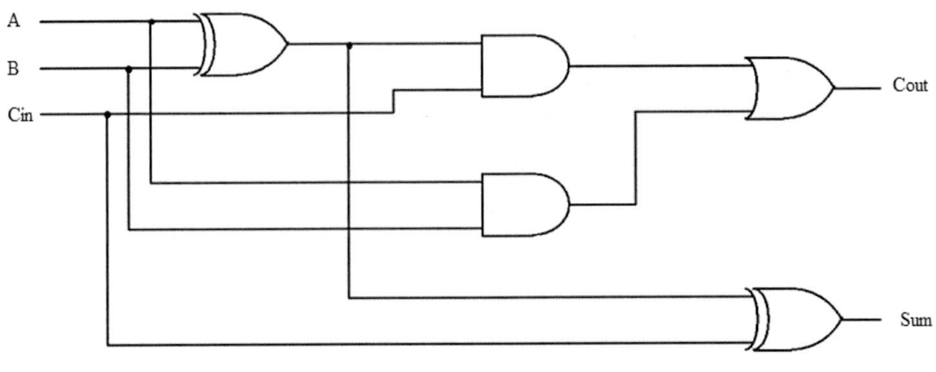

[그림 5.3] 전가산기 논리 회로도

1비트 전가산기에 대한 논리 회로도로 다 그리면 복잡하므로, 보다 큰 디지털 시스템을 설계할 때에는, 1비트 전가산기를 그림 5.4와 같은 심볼(기호)를 사용하여 나타낸다.

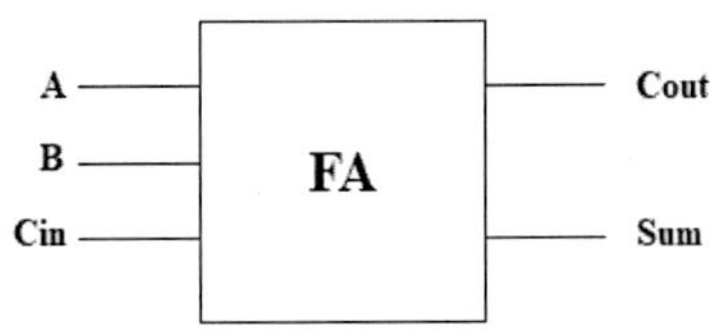

[그림 5.4] 전가산기 심볼(기호)

5.1.2 병렬 가산기(Parallel Adder)

이전 절에서는 1비트 A, B를 더하는 전가산기 회로를 살펴보았다. 1비트 전가산기를 이용하여, 4비트의 두 수 A, B를 더하는 4비트 병렬 가산기를 알아보자. 양수 A, B를 4비트로 표현할 수 있는 값의 범위는 0000(0)에서 1111(15)까지이다. 출력도 4비트 Sum이라고 하면 A+B = Sum, 7+4 = 11 십진수의 덧셈은 0111+0100 = 1011의 값을 얻어야 한다. 처음에는 4비트가 양수만 표현할 때를 설명하고, 2의 보수로 정수를 나타낸 경우도 알아본다. 병렬의 뜻은 한 클럭 내에서 가산 연산이 수행되는 회로이고, 4비트 직렬 가산기는 4개의 클럭 시간이 연산에 필요하다. 비교적 회로가 간단한 4비트 병렬 가산기를 먼저 설명한다.

$A = A_3A_2A_1A_0$(A_3, A_2, A_1, A_0는 0 또는 1)

$B = B_3B_2B_1B_0$(B_3, B_2, B_1, B_0는 0 또는 1)

$S = S_3S_2S_1S_0$(S_3, S_2, S_1, S_0는 0 또는 1)

$A+B = S(A_3A_2A_1A_0 + B_3B_2B_1B_0 = S_3S_2S_1S_0)$

4비트 병렬 가산기는 이전 절에서 배운 1비트 전가산기 4개를 그림 5.5와 같이 연결하여 설계한다. 만약 16비트 2수를 더하기 위해서는 16개의 전가산기를 그림 5.5와 같은 방식으로 연결하여 설계한다. 확장해서 n 비트로 구성된 2수를 더하기 위해서는 n개의 전가산기를 마찬가지 방식으로 설계한다.

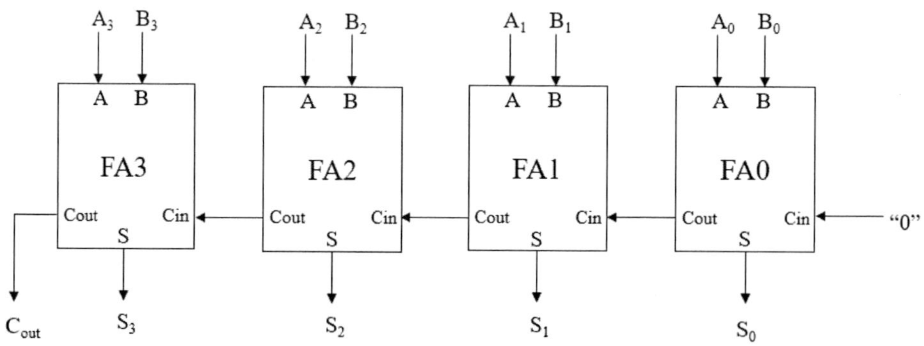

[그림 5.5] 4비트 병렬 가산기(4bit Parallel Adder)

그림 5.6과 같이 1비트 전가산기의 입력 위치를 변화시켜서, FA0의 C_{in}은 0으로 연결하고, FA0의 C_{out}은 FA1의 C_{in}으로 연결한다. 만약 7+4를 하는 경우에 $A = 7 = A_3A_2A_1A_0 = 0111$이고, $B = 4 = B_3B_2B_1B_0 = 0100$이 된다. 그림 5.6에서 실제 이진수 형태로 출력을 확인해 보자.

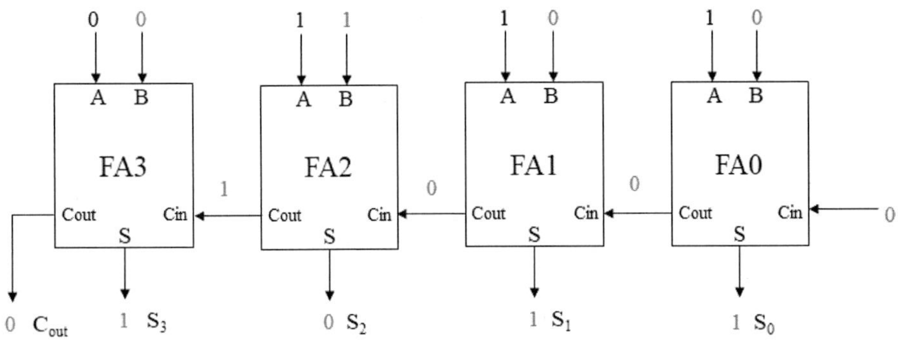

[그림 5.6] 4비트 병렬 가산기 동작(0111+0100)

맨 오른쪽 낮은 자리 수의 FA0의 1비트 전가산기는 $A_0 = 1$, $B_0 = 0$, $C_{in} = 0$이므로, $S_0 = 1$이고, $C_{out} = 0$이 된다. 맨 오른쪽 두 번째에서 자리 수의 FA1 1비트 전가산기는 $A_1 = 1$, $B_1 = 0$, FA0의 C_{out} 값이 C_{in}이므로, $C_{in} = 0$이 연결되어, $S_1 = 1$이고 $C_{out} = 0$이 된다. 맨 오른 쪽에서 세 번째 자리 수의 FA2 1비트 전가산기는 $A_2 = 1$, $B_2 = 1$, FA1의 C_{out} 값이 C_{in}이므로 $C_{in} = 0$이 된다. $S_2 = 0$이고 $C_{out} = 1$이 된다. 맨 왼쪽 마지막 자리 수의 FA3 1비트 전가산기는 $A_3 = 0$, $B_3 = 0$, FA2의 C_{out} 값이 C_{in}이므로 $C_{in} = 1$이 된다. 따라서 $S_3 = 1$이고 $C_{out} = 0$이 된다. 최종 출력 $S_3S_2S_1S_0$의 값은 $1011(2^3+2^1+2^0) = 11)$이므로 $7+4 = 11[0111+0100 = 1011$이 된다.

예제 A=6(0110), B=7(0111)을 위의 그림 5.6과 같은 형태로 논리 회로도에서 가산(덧셈)을 하여 출력 결과를 확인하여라. A=6, B=7, A+B=6+7=13

풀이 ▸▸

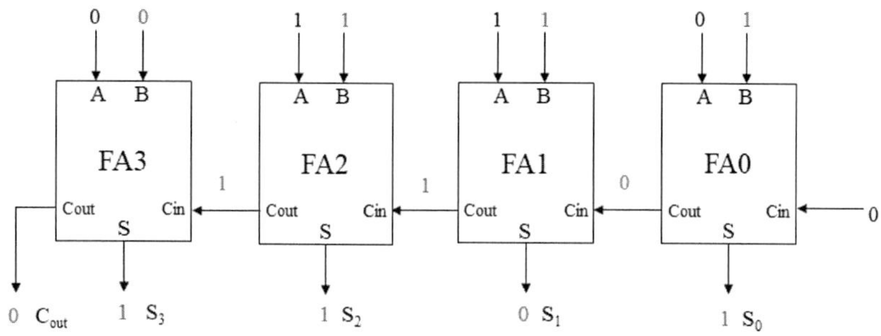

[그림 5.7] 예제 4비트 병렬 가산기(6+7) 연산 결과

인간이 덧셈을 계산할 때에도 오른쪽부터 계산하는 것처럼

$$\begin{array}{cccc} & 1 & 1 & \\ & 2 & 7 & 6 \\ + & 3 & 8 & 5 \\ \hline & 6 & 6 & 1 \end{array}$$

오른쪽의 6과 5를 더해서 1을 쓰고, 1 자리 올림을 두 번째에 놓고 3개의 (1, 7, 8) 수를 더한다. 1+7+8=16이므로, 6을 쓰고 1자리 올림을 왼쪽에 놓고 3개의 수 1, 2, 3 을 더한다. 마찬가지로, 맨 오른쪽 2비트와 자리 올림이 없으므로 0의 값을 1비트 전가산기 FA0에서 더한다. 0+1+0의 결과는 S=1이 되고, C_{out}=0이 된다. 맨 오른쪽에서 왼쪽으로 2번째 1비트 전가산기에서는 더하는 2수의 자리수 1, 1과 이전 FA0의 자리 올림 값 C_{out}=0의 값을 더한다. 1+1+0의 결과 S=0이 되고, C_{out}=1이 된다, 맨 오른쪽에서 왼쪽으로 3번째 1비트 전가산기에서는 더하는 2수의 자리수 1, 1과 이전 FA1 의 자리 올림 값 C_{out}=1의 값을 더한다. 1+1+1의 결과 S=1이 되고, C_{out}=1이 된다. 가장 왼쪽의 1비트 전가산기에서는 더하는 2수의 자리 수 0, 0과 이전 FA2의 자리 올림 값 C_{out}= 1의 값을 더한다. 0+0+1의 결과 S=1이 되고, C_{out}=0이 된다.

십진수에서 입력이 3자리이고, 출력도 3자리로 제한되었다고 가정하자.

$$\begin{array}{r} 201 \\ +\ 720 \\ \hline 921 \end{array}$$

3자리 출력 값은 맞는 답 결과이다. 만약에 610+720을 하면, 출력 3자리 값 결과는 330으로 틀리게 된다.

$$\begin{array}{r} 610 \\ +\ 720 \\ \hline 1\ 330 \end{array}$$

우리는 당연히 4자리 수로 계산을 하게 되지만, 디지털 시스템에서는 입력 비트 수와 마찬가지로, 출력의 비트 수가 제한된다. 이러한 출력 비트 수의 제한으로 덧셈의 경우에 계산 결과가 표현할 수 있는 값의 범위를 넘어서게 되면, 결과 값이 틀리고 이러한 현상을 오버플로우(oveflow : 홍수로 강둑이 넘치는 것) 현상이라고 한다. 예를 들어서 4비트로 양수를 표현할 수 있는 값의 범위는 0000(0)에서 1111(15)이다. 계산의 결과가 15보다 작거나 같으면, 오버플로우는 발생하지 않는다. 만약 8+8(1000+1000)의 계산 결과는 16인데, 4비트로 표현할 수 있는 값의 범위보다 큰 수 (16>15)이므로, 오버플로우가 발생된 것이고, 계산 결과는 틀리게 된다.

$$\begin{array}{r} 8 \\ +\ 8 \\ \hline 16 \end{array} \qquad \begin{array}{r} 1000 \\ +\ 1000 \\ \hline 10000 \end{array}$$

8+8은 16인데 출력 4비트 값은 0000(= 0)이 나온다. 오버플로우가 발생되었으면, 계산 결과가 틀리므로 사용자에게 오버플로우 발생한 것을 알려주고, 현재 계산 결과를 다시 점검하는 절차가 요구된다. 5.1.5 절에서 오버플로우 현상을 감지하는 논리 회로를 알아본다.

지금까지는 4비트로 양수 표현 방식에 대해서 알아보았다. 2의 보수 방식을 사용한 음수를 포함한 정수의 덧셈도 똑같은 병렬 가산기를 활용하여 덧셈을 구현할 수 있다. 6비트 병렬 가산기에 대한 회로도에서 2의 보수 방식의 양수, 음수에 대한 덧셈 과정을 설명한다.

먼저 6비트 2의 보수 방식으로 표현할 수 있는 값의 범위는 $-2^{n-1} <= b_5b_4b_3b_2b_1b_0 <= 2^{n-1}-1$이므로, $-32 <= b_5b_4b_3b_2b_1b_0 <= 31$ 즉, −32에서 +31 사이의 값이다.

그림 5.8은 6비트 병렬 가산기로 양수와 정수 덧셈에 똑같이 사용된다.

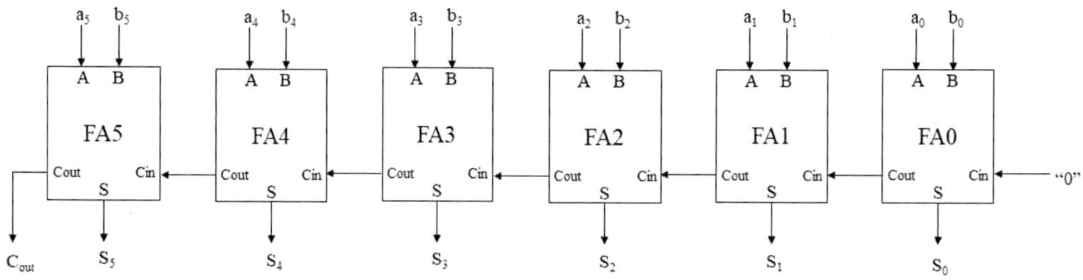

[그림 5.8] 6비트 병렬 가산기(정수 덧셈)

그림 5.9 회로에서 A = −27(−32+4+1 : 100101), B = +21(16+4+1 : 010101) 값을 더하는 과정을 살펴보자. A+B = (−27)+21 = −6이다. 2의 보수 방식으로 −27인 A 값 $a_5a_4a_3a_2a_1a_0$ = 100101과 +21인 B값 $b_5b_4b_3b_2b_1b_0$ = 010101이 그림 5.9에서 6비트 병렬 가산기에 그대로 입력되고, 연산과정은 양수 덧셈 과정과 똑같다.

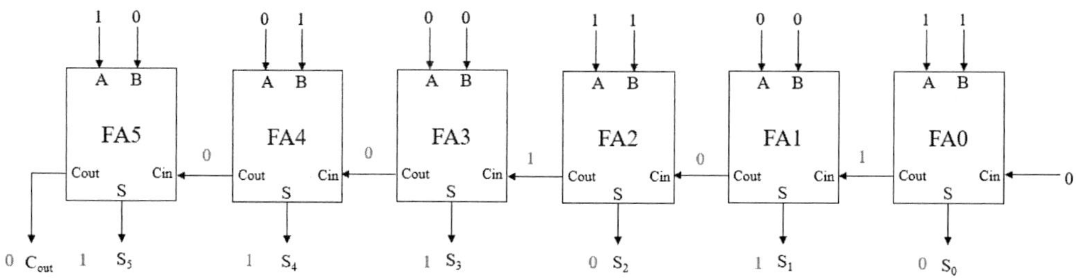

[그림 5.9] 6비트 병렬 가산기(정수 덧셈)

양수 덧셈 과정과 똑같고, 출력 결과 $S_5S_4S_3S_2S_1S_0$ = 111010(−32+16+8+2 = −6)으로 결과는 맞는다.

예제 다음과 같은 A, B 값에 대해서 논리 회로도 그림 5.9와 같은 형태로 출력 값을 구하여라.

(1) A+B=(−13)+27

(2) A+B=31+(−9)

(3) A+B=15+14

(4) A+B=(−16)+(−17)

풀이 (1) A = −13은 6비트로 −32+16+2+1이므로, 110011이다. B = 27은 6비트로 16+8+2+1이므로, 011011이다.

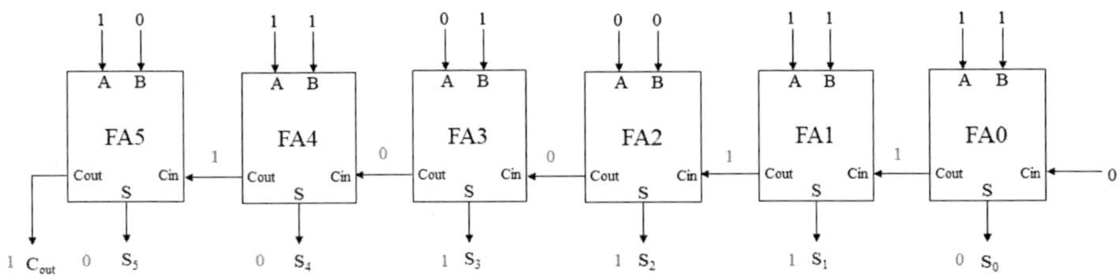

[그림 5.10] 6비트 병렬 가산기 −13+27 연산에 대한 논리회로도 연산 과정

$S_5S_4S_3S_2S_1S_0$ = 001110(+14)이므로, A+B = −13+27 = 14로 논리회로도에서 출력은 맞는다. 최종 C_{out} = 1은 무시한다.

(2) A = 31은 6비트로 16+8+4+2+1이므로, 011111이다. B = −9는 6비트로 −32+16+4+2+1이므로, 110111이다.

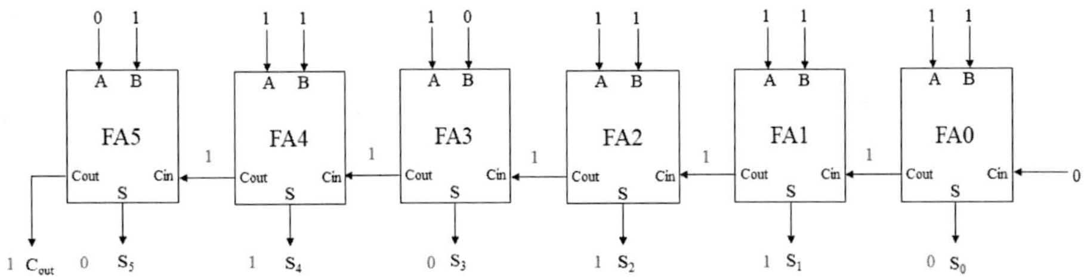

[그림 5.11] 6비트 병렬 가산기 31+(−9) 연산에 대한 논리회로도 연산 과정

출력 $S_5S_4S_3S_2S_1S_0$ = 010110(16+4+2 = 22)이므로, A+B = 31+(−9) = 22이므로 논리 회로도에서 출력은 맞는다. 마찬가지로 C_{out} = 1은 무시한다.

(3) A = 15는 6비트로 8+4+2+1은 001111이다. B = 14는 6비트로 8+4+2이므로, 001110이다.

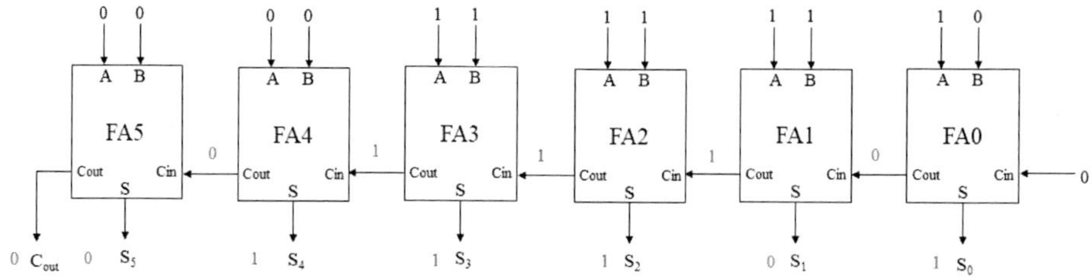

[그림 5.12] 6비트 병렬 가산기 15+14 연산에 대한 논리회로도 연산 과정

출력 $S_5S_4S_3S_2S_1S_0$는 011101(16+8+4+1 = 29)이므로 A+B = 15+14 = 29이므로 논리 회로도에서 출력은 맞는다.

(4) A = −14는 6비트로 −32+16+2는 110010이다. B = −17은 6비트로 −32+8+4+2+1이므로 101111이다.

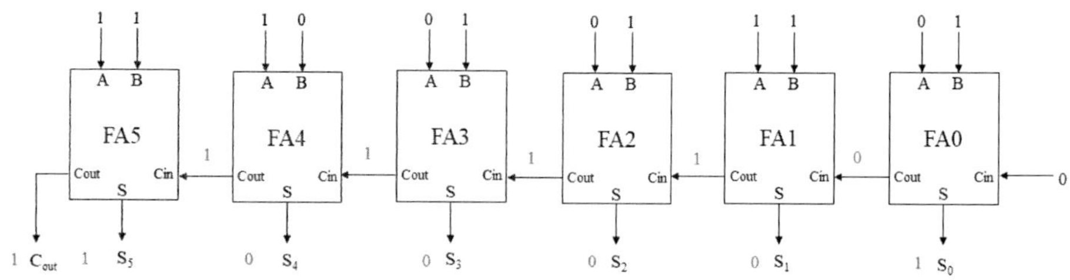

[그림 5.13] 6비트 병렬 가산기 (−14)+(−17) 연산에 대한 논리회로도 연산 과정

$S_5S_4S_3S_2S_1S_0$ = 100001(−31)이므로, A+B = (−14)+(−17) = −31이므로 논리 회로도에서 출력은 맞는다.

5.1.3 병렬 감산기(Parallel Subtractor)

이 절에서는 10진수 10 − 2와 같은 뺄셈 회로에 대한 내용이다. 감산기는 가산기를 약간만 수정하여 설계할 수 있다. A−B에서 A는 피감수, B는 감수라고 한다. A−B는 A에 B의 부호가 반대인 값을 더해주면 된다. 예를 들어서 13−4는 13에 4의 반대 부호를 붙인 (−4) 의 값을 더해 준다. 즉 13−4 = 13+(−4)이다. (−5)−(+8)도 (+8)의 값의 반대 부호인 (−8)의 값을 더해 준다. (−5)−(+8) = (−5)+(−8) = −13이 된다. +8의 반대 부호를 붙여서 −8을 만드는 것은 이진수에서 2의 보수를 만드는 것과 같다. 5−3 = 2이다. 2의 보수 방식의

4비트에 대해서 5-3 = 0101-0011이다. 5-3 = 5+(-3)과 같다. +3은 0011이고, -3은 0011의 비트 값을 모두 보수로 바꾸고 그 결과에 1을 더해 준 값이다. 0011>1100+1 = 1101 (-3) A-B를 A+(-B)로 한다. B의 값을 -B로 만드는 것은 B 값의 비트들을 보수(반대 값으로) 하고 1을 더한 결과이다. 각각의 비트를 반대로 하는 것은 NOT 게이트를 이용하면 된다. 1을 더하는 것은 맨 오른쪽 전가산기의 C_{in} 값을 1로 입력하면 된다. 병렬가산기를 이용하여 감산기를 만든 회로는 그림 5.14와 같다.

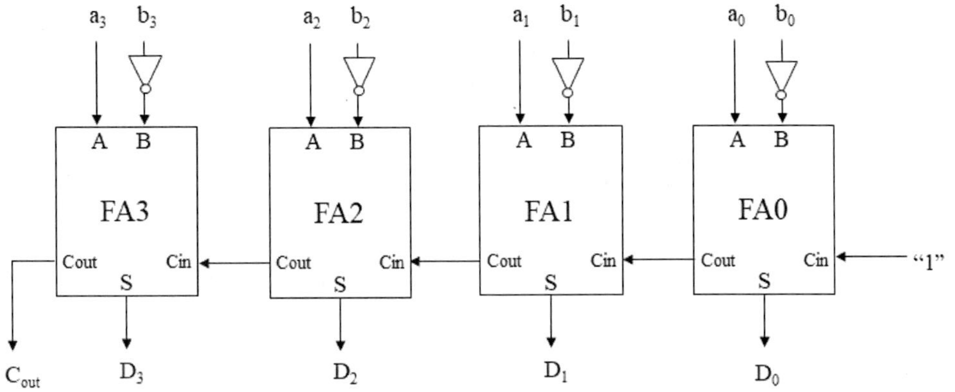

[그림 5.14] 4비트 병렬 감산기[D : Difference(차)의 약자]

A-B = 5-3을 수행하는 과정을 그림 5.15의 논리 회로도에서 설명해 본다. A = $a_3a_2a_1a_0$ = 0101 값과, B = $b_3b_2b_1b_0$ = 3 = 0011 값을 입력으로 인가한다.

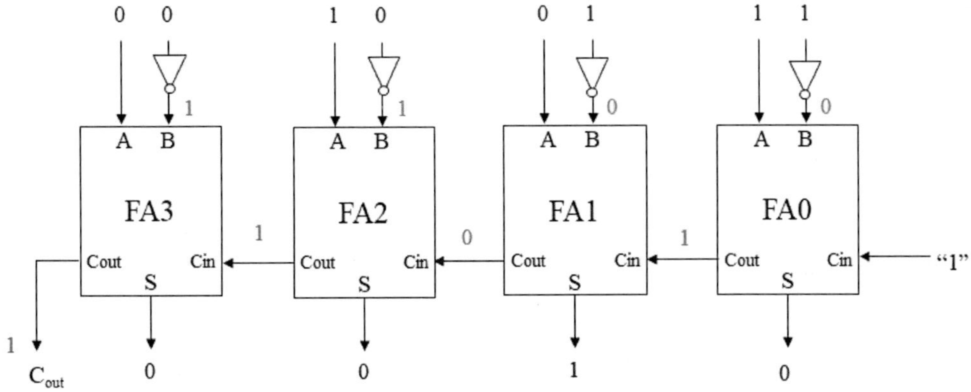

[그림 5.15] 4비트 병렬 감산기 5 - 3에 대한 논리 회로도 수행 과정

A–B = A+(–B), B를 –B로 만드는 것은 입력 B의 각 비트를 반대 값으로 바꾸고(1의 보수) LSB에 1을 더해 준다(2의 보수). B 입력에 NOT 게이트 출력은 B를 –B로 만들기 위해서 보수 값을 구하는 것이다. B = 3 = 0011 값을 NOT 게이트를 지나면 1100이 되고, LSB에 +1을 하면 1101(–8+4+1 = –3)으로 –B = –3이 된다. 정리하면, A–B 뺄셈은 A+(–B)로 감수 B의 반대 부호를 만들어서 기존 병렬 가산기에 –B를 더해 주어서 뺄셈 연산을 구현한다. 최종 결과 C_{out}은 버리고, $D_3D_2D_1D_0$의 4비트를 출력으로 읽으면 0010(2)의 값을 얻을 수 있다.

6비트 시스템에서도 4비트와 마찬가지로 해석할 수 있다. 아래 논리 회로도는 6비트 감산기에 대한 논리 회로도이다.

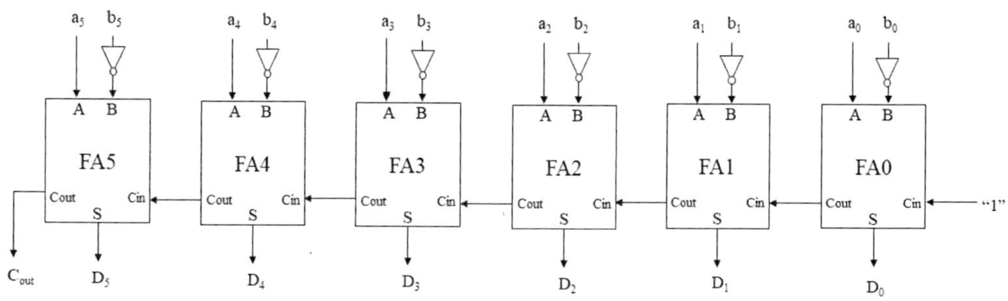

[그림 5.16] 6비트 병렬 감산기 논리 회로도

예제 6비트 2의 보수 방식의 정수 값 A, B에 대해서 감산기를 설계하고, 논리 회로도에서 다음 뺄셈 출력 값을 구하여라.

(1) A – B=(–12) – (17)

(2) A – B=(+20) – (–5)

(3) A – B=(+19) – (+6)

(4) A – B=(–8) – (–31)

풀이 ▸▸ (1) A–B = (–12)–(17), A = –12는 –32+16+4이므로, 110100이고, B = 17은 16+1이므로, 010001이다. C_{out}은 버리고, $D_5D_4D_3D_2D_1D_0$ = 100011(–32+2+1 = –29)이므로 A–B = (–12) –(17) = –29이므로 논리회로도 출력 값이 맞음을 확인할 수 있다.

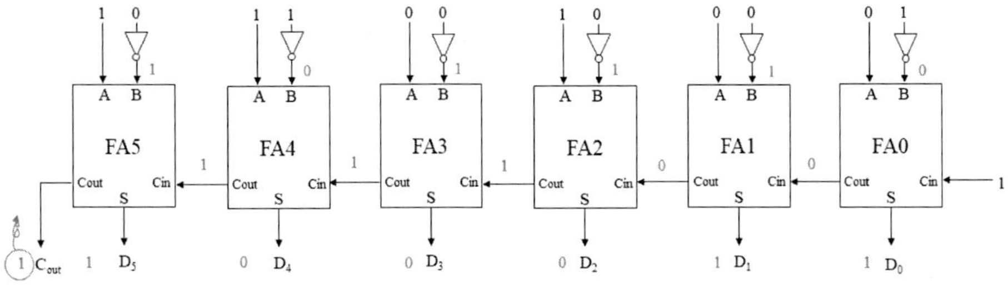

[그림 5.17] 6비트 병렬 감산기 (−12)−(17) 연산에 대한 논리회로도 연산 과정

(2) A−B = (+20)−(−5), A = 20은 16+4이므로, 010100이고, B = −5는 −32+16+8+2+1이므로 111011이다.

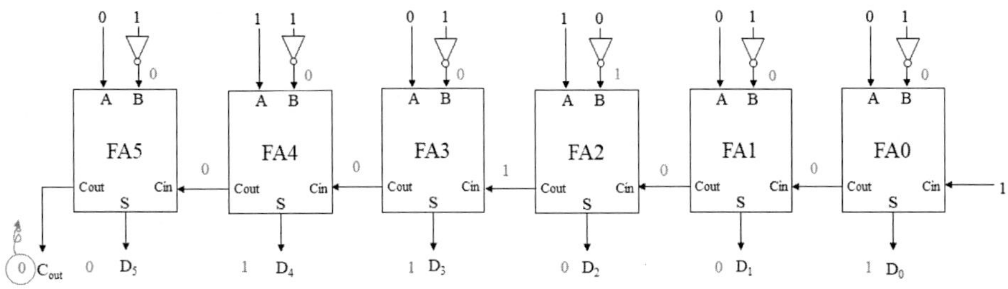

[그림 5.18] 6비트 병렬 감산기 (+20)−(−5) 연산에 대한 논리회로도 연산 과정

그림 5.18에서 $D_5D_4D_3D_2D_1D_0$ = 011001(16+8+1 = 25)이므로, A−B = (+20) − (−5) = 25이므로 논리회로도 출력 값이 맞다.

(3) A−B = (+19) − (+6), A = 19는 16+2 +1이므로, 010011이다. B = 6은 4+2이므로, 000110이다.

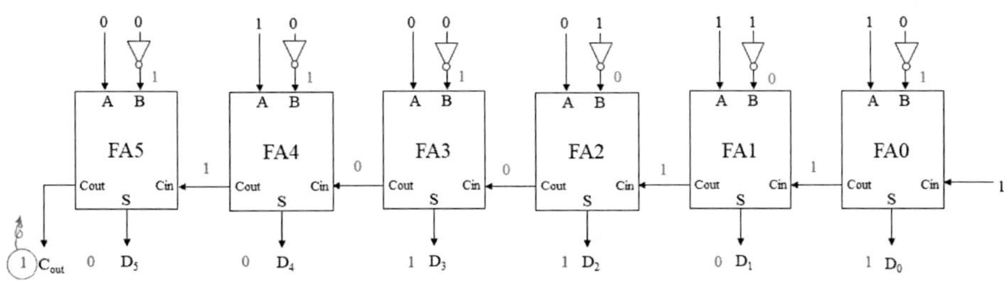

[그림 5.19] 6비트 병렬 감산기 (+19)−(+6) 연산에 대한 논리회로도 연산 과정

그림 5.19에서 $D_5D_4D_3D_2D_1D_0$ = 001101(8+4+1 = 13)이므로, A−B = (+19) − (+6) = 13이므로 논리 회로도 출력 값이 맞다.

(4) A - B = (−8) - (−31), A = −8은 −32+16+8이므로, 111000이다. B = −31은 −32 +1이므로, 100001이다.

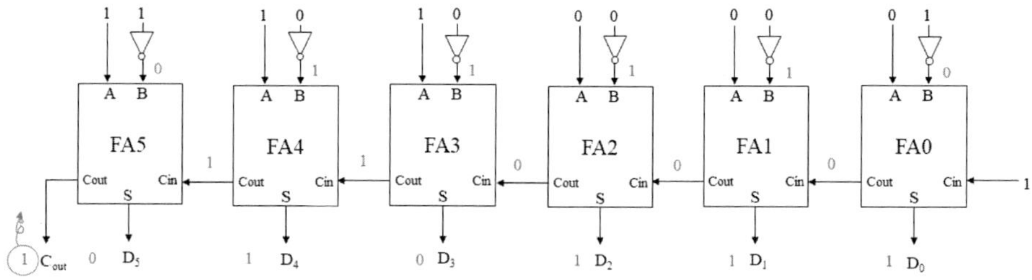

[그림 5.20] 6비트 병렬 감산기 (−8)−(−31) 연산에 대한 논리회로도 연산 과정

그림 5.20에서 $D_5D_4D_3D_2D_1D_0$ = 010111(16+4+2+1 = 23)이므로, A−B = (−8) - (−31) = 23이므로 논리회로도 출력 값이 맞다.

5.1.4 병렬 가감산기(Parallel Adder/Subtractor)

컴퓨터나 스마트 폰의 산술 연산 블록에서는 덧셈과 뺄셈 연산이 필요하다. 일반적으로 덧셈과 뺄셈 회로를 따로 디지털 블록으로 설계하지 않고, 전가산기 배열의 가산기를 공통으로 활용할 수 있도록 설계한다. 그림 5.21은 덧셈과 뺄셈을 수행할 수 있는 4비트 병렬 가감산기이다. 제어신호 $\overline{ADD}/SUB$ 신호의 값이 '0'이면, A+B의 값이 4비트로 출력되고, 제어신호 $\overline{ADD}/SUB$ 신호의 값이 1이면, A-B의 값이 4비트로 출력된다. B 입력 부분의 ex_or 게이트는 $\overline{ADD}/SUB$ 값이 '0'이면, B의 값이 그대로 보내어지고, $\overline{ADD}/SUB$ 값이 '1'이면 뺄셈이므로, B의 반대 보수 값이 보내어져서 감산기의 NOT 회로로 동작한다. 그림 5.21은 4비트 A, B 덧셈 또는 뺄셈 피연산자와 $\overline{ADD}/SUB$ 제어신호 값에 따라서 A+B 또는 A−B 결과가 출력되는 4비트 병렬 가감산기 논리 회로도이다.

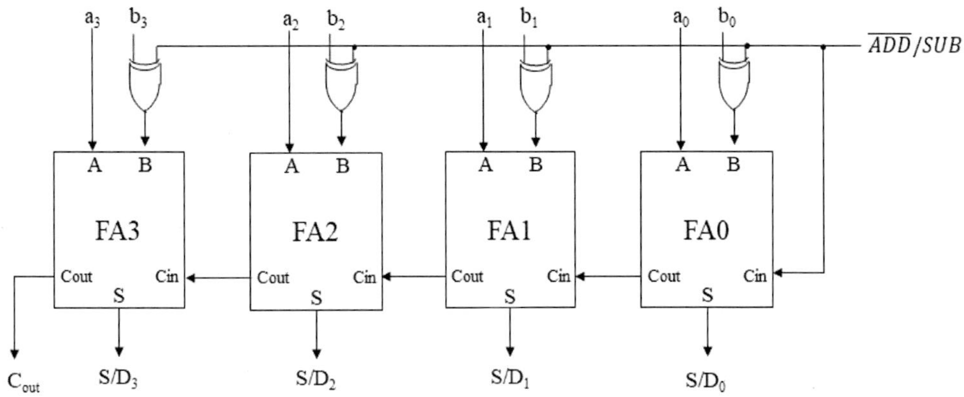

[그림 5.21] 4비트 병렬 가감산기 논리 회로도 [S/D : Sum/Difference 합/차의 약자]

그림 5.21에서 A+B(A = 5, B = 2) 연산을 수행하려고 하면, A = 0101, B = 0010이고 $\overline{ADD}/SUB$ 값은 덧셈(가산)이므로 0으로 입력된다. 그림 5.22는 A = 0101, B = 0010이고 $\overline{ADD}/SUB = 0$의 값이 입력되었을 때 논리 회로도이다. bi = 0이면 $0 \oplus 0 = 0$, bi = 1이면 $1 \oplus 0 = 1$이므로, $bi \oplus 0 = bi$ 값이 된다. $\overline{ADD}/SUB = 0$이므로, LSB C_{in} 값도 0이 입력된다. 그러므로, $\overline{ADD}/SUB = 0$인 경우에는 이전 절의 병렬 가산기와 논리 회로도가 같은 형태로 A+B를 수행한다.

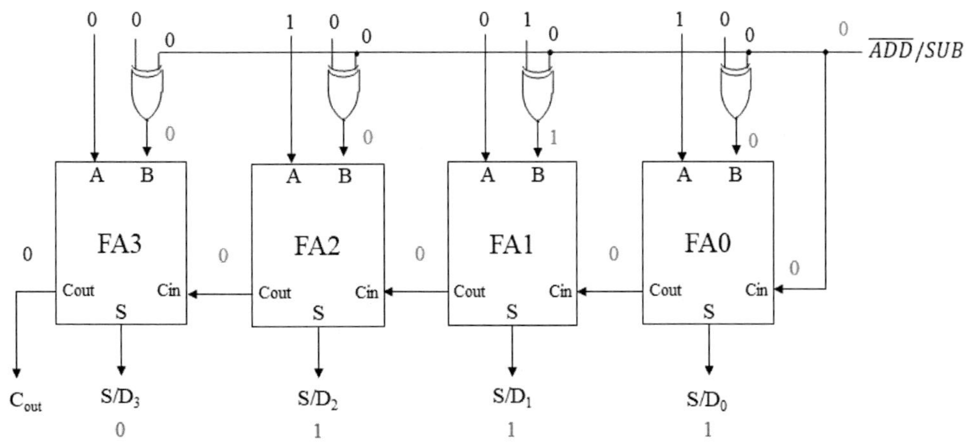

[그림 5.22] A+B=(5+2)를 수행하는 4비트 병렬 가감산기 논리 회로도

출력 S/D_3 S/D_2 S/D_1 S/D_0 = 0111이므로 7이 된다. A+B = 5+2 = 7이므로 덧셈이 수행된다. 그림 5.23에서 A–B(A = 4, B = 1) 연산을 수행하기 위해서 A = 0100, B = 0001,

$\overline{ADD}/SUB$ 값은 뺄셈이므로 1이 입력된다. 그림 5.23은 A = 0100과 B = 0001, $\overline{ADD}/SUB$ = 1의 값이 입력되었을 때 논리 회로도이다. bi ⊕ 1 = bi 반대 값으로 1의 보수가 되어서, NOT 게이트로 동작한다. bi = 0이면 0⊕1 = 1, bi = 1이면 1⊕1 = 0으로 1의 보수를 취하고, LSB c_{in} 값이 1이 입력되어서, 1의 보수+1로 2의 보수 부호 변환이 이루어진다.

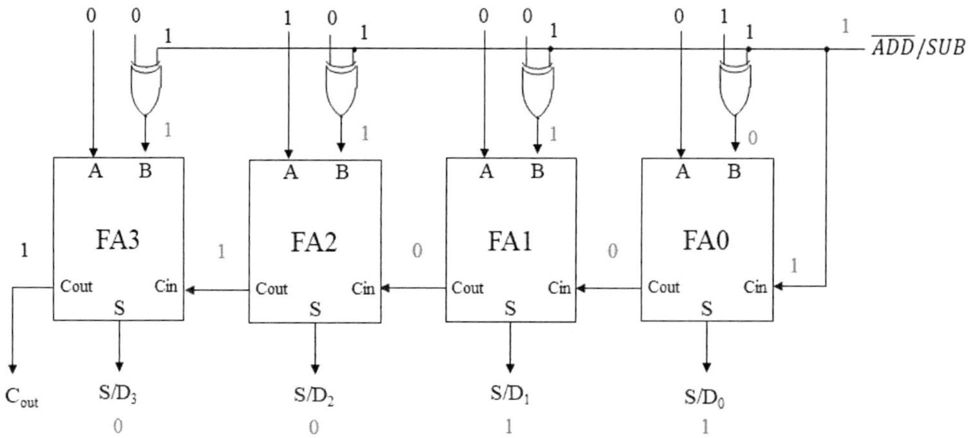

[그림 5.23] A−B=(4−1)를 수행하는 4비트 병렬 가감산기 논리 회로도

A−B = 0100 − 0001은 $\overline{ADD}/SUB$ = 1의 값에서 실질적으로는 A+(−B)를 수행한다. 병렬 가산기의 최종 입력 4비트는 0100+(1110)+1 = 0100+1111이므로, S/D_3 S/D_2 S/D_1 S/D_0 = 0011이므로 결과 값은 3이다. A−B = 4−1 = 4+(−1) = 3이므로 뺄셈이 수행된다.

예제 6비트 병렬 가감산기 논리 회로도를 그리고, 입력은 2의 보수 형태의 정수이다. 다음과 같은 가산과 감산을 수행하는 결과를 논리 회로도에서 구하여라.

(1) (+19)+(+11)	(2) (+27) − (+6)
(3) (+15)+(−8)	(4) (+24) − (−5)
(5) (−13)+(+26)	(6) (−23) − (+3)
(7) (−16)+(−10)	(8) (−21) − (−30)

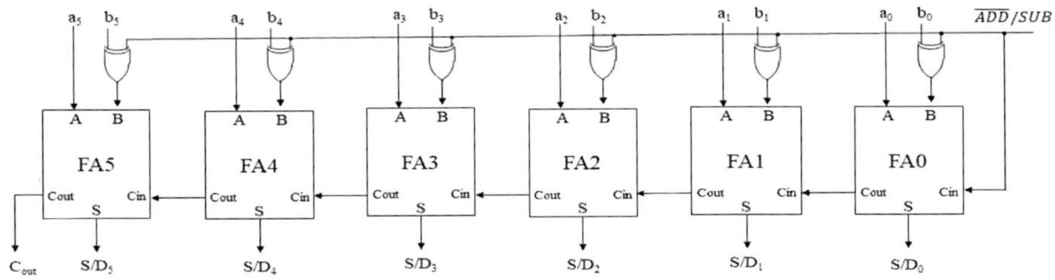

[그림 5.24] 6비트 병렬 가감산기 논리 회로도

풀이▸▸ 6비트로 표현할 수 있는 정수의 범위는 −32에서 +31까지이다.

(1) A = 19이므로 $(2^4+2^1+2^0)$에서 $a_5a_4a_3a_2a_1a_0 = 010011$, B = $11(2^3+2^1+2^0)$에서 $b_5b_4b_3b_2b_1b_0 = 001011$이고, 연산은 덧셈이므로, $\overline{ADD}/SUB$ 제어신호는 0으로 한다. 6개의 전가산기로 구성된 병렬 가감산기의 010011+001011이 진행된다.

$$\begin{array}{r} 010011 \\ +001011 \\ \hline 011110 \end{array}$$

으로 S/D3 S/D2 S/D1 S/D0 = $011110(2^4+2^3+2^2+2^1 = 16+8+4+2) = 30$이 된다. A+B = 19+11 = 30이므로 가산이 수행된다.

(2) A = 27이므로 $(2^4+2^3+2^1+2^0)$, $a_5a_4a_3a_2a_1a_0 = 011011$이고, B = $6(2^2+2^1)$이므로, $b_5b_4b_3b_2b_1b_0 = 000110$이다 연산은 감산이므로, $\overline{ADD}/SUB$ 제어신호는 1이 된다. 6개의 전가산기로 구성된 병렬 가감산기는 입력 B의 1의 보수와 LSB1을 더하게 된다.

$$\begin{array}{r} 011011 \\ 111001 \\ +\quad\quad 1 \\ \hline 010101 \end{array}$$

으로 S/D3 S/D2 S/D1 S/D0 = $010101(2^4+2^2+2^1) = 21$이다. A−B = 27−6 = 21이므로 적절한 감산이 수행된다.

(3) A = $15(2^3+2^2+2^1+2^0)$이므로, $a_5a_4a_3a_2a_1a_0 = 001111$이고, B = $-8(-2^5+2^4+2^3)$이므로, $b_5b_4b_3b_2b_1b_0 = 111000$이다. 연산은 가산이므로, $\overline{ADD}/SUB$ 제어신호는 0이 된다. 6개의 전가산기로 구성된 병렬 가감산기는 001111+111000이 된다.

```
  001111
 +111000
 -------
  000111
```

이므로, S/D_3 S/D_2 S/D_1 $S/D_0 = 000111(2^2+2^1+2^0) = 7$이 된다. $A+B = 15 -(+8) = 7$이므로, 적절한 가산이 수행된다.

(4) $A = 24(16+8)$이므로, $a_5a_4a_3a_2a_1a_0 = 011000$이고, $B = -5(-2^5+2^4+2^3+2^1+2^0)$이므로, $b_5b_4b_3b_2b_1b_0 = 111011$이다 연산은 감산이므로, $\overline{ADD}/SUB$ 제어신호는 1이 된다. 6개의 전가산기로 구성된 병렬 가감산기는

```
  011000
  000100
 +     1
 -------
  011101
```

으로, S/D_3 S/D_2 S/D_1 $S/D_0 = 011101 = 29$. $A-B = 24 -(-5) = 29$이므로, 적절한 감산이 수행된다.

(5) $A = -13(-2^5+2^4+2^1+2^0)$이므로, $a_5a_4a_3a_2a_1a_0 = 110011$이고, $B = 26(2^4+2^3+2^1)$이므로, $b_5b_4b_3b_2b_1b_0 = 011010$이다. 연산은 가산이므로, $\overline{ADD}/SUB$ 제어신호는 0으로 한다. 6개의 전가산기로 구성된 병렬 가감산기는

```
  110011
 +011010
 -------
  001101
```

으로, S/D_3 S/D_2 S/D_1 $S/D_0 = 001101 = 13$, $A+B = (-13)+26 = 13$으로 맞다.

(6) $A = -23(-2^5+2^3+2^0)$이므로, $a_5a_4a_3a_2a_1a_0 = 101001$, $B = 3(2^1+2^0)$이므로, $b_5b_4b_3b_2b_1b_0 = 000011$이다. 연산은 감산이므로, $\overline{ADD}/SUB$ 제어신호는 1로 한다. 6개의 전가산기로 구성된 병렬 가감산기는

```
  101001
  111100
 +     1
 -------
  100110
```

S/D_3 S/D_2 S/D_1 $S/D_0 = 100110 = -26$, $A+B = (-23) -(3) = -26$으로 정상이다.

(7) $A = -16(-2^5+2^4)$이므로, $a_5a_4a_3a_2a_1a_0 = 110000$, $B = -10(-2^5+2^4+2^2+2^1)$이므로, $b_5b_4b_3b_2b_1b_0 = 110110$이다. 연산은 가산이므로, $\overline{ADD}/SUB$ 제어신호는 0이 된다. 6개의 전가산기로 구성된 병렬 가감산기는

$$
\begin{array}{r}
110000 \\
+110110 \\
\hline
100110
\end{array}
$$

이므로, $S/D_3\ S/D_2\ S/D_1\ S/D_0 = 100110 = -26$, $A+B = (-16)+(-10) = -26$이므로, 적절한 가산이 수행된다.

(8) $A = -21(-2^5+2^3+2^1+2^0)$이므로, $a_5a_4a_3a_2a_1a_0 = 101011$, $B = -30(-2^5+2^1)$이므로, $b_5b_4b_3b_2b_1b_0 = 100010$이다. 연산은 감산이므로, $\overline{ADD}/SUB$ 제어신호는 1이 된다. 6개의 전가산기로 구성된 병렬 가감산기는

$$
\begin{array}{r}
101011 \\
011101 \\
+\qquad 1 \\
\hline
001001
\end{array}
$$

이므로, $S/D_3\ S/D_2\ S/D_1\ S/D_0 = 001001 = 9$, $A-B = (-21)-(-30) = 9$이므로, 적절한 감산이 수행된다.

전체적으로 A와 B가 −32에서 +31 사이의 값을 지니는 6비트 정수에 대해서 가산과 감산을 정상적으로 수행하게 된다.

5.1.5 오버플로우/언더플로우 발생

두 수를 더했을 때 출력 값이 정해진 비트 수가 표현할 수 있는 값의 범위를 넘어가게 되면 오버플로우가 발생된다. 오버플로우가 발생하면 결과가 틀리게 되므로, 사용자에게 알려주고 적절한 조치를 취해야 한다. 8비트 2의 보수 정수 표현의 가산과 감산 연산기 예를 들어 본다. 8비트이므로 가장 절대값이 큰 음수는 $10000000(-2^7) = -128$이고, 가장 절대값이 큰 양수는 $01111111(2^6+2^5+2^4+2^3+2^2+2^1+2^0) = +127$이 된다.

72+58을 수행하게 되면, 결과는 130이 나와야 하는데, 덧셈 결과는 −126이 나와서 오버플로우가 발생한 경우이다. 이 때 오버플로우가 발생했다는 보고를 하지 않으면, 틀린 결과가 그대로 진행하기 때문에 문제가 발생한다.

```
  01001000 (+72)
 +00111010  (+58)
 ─────────
  10000010 (-126)
```

언더플로우(underflow)는 음수로 표현할 수 있는 가장 큰 절대값의 크기를 더한 결과가 넘어서는 경우에 발생한다. (−76)+(−67)를 수행하게 되면, 결과는 −143이 나와야 하는데, 이 값은 8비트로 표현할 수 있는 가장 절대 값이 큰 −132 를 넘어서기 때문에 언더플로우가 발생했다고 한다.

```
   10110100   (-76)
 + 10111101   (-67)
 ──────────
   01110001   (+113)
```

으로 계산결과는 113이 나오게 된다. 실제 결과는 −143 인데 비해서 다른 결과를 얻게 된다. 정리를 해보면, 가산과 감산 연산의 경우에 피연산자가 표 5.3과 같을 때 오버플로우나 언더플로우가 발생 할 수 있다.

[표 5.3] 가감산시 오버플로우와 언더플로우 발생 여부

연산	피연산자 A부호	피연산자 B부호	오버플로우/언더플로우 발여부
덧셈	+	+	오버플로우 발생 가능성 있음
	+	−	발생 안함
	−	+	발생 안함
	−	−	언더플로우 발생 가능성 있음
뺄셈	+	+	발생안함
	+	−	오버플로우 발생 가능성 있음
	−	+	언더플로우 발생 가능성 있음
	−	−	발생 안 함

이번에는 오버플로우와 언더플로우가 발생한 것을 알 수 있는 오버플로우/언더플로우 감지 논리 회로에 대해서 알아본다. 8비트로 구성된 피연산자 A = 72, B = 58를 덧셈하는 경우에 오버플로우가 발생하였다.

	C_8	C_7	C_6	C_5	C_4	C_3	C_2	C_1	C_0	
	0	1	1	1	1	0	0	0	0	
		0	1	0	0	1	0	0	0	(A = 72)
+		0	0	1	1	1	0	1	0	(B = 58)
		1	0	0	0	0	0	1	0	

오버플로우가 발생할 때, 캐리 출력 값 $C_8 = 0$이고, $C_7 = 1$을 나타낸다.

(−76)+(−67)인 경우에는 언더플로우가 발생한다.

	C_8	C_7	C_6	C_5	C_4	C_3	C_2	C_1	C_0	
	1	0	1	1	1	1	0	0	0	
		1	0	1	1	0	1	0	0	(-76)
+		1	0	1	1	1	1	0	1	(-67)
		0	1	1	1	0	0	0	1	

언더플로우가 발생할 때, 캐리 출력 값 $C_8 = 1$이고, $C_7 = 0$을 나타낸다.

오버플로우나 언더플로우가 발생하지 않은 예를 들어본다.

(+34)+(+26)인 경우에는 출력 결과 값 60이 8비트로 표현할 수 있는 최대 값 131 보다 작으므로 오버플로우가 발생하지 않는다.

	C_8	C_7	C_6	C_5	C_4	C_3	C_2	C_1	C_0	
	0	0	0	0	0	0	1	0	0	
		0	0	1	0	0	0	1	0	(+34)
+		0	0	0	1	1	0	1	0	(+26)
		0	0	1	1	1	1	0	0	(+60)

출력 결과 00111100은 32+16+8+4 = 60으로 오버플로우가 생기지 않고, 답이 맞는 경우이다. 이경우에는 $C_8 = 0$, $C_7 = 0$이 출력된다.

(−32)+(−27)인 경우에는 출력 결과 값 −59가 8 비트로 표현할 수 있는 최대 절대 값 −132 보다 작으므로 언더플로우가 발생하지 않는다.

C_8	C_7	C_6	C_5	C_4	C_3	C_2	C_1	C_0	
1	1	1	0	0	0	0	0		
	1	1	1	0	0	0	0	0	(-32)
+	1	1	1	0	0	1	0	1	(-27)
	1	1	0	0	0	1	0	1	(-59)

이 경우에 캐리 출력 값 $C_8 = 1$, $C_7 = 1$이 된다. 디지털 시스템에서 가산과 감산 연산에서 오버플로우와 언더플로우를 논리회로에서 알아 낼 수 있는 방법은 간단하다. 8비트의 경우에는 최종 전가산기의 캐리 출력 C_8과 바로 이전 캐리 출력 C_7의 값이 서로 다르면, 오버플로우나 언더플로우가 발생한다. C_8과 C_7의 값이 같으면, 오버플로우나 언더플로우는 발생하지 않는다.

n 비트의 가산, 감산 회로에서 마찬가지로 적용된다.

$C_n = C_{n-1}$이면, 오버플로우/언더플로우가 발생하지 않는다.

$C_n = C_{n-1}$이면, 오버플로우/언더플로우가 발생한다.

오버플로우/언더플로우 발생 여부를 알려주는 오버플로우/언더플로우 발생 감지 회로는 그림 5.25와 같다.

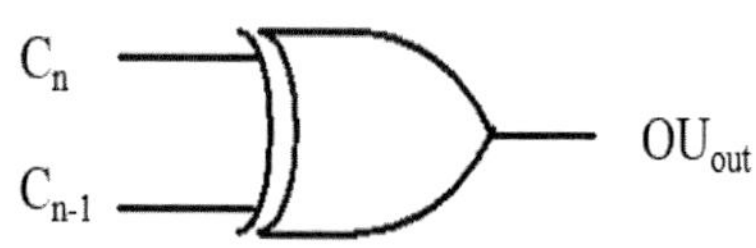

[그림 5.25] 오버플로우/언더플로우 발생 감지 논리 회로도

$OU_{out} = 0$이면 오버플로우/언더플로우가 발생하지 않고, 1이면 발생한다.

[표 5.4] 오버플로우/언더플로우 발생 감지 회로 진리표

C_n	C_{n-1}	OU_{out}
0	0	0
0	1	1
1	0	1
1	1	0

표 5.4에 나타난 것처럼 C_n과 C_{n-1} 값이 서로 다르면, 오버플로우나 언더플로우가 발생된 경우이다. XOR 게이트의 출력 값은 두 개의 입력 값이 같으면 0이고, 다르면 1인 경우이므로, 간단하게 XOR 게이트를 이용하여 오버플로우와 언더플로우 감지 논리 회로를 구성할 수 있다. 그림 5.26은 오버플로우/언더플로우 감지 회로를 포함한 6비트 병렬 가감산기 논리 회로도이다.

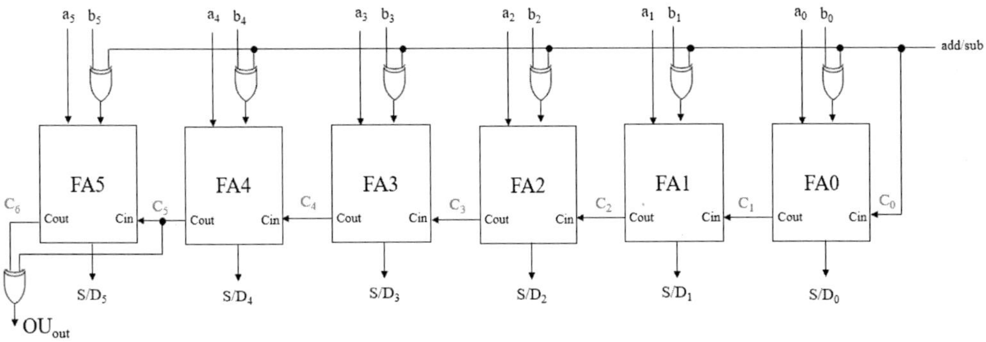

[그림 5.26] 오버플로우/언더플로우 감지 회로를 포함한 6비트 병렬 가감산기 논리 회로도

예제 6비트 병렬 가산기에서 다음과 같은 연산에서 오버플로우/언더플로우 발생 여부와 오버플로우/언더플로우 감지 회로 출력 값을 구하여라.

(1) (+15)+(+17)

(2) (+19)+(+16)

(3) (−5)+(−18)

(4) (−16)+(−19)

풀이▸ 6비트이므로 정수를 표현할 수 있는 값의 범위는 −32에서 +31까지이다.

(1) (+15) + (+7) = 001111 + 000111

출력은 $S_5S_4S_3S_2S_1S_0$ = 010110이므로, 22이다. 15+7=22이므로 답은 맞고, OU_out = 0이므로 오버플로우/언더플로우는 발생하지 않는 경우이다.

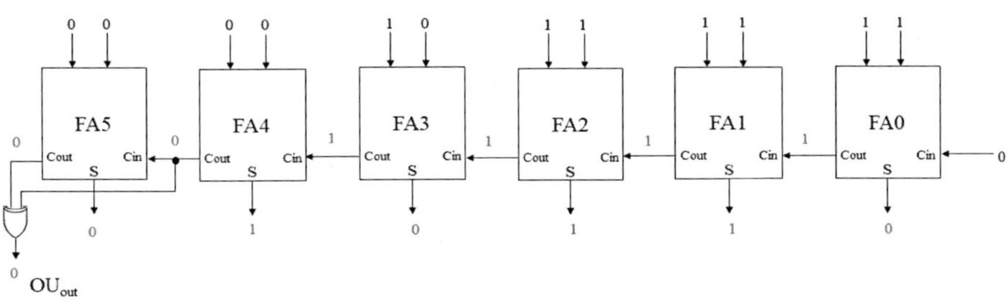

[그림 5.27] 15+7을 수행하는 오버플로우 감지회로와 6비트 가산 논리 회로

(2) (+19)+(+16) = 010011+010000

출력은 $S_5S_4S_3S_2S_1S_0$ = 100011이므로 -29가 출력된다. 19+16 = 35이므로, 최대 6비트 표현 값의 범위인 31을 넘으므로, 오버플로우가 발생한 경우이고, 출력 값 -29 도 틀린 경우이다. 오버플로우/언더플로우 발생 여부를 나타내는 OU_out 값도 "1"이 출력되므로, 이 경우에는 오버플로우가 발생된 것을 알려주게 된다.

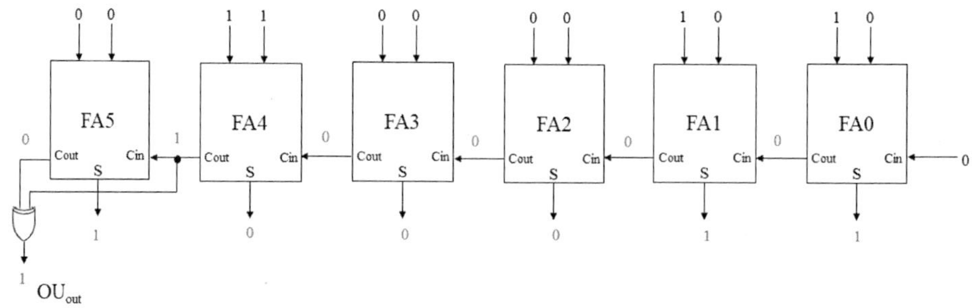

[그림 5.28] 19+16을 수행하는 오버플로우 감지회로와 6비트 가산 논리 회로도

(3) (-5)+(-18) = 111011+101110

출력은 $S_5S_4S_3S_2S_1S_0$ = 101001 = -23이므로, 출력 결과는 (-5)+(-18) = -23 값이 맞다. 오버플로우/언더플로우 발생 여부를 나타내는 OU_out 값이 "0"가 출력되므로, 오버플로우/언더플로우가 발생하지 않는 것을 알려준다.

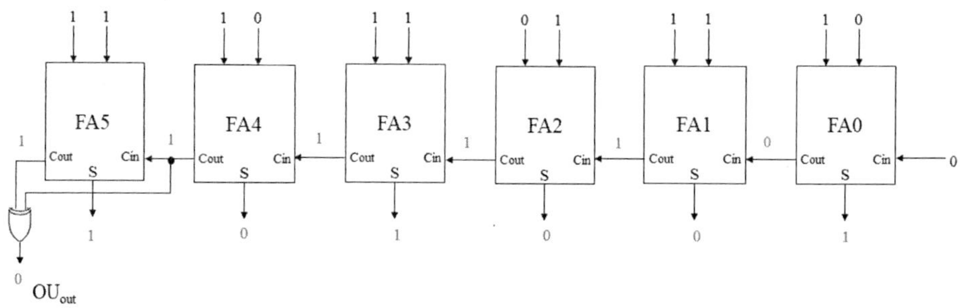

[그림 5.29] (-5)+(-18)을 수행하는 오버플로우 감지회로와 6비트 가산 논리 회로도

(4) (-16)+(-19) 110000+101101

출력은 $S_5S_4S_3S_2S_1S_0$ = 011101로 29이므로, (-16)+(-19) = -35 값이 틀리다. -35는 최대 6비트 음수 표현 값 -32 보다 절대값이 크므로, 언더플로우가 발생한 경우이다. 논리 회로도에서 계산한 결과 값은 +29로 틀린 답이고, 오버플로우/언더플로우가 발생 유무를 알려주는 OU_out의 값이 "1"이므로 오버플로우/언더플로우가 발생한 것을 알려주게된다.

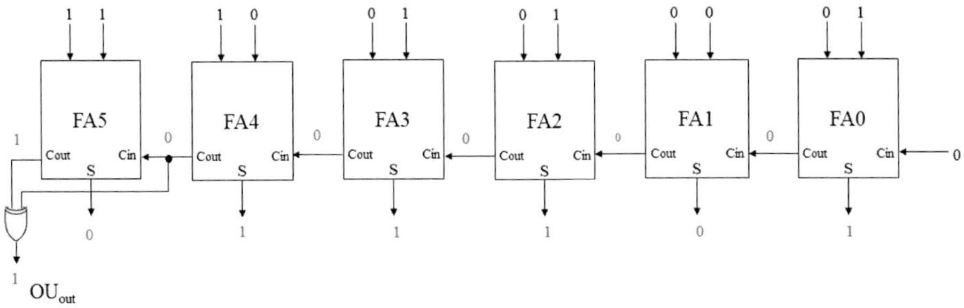

[그림 5.30] (−16)+(−19)를 수행하는 오버플로우 감지회로와 6비트 가산 논리 회로도

OU_out의 값이 1이 되면, 출력 값은 틀린 결과이다. 오버플로우/언더플로우가 발생하면 오버플로우인 경우에는 양수로 표현할 수 있는 가장 큰 값 2^{n-1}로 출력을 바꾸고, 언더플로우인 경우에는 음수로 표현할 수 있는 가장 절대 값이 큰 값인 -2^{n-1}(n은 비트 수)로 바꾸어 준다. 이러한 기능을 하는 회로를 포화 논리회로(saturation logic)라고 한다.

5.1.6 곱셈기(Multiplier)

PC, 스마트폰을 비롯한 디지털 시스템의 연산회로는 가산기가 기본이 된다. 이전 절에서 가산기를 이용하여 감산기 회로를 구현하였다. 마찬가지로 곱셈기도 가산기를 이용하여 구현한다. 손으로 곱셈을 수행하는 방식과 비슷하게 디지털 시스템의 곱셈 논리 회로도도 설계된다.

393 × 276을 수행할 때

```
     393
×    276
--------
    2358
   2751
+ 786
--------
  108468
```

이진수 4비트 양수로 구성한 곱셈 동작도 10진수 곱셈 연산과 비슷하다.

$A = a_3a_2a_1a_0$, $B = b_3b_2b_1b_0$

1001 (9) × 1010 (10)

```
      1001
  ×   1010
  ---------
      0000
     1001
    0000
   1001
 ----------
   1011010
```

1011010 $(2^6+2^4+2^3+2^1) = 90$으로 $9\times10=90$이 된다.

A와 B는 일반적으로 같은 n 비트를 지니게 되므로, 출력 P(= A×B)는 2n 비트이다.

A×B 곱셈기에서 입력 A가 n 비트이고, 입력 B가 m 비트이면, A×B 출력 결과는 m+n 비트가 된다. 예를 들어서 16비트 A와 16 비트 B를 곱한 결과 P는 16+16 = 32 비트를 지니게 된다.

(1) 직렬 곱셈기

직렬 곱셈기는 논리 회로가 간단하지만, 곱셈 연산 시간이 많이 걸리므로 속도가 느리다. 직렬 곱셈기의 구성회로는 가산기와 쉬프트 레지스터로 구성된다. 쉬프트 레지스터는 값을 저장하거나 데이터를 오른쪽이나 왼쪽으로 이동할 수 있는 기능을 지닌 순차 회로이다. [7장에서 상세 설명]

디지털 시스템의 전가산기는 입력이 2개이므로, A와 B 2개의 피연산자만 더할 수 있다. A×B에서 A, B를 각각 4비트로 가정하고 A를 피승수, B를 승수라고 한다.

A, B가 각각 4비트인 직렬 승산기는 다음과 같은 단계로 곱셈을 수행한다.

[초기화] 피승수 A의 왼쪽에 4비트 0을 채워서, 8비트로 설정하여 저장한다. 1001을 00001001로 저장하고, 승수B 4비트는 그대로 저장한다. 1010 부분 곱 P는 8비트로 처음에는 모두 0의 값으로 초기화 한다.

[단계 1] 승수 B 4비트의 LSB(맨 오른쪽 값) 값을 확인해서 만약 0이면 부분 곱은 이전 값을 그대로 유지한다. 만약 1이면 부분곱 P = 부분곱 P+A 8비트를 수행한다. 그리고, 피승수 A는 왼쪽으로 1 비트 쉬프트(이동) 한다. 쉬프트하고 남은 오른쪽은 0을 채워 준다. 승수 B는 오른 쪽으로 1비트 쉬프트한다. 쉬프트하고 남은 왼쪽은 0으로 채워준다.

[단계 2] 승수 B 4비트의 LSB 값을 확인해서 만약 0이면 부분곱은 이전 값을 유지한다. 만약 1이면 부분곱 = 부분곱+A 8비트를 수행한다. 피승수 A는 왼쪽으로 쉬프트하고, 승수 B는 오른 쪽으로 1비트 쉬프트한다. 이 경우 LSB = 1이므로 부분 곱 = 부분 곱+A = 00000000+00010010 = 00010010 이 된다.

[단계 3] 피승수 B의 LSB의 값이 0이므로, 부분 곱 = 부분곱+0이므로, 이전 값을 유지한다. 피승수 A는 왼쪽으로 1비트 쉬프트하고, 승수 B는 오른쪽으로 1비트 쉬프트한다.

[단계 4] 승수 B의 LSB값이 1이므로 부분곱 = 부분곱+A 피승수 = 00010010+01001000 = 01011010 연산을 수행한다.

단계 별 피승수 A, 승수 B와 부분 곱과 최종 결과를 표로 나타내면 다음과 같다.

[표 5.5] 5비트 직렬 곱셈기 단계별 계산과 동작 내용 (9×10=90)

단계	피승수 A	승수 B	부분 곱 P	동작
초기화	00001001	1010	00000000	초기화 진행
단계1	00001001	1010	00000000	P = P+0
단계2	00010010	0101	00010010	P = P+A
단계3	00100100	0010	00010010	P = P+0
단계4	01001000	0001	01011010	P = P+A
최종 출력	10010000	0000	01011010	최종 출력

단계별 덧셈과 쉬프트 레지스터를 이용한 직렬 곱셈기 회로는 그림 5.31과 같다.

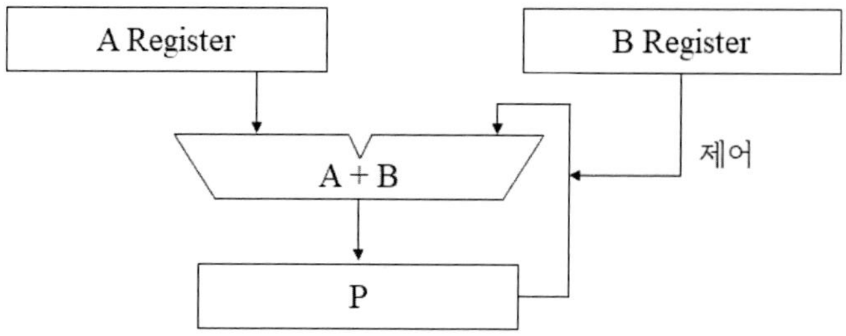

[그림 5.31] 직렬 곱셈기 논리 회로도

레지스터의 개념이 7장에서 나오므로, n비트 직렬곱셈기도 가산기를 기본 회로로 반복하여 더한다고 이해하면 된다.

예제 양수로 각각 5비트인 A×B 직렬 곱셈기에서 A=27이고, B=23일 때 27×23 출력값을 단계별로 설명하여라.

풀이 ▸▸ 5비트이므로, 초기화를 제외하면 5단계를 알고리즘 순서대로 진행한 결과는 표 5.6와 같다.

A = 27은, 5비트로 11011, B = 23이므로 10111이다.

[표 5.6] 5비트 직렬 곱셈기 단계별 계산과 동작 내용

단계	피승수 A	승수 B	부분 곱 P	동작
초기화	0000011011	10111	0000000000	초기화 진행
단계1	0000011011	10111	0000011011	B LSB = 1이므로 P = P+A
단계2	0000110110	01011	0001010001	B LSB = 1이므로 P = P+A
단계3	0001101100	00101	0010111101	B LSB = 1이므로 P = P+A
단계4	0011011000	00010	0010111101	B LSB = 0이므로 P = P+0
단계5	0110110000	00001	1001101101	B LSB = 1이므로 P = P+A

27×23 = 621이고, 2진수로는 1001101101(512+64+32+8+4+1)은 621이므로 답이 맞다.

직렬 곱셈기는 비교적 간단한 논리 회로로 구성되지만, A, B 비트가 16비트이면, 16단계를 진행해야 되고, 32비트이면 32단계를 진행해야 한다. 비트 수가 증가할수록 단계는 증가하고, 따라서 계산 결과를 얻는데 걸리는 연산 시간이 증가하므로, 고속으로 답을

원하는 속도를 중시하는 시스템에서는 다른 방법을 사용한다. 고속 곱셈 결과를 얻기 위해서는 병렬 승산기 논리 회로도가 사용된다. 병렬 승산기 논리 회로도는 논리 회로가 많이 들어가지만, 속도를 증가하기 위해서 가산기의 배열 구조를 사용하여 설계한다.

5.1.7 나눗셈 회로(Division)

나눗셈 회로도 곱셈기와 마찬가지로, 가산기를 기본으로 해서 연산을 수행하게 된다. 양수에 대한 나눗셈 회로를 설명한다. 16÷5의 경우에 16을 피제수(Dividend), 5를 제수(Divisor), 3 을 몫(Quotient), 1을 나머지(Remainder) 라고 정의한다. 나눗셈 회로는 그림 5.32처럼 레지스터와 감산기 회로와 제어부로 구성된다. 32비트 데이터에 대한 나눗셈 회로를 나타낸다. 제수 레지스터, 감산기회로와 나머지 레지스터는 64비트로 구성하고, 몫 레지스터는 32비트로 구성된다. 제수 레지스터는 원래 32비트가 왼쪽 반을 차지하고, 나머지 32비트는 0으로 초기화 된다. 나머지 레지스터의 값은 피제수 값 32비트로 초기화 된다. 제어 테스트 회로는 제수와 몫 레지스터를 쉬프트하는 시점과 나머지 레지스터에 값을 쓰는 시점을 결정한다.

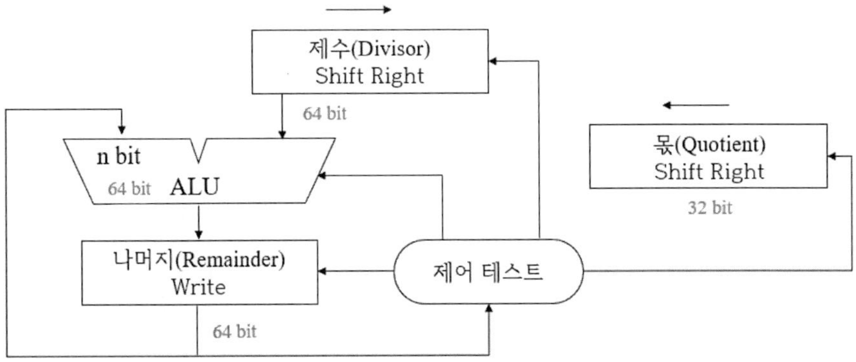

[그림 5.32] 32비트 데이터 나눗셈 논리 회로도

그림 5.33은 32비트 데이터에 대한 나눗셈 순서도를 나타낸다. 처음에 초기화 경우에 피제수 값이 초기화된 나머지 레지스터의 값에서 제수 레지스터의 값을 빼어서 결과를 나머지 레지스터에 저장한다. 나머지 레지스터의 부호비트가 1 또는 0을 확인하여, 양수와 음수를 확인한다. 결과가 양수이면, 몫의 값이 1이 되고, 결과가 음수이면 몫의 값이 0이 되고, 나머지 레지스터 값에 피제수 값을 더하여 원래 값을 복원한다. 동시에 몫 레지스터

값을 왼쪽으로 쉬프트하고 1 또는 0의 값은 맨 오른 쪽 1 비트 값이 생성된다. 제수 레지스터는 오른 쪽으로 1 비트 쉬프트하고, 새로운 오른쪽 MSB는 0을 채운다. 이러한 동작을 비트 수+1 만큼 반복한다. 32비트 데이터에 대해서는 33번 반복 수행하고, 최종 결과는 몫 레지스터와 나머지레지스터에 저장된다.

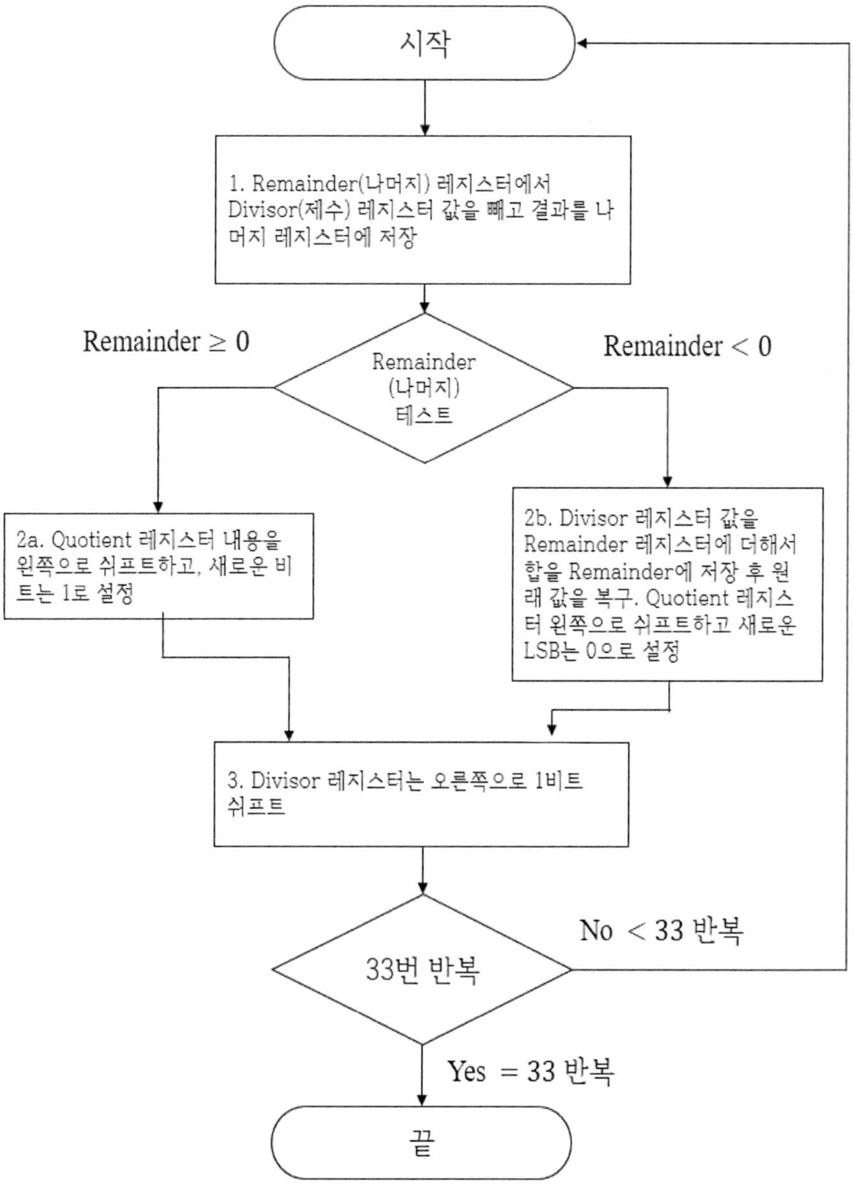

[그림 5.33] 나눗셈 알고리즘에 대한 순서도

예제 전체 32비트로 하게 되면 복잡하므로, 4비트 양수에 대한 나눗셈을 수행하는 단계를 표로 나타내어라. 14÷3을 진행한다.

풀이▸▸ 피제수는 14, 제수는 3이고 결과로 몫은 4이고 나머지는 3이 나와야 한다.
4비트 양수에 대한 피제수 14 = 1110, 제수 3 = 0011

[표 5.7] 14÷3에 대한 나눗셈 과정

반복	단계	몫(Q)	제수(Div)	나머지(Rem)
0	초기화	0000	00110000	00001110
1	1. 나머지 = 나머지 − 제수 2b. 나머지 < 0 → +제수, 몫 왼쪽으로 쉬프트, Q0 = 0 3. 제수(DIv) 오른쪽 쉬프트	0000 0000 0000	00110000 00011000	11011110 00001110 00001110
2	1. 나머지 = 나머지 − 제수 2b. 나머지 < 0 → +제수, 몫 왼쪽으로 쉬프트, Q0 = 0 3. 제수(DIv) 오른쪽 쉬프트	0000 0000 0000	00011000 00011000 00001100	11110110 00001110 00001110
3	1. 나머지 = 나머지 - 제수 2a. 나머지≥0 몫 왼쪽으로 쉬프트, Q0 = 1 3. 제수(DIv) 오른쪽 쉬프트	0000 0001 0001	00001100 00001100 00000110	00000010 00000010 00000010
4	1. 나머지 = 나머지 − 제수 2b. 나머지 < 0 → +제수, 몫 왼쪽으로 쉬프트, Q0 = 0 3. 제수(DIv) 오른쪽 쉬프트	0001 0010 0010	00000110 00000110 00000011	11111100 00000010 00000010
5	1. 나머지 = 나머지 − 제수 2b. 나머지 < 0 → +제수, 몫 왼쪽으로 쉬프트, Q0 = 0 3. 제수(DIv) 오른쪽 쉬프트	0010 0100 0100	00000011 00000011 00000001	11111111 00000010 00000010

5 단계에서 최종적으로 몫은 0100(4)이고 나머지는 00000010(2) 로써, 14 ÷ 3 = 4이고, 나머지 2로 맞는 결과가 나온다.
전체적으로 32비트에 대해서는 각 단계별 33 번 수행하므로, 나눗셈은 다른 연산에 비해서 연산 시간이 많이 걸리게 된다.

5.2 멀티플렉서 회로(Multiplexer)

여러 개의 입력에 대해서 선택 입력 제어 값에 따라서 입력이 1개 출력에 연결되는 조합 논리 회로이다. 예를 들어서 스마트 폰에 1개의 스피커를 통하여, 상대방의 목소리, 음악, 게임, 영화 관련 서로 다른 입력들이 스피커로 출력된다. 그림 5.34에서 2개의 선택 입력 값에 따라서 4개의 서로 다른 입력 중 하나가 스피커로 연결되는 멀티플렉서의 활용 예이다.

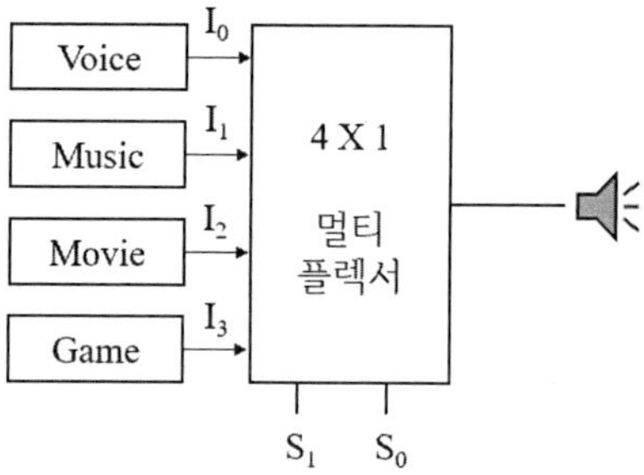

[그림 5.34] 4×1 멀티플렉서 회로 활용의 예

선택 입력 S_1S_0 값이 00이면 통화 목소리 I_0 입력이 스피커 출력으로 연결되고, 선택 입력 S_1S_0 값이 01이면, 음악 I_1 입력이 출력으로 연결되고, 선택 입력 S_1S_0값이 10이면, 영화 I_2 입력이 출력으로 연결되고, 선택 입력 S_1S_0 값이 11이면, 게임 I_3 입력이 출력으로 연결되는 회로이다. 그림 5.35에서 입력의 개수가 2^n개이면, 선택 입력 개수는 n이고 출력은 항상 1개이다. 이러한 멀티플렉서를 $2^n \times 1$ 멀티플렉서라고 한다. 멀티플렉서(Multiplexer)를 줄여서 먹스(MUX)로 표기하기도 한다.

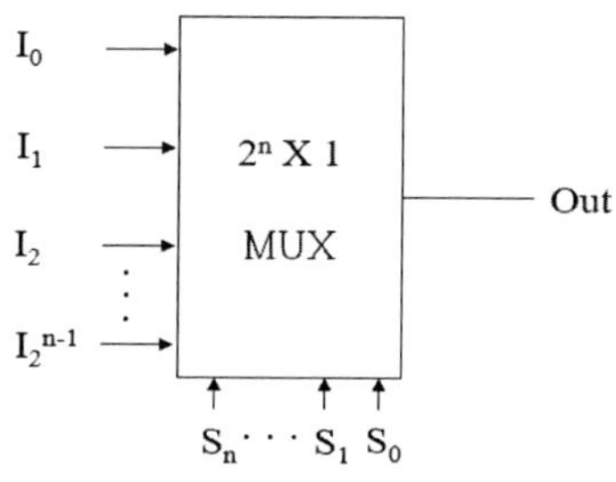

[그림 5.35] $2^n \times 1$ 멀티플렉서 구조

5.2.1 2×1 멀티플렉서

2개의 입력에 대해서 선택 입력 1개의 값에 따라서, 2개 입력 중 한 개가 1개의 출력으로 연결되는 조합회로이다. 표 5.8은 2×1 멀티플렉서 진리표이고, 그림 5.36은 심볼과 논리 회로도를 나타낸다.

[표 5.8] 2×1 멀티플렉서 진리표

S	Out
0	In_0
1	In_1

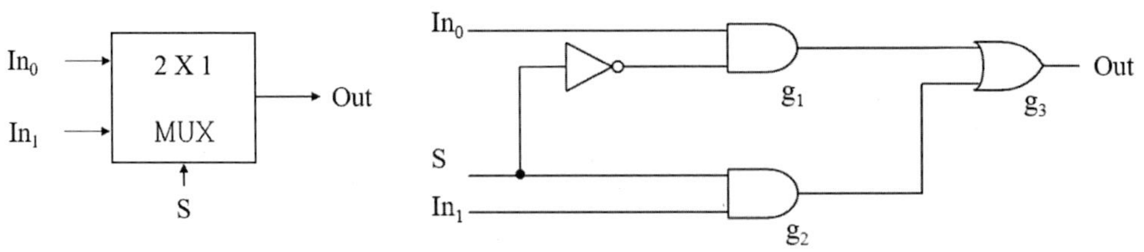

(a) 2×1 멀티플렉서 심볼 (b) 2×1 멀티플렉서 논리 회로도

[그림 5.36] 2×1 멀티플렉서 심볼과 논리 회로도

진리표와 회로도에서 선택 입력 S 값이 0이면, In_0의 값이 그대로 출력 Out으로 전달된다. 선택 입력 S값이 1이면, In_1의 값이 그대로 출력 Out으로 전달된다. 회로도에서 S =0이면 g_1 게이트의 AND 게이트를 지나서 입력 In_0 값이 OR 게이트로 전달되고, S =0이므로, g_2 AND 게이트는 In_1 값에 상관없이 0이므로 In_0의 값이 g_1 AND 게이트와 g_3 OR 게이트를 거쳐서 출력 Out으로 연결된다. S=1이면 g_2 게이트 AND 게이트를 지나서 입력 In_1 값이 g_3 OR로 전달되고, S=1 이므로 g_1 AND 게이트는 In_0 값에 상관없이 0 이므로 In_1의 값이 g_2 AND와 g_3 OR 게이트를 거쳐서 출력 Out으로 연결된다.

5.2.2 4×1 멀티플렉서

4개의 입력에 대해서 선택 입력 2개의 값에 따라서, 4개 입력 중 한 개가 1개의 출력으로 연결되는 조합회로이다. 표 5.9는 4×1 멀티플렉서 진리표이고, 그림 5.37은 심볼과 논리 회로도를 나타낸다.

[표 5.9] 4×1 멀티플렉서 진리표

S_1S_0	Out
00	In_0
01	In_1
10	In_2
11	In_3

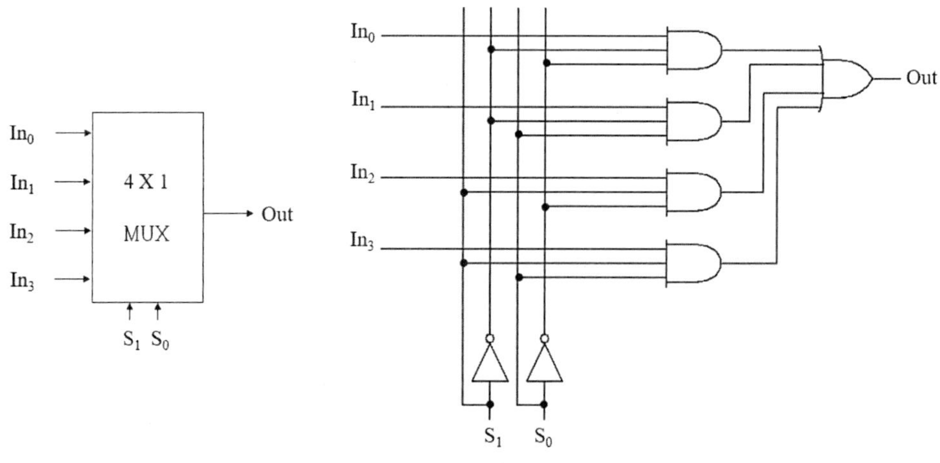

(a) 4×1 멀티플렉서 심볼 (b) 4×1 멀티플렉서 논리 회로도

[그림 5.37] 4×1 멀티플렉서 심볼과 논리 회로도

논리 게이트의 구성은 3-입력 AND 게이트와 4-입력 OR 게이트로 구성된다. In_0는 S_1S_0의 값이 00일 때 출력되므로, $\overline{S_1}$와 $\overline{S_0}$의 입력과 In_0 값이 첫 번째 AND 게이트로 입력되도록 구성한다. In_1은 S_1S_0의 값이 01일 때 출력되므로, $\overline{S_1}$와 S_0의 입력과 In_1 값이 두 번째 AND 게이트로 입력되도록 구성한다. In_2는 S_1S_0의 값이 10일 때 출력되므로, S_1와 $\overline{S_0}$의 입력과 In_2 값이 세 번째 AND 게이트로 입력되도록 구성한다. In_3는 S_1S_0의 값이 11일 때 출력되므로, S_1과 S_0의 입력과 In_3 값이 네 번째 AND 게이트로 입력되도록 구성한다. 선택선 S_1S_0 값에 따라서, 4개의 입력 중 한 개의 입력이 출력에 바로 연결된다.

5.2.3 8×1 멀티플렉서

8개의 입력에 대해서 선택 입력 3개의 값에 따라서, 8개 입력 중 한 개가 1개의 출력으로 연결되는 조합회로이다. 표 5.10은 진리표이고, 그림 5.38은 8×1 멀티플렉서의 심볼과 논리 회로도를 나타낸다.

[표 5.10] 8×1 멀티플렉서 진리표

$S_2S_1S_0$	Out
000	In_0
001	In_1
010	In_2
011	In_3
100	In_4
101	In_5
110	In_6
111	In_7

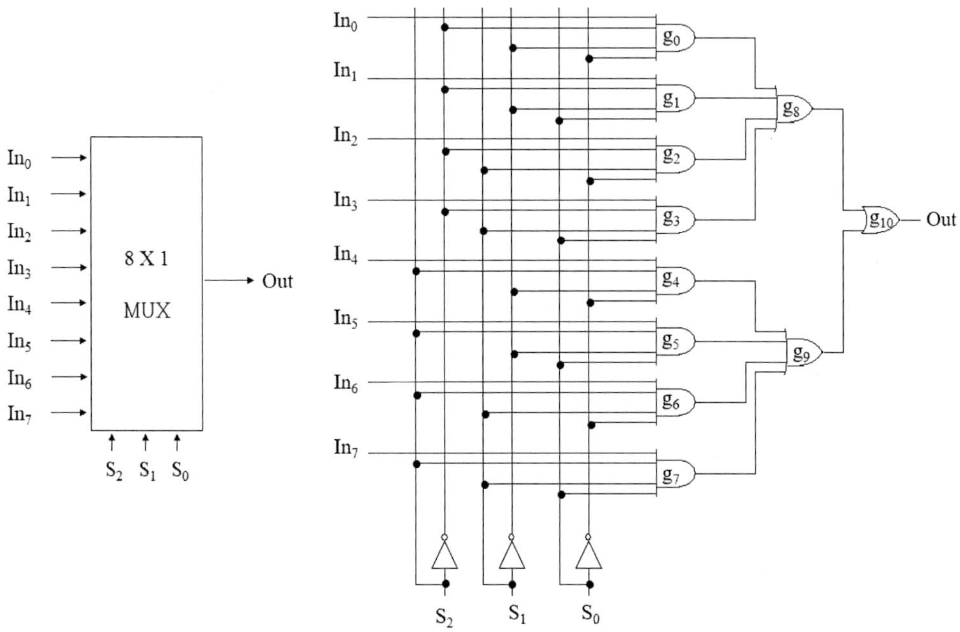

[그림 5.38] 8×1 멀티플렉서 심볼과 논리 회로도

논리 게이트의 구성은 4-입력 AND 게이트 8개와 4-입력 OR 게이트 2개와 2개 입력 OR게이트 1개로 구성된다. In_0는 $S_2S_1S_0$의 값이 000일 때 출력되므로, $\overline{S_2}\,\overline{S_1}\,\overline{S_0}$의 입력과 In_0 값이 g_0 AND 게이트로 입력되도록 구성한다. In_1은 $S_2S_1S_0$의 값이 001일 때 출력되므로, $\overline{S_2}\,\overline{S_1}S_0$의 입력과 In_1 값이 g_1 AND 게이트로 입력되도록 구성한다. In_2는 $S_2S_1S_0$의 값이 010일 때 출력되므로, $\overline{S_2}S_1\overline{S_0}$의 입력과 In_2 값이 g_2 AND 게이트로 입력되도록 구성한다. In_3는 $S_2S_1S_0$의 값이 011일 때 출력되므로, $\overline{S_2}S_1S_0$의 입력과 In_3 값이 g_3 AND 게이트로 입력되도록 구성한다. 각각의 AND 게이트 출력은 4개가 최대 입력 개수인 OR 게이트 g_8으로 입력된다. 마찬가지로 In_4는 $S_2S_1S_0$의 값이 100일 때 출력되므로, $S_2\overline{S_1}\,\overline{S_0}$의 입력과 In_4 값이 g_4 AND 게이트로 입력되도록 구성한다. In_5는 $S_2S_1S_0$의 값이 101일 때 출력되므로, $S_2\overline{S_1}S_0$의 입력과 In_5 값이 g_5 AND 게이트로 입력되도록 구성한다. In_6는 $S_2S_1S_0$의 값이 110일 때 출력되므로, $S_2S_1\overline{S_0}$의 입력과 In_6 값이 g_6 AND 게이트로 입력되도록 구성한다. In_7은 $S_2S_1S_0$의 값이 111일 때 출력되므로, $S_2S_1S_0$의 입력과 In_7 값이 g_7 AND 게이트로 입력되도록 구성한다. 각각의 AND 게이트 출력은 4개가 최대 입력 개수인 OR 게이트 g_9으로 입력된다. 최종적으로 4-입력 OR 게이트 g_8과 g_9을 g_{10} OR 게이트를 통해서 출력 Out으로 연결된다.

멀티플렉서는 향후 디지털 시스템과 디지털 통신의 다양한 부분에서 활용되는 조합 회로이므로, 기능과 논리회로도에 대한 이해가 필요하다.

5.3 디멀티플렉서 회로(Demultiplexer)

디멀티플렉서 회로는 멀티플렉서 회로와 반대 기능을 수행한다. 한 개의 입력이 선택 입력에 따라서 여러 개의 출력 중 하나로 연결된다. 예를 들어서, 중앙의 방송 내용이 여러 아파트 동으로 연결되고, 필요에 따라서 정해진 동에만 연결하여 방송하는 경우 디멀티 플렉서를 사용하게 된다.

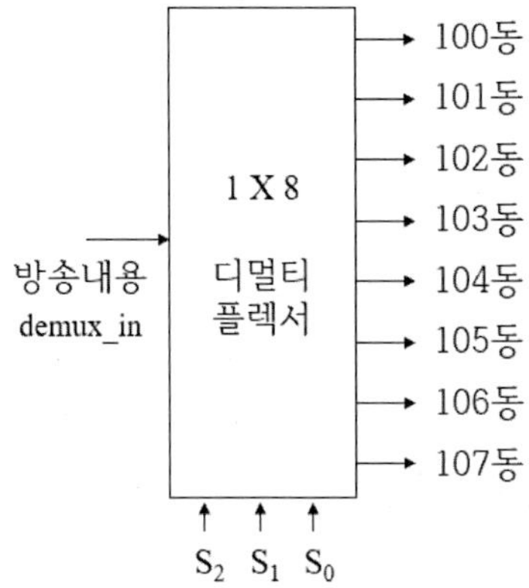

[그림 5.39] 디멀티플렉서 회로 활용

그림 5.39에서 디멀티플렉서는 멀티플렉서와 비슷한 구조를 가지지만 반대로 동작한다. 3개의 선택 입력 값 S_2, S_1, S_0 값에 따라서 하나의 입력이 8개의 서로 다른 출력 중 하나에 연결시키는 조합회로이다. 1개 의 입력 값은 선택 선 값에 따라서 여러 개의 출력 중 하나에 그대로 연결된다. $S_2S_1S_0$의 값이 000이면 입력[방송내용]은 100동으로 연결되고, $S_2S_1S_0$의 값이 001이면 101동으로, $S_2S_1S_0$의 값이 111이면 107동으로 연결되어 출력된다. 디멀티플렉서는 선택 입력 값에 따라서 1개의 입력이 여러 개의 출력 중 하나로 그대로 출력하는 조합회로이다. 그림 5.40처럼 입력의 개수가 1개이고, 선택 입력 개수는 n이고 출력의 개수가 2^n인 형태를 1×2^n 디멀티플렉서(Demultiplexer)라고 한다. 그림 5.39 활용 예는 1개의 입력, 선택 입력은 3개, 출력은 8개이므로 1×8 디멀티플렉서라고 부른다. 디멀티플렉서를 줄여서 디먹스(DEMUX) 라고도 한다.

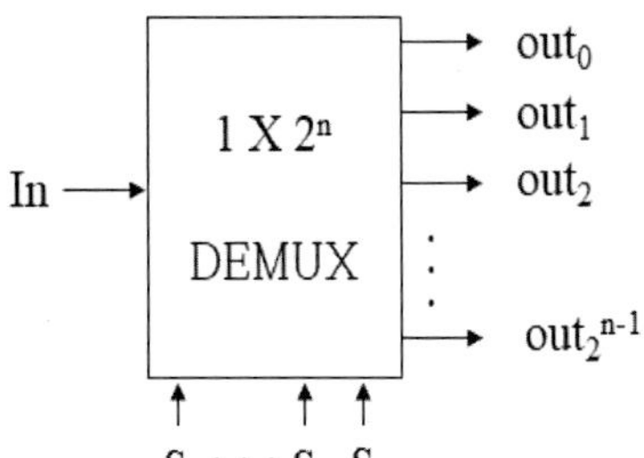

[그림 5.40] 1×2^n 디멀티플렉서 심볼

5.3.1 1×2 디멀티플렉서

1개의 입력이 선택 입력 1개의 값에 따라서, 2개 출력 중 하나로 연결되는 조합 회로이다.

[표 5.11] 1×2 디멀티플렉서 진리표

S	out_0	out_1
0	in	0
1	0	in

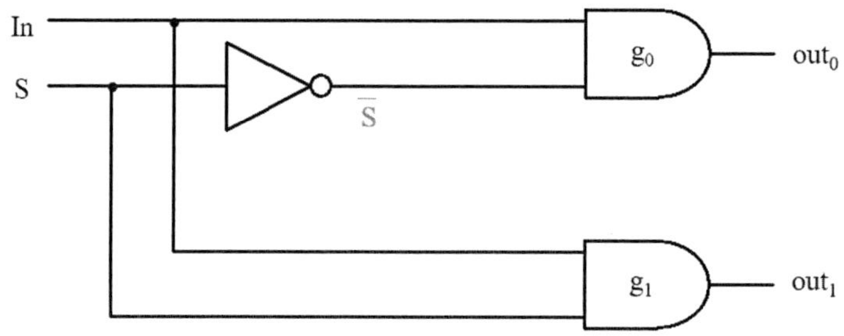

[그림 5.41] 1×2 디멀티플렉서 논리 회로도

S = 0이면, $\overline{S}$와 연결된 g_0 AND 게이트를 통하여, out_0로 in이 출력된다. S = 0이므로, g_1 AND 게이트 출력은 in 값에 상관없이 항상 0이므로 이때 out_1은 0이 출력된다. S = 1이면, S와 연결된 g_1 AND 게이트를 통하여, out_1으로 in이 출력된다.

5.3.2 1×4 디멀티플렉서

1개의 입력이 선택 입력 2개의 값에 따라서, 4개 출력 중 하나로 연결되는 조합 회로이다.

[표 5.12] 1×4 디멀티플렉서 진리표

S_1S_0	out_0	out_1	out_2	out_3
00	in	0	0	0
01	0	in	0	0
10	0	0	in	0
11	0	0	0	in

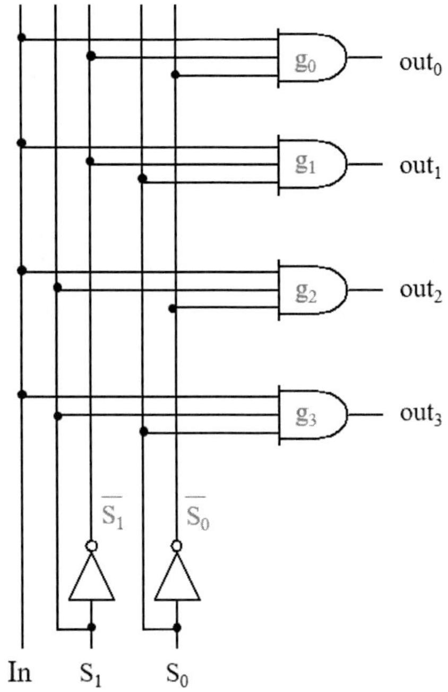

[그림 5.42] 1×4 디멀티플렉서 논리 회로도

$S_1S_0=00$이면, $\overline{S_1}=1$, $\overline{S_0}=1$이므로, g_0 AND 게이트의 출력 out_0는 in 값이 그대로 출력된다. g_1, g_2, g_3 AND 게이트는 0의 값이 적어도 하나 존재하므로 모두 0이 되어서, $out_1=out_2=out_3=0$의 값이 출력된다. $S_1S_0=01$이면, $\overline{S_1}=1$, $S_0=1$이므로, g_1 AND 게이트의 출력 out_1은 in 값이 그대로 출력된다. g_0, g_2, g_3 AND 게이트는 적어도 하나가 0의 입력이 존재하므로, $out_0=out_2=out_3=0$의 값이 출력된다. $S_1S_0=10$이면, $S_1=1$, $\overline{S_0}=1$이므로 g_2 AND 게이트의 출력 out_2는 in 값이 그대로 출력된다. g_0, g_1, g_3 AND 게이트는 적어도 하나가 0의 입력 값이 존재하므로, $out_0=out_1=out_3=0$의 값이 출력된다. $S_1S_0=11$이면, $S_1=1$, $S_0=1$이므로, g_3 AND 게이트의 출력 out_3는 in 값이 그대로 출력된다. g_0, g_1, g_2 AND 게이트는 적어도 하나가 0의 입력 값이 존재하므로, $out_0=out_1=out_2=0$의 값이 출력된다.

5.3.3 1×8 디멀티플렉서

1개의 입력이 선택 입력 3개에 따라서, 8개 출력중 하나로 연결되는 조합회로이다.

[표 5.13] 1×8 디멀티플렉서 진리표

S_2 S_1 S_0	out_0	out_1	out_2	out_3	out_4	out_5	out_6	out_7
0 0 0	in	0	0	0	0	0	0	0
0 0 1	0	in	0	0	0	0	0	0
0 1 0	0	0	in	0	0	0	0	0
0 1 1	0	0	0	in	0	0	0	0
1 0 0	0	0	0	0	in	0	0	0
1 0 1	0	0	0	0	0	in	0	0
1 1 0	0	0	0	0	0	0	in	0
1 1 1	0	0	0	0	0	0	0	in

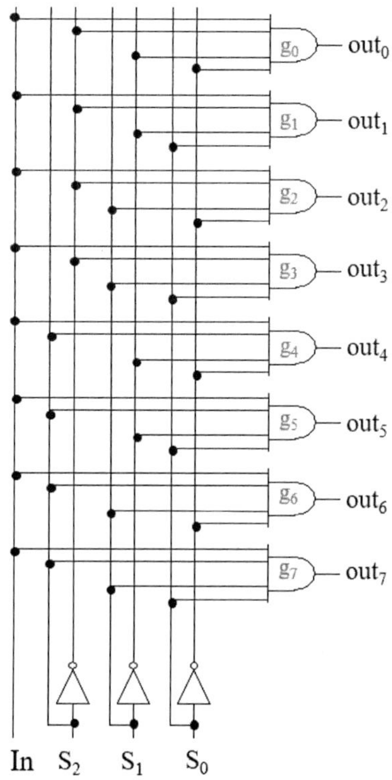

[그림 5.43] 1×8 디멀티플렉서 논리 회로도

$S_2S_1S_0 = 000$이면, $\overline{S_2}$, $\overline{S_1}$, $\overline{S_0}$는 1이므로, g_0 AND 게이트의 출력 out_0은 in 값이 그대로 출력된다. 다른 g_1, g_2, g_3, g_4, g_5, g_6, g_7 AND 게이트는 적어도 하나의 입력이 0이 되므로, $out_1 = out_2 = out_3 = out_4 = out_5 = out_6 = out_7 = 0$의 값이 출력된다. out_1에서 out_7까지 같은 방식으로 S_2, S_1, S_0값에 따라서 하나의 AND 게이트만 in 값이 활성화되어서 정해진 출력 값으로 입력이 8개 중 하나의 선택된 출력으로 그대로 출력된다.

5.4 디코더 회로(Decoder)

n개의 입력에 대해서, 서로 다른 2^n개 출력 중 한 개만 활성화시키는 조합논리회로이다. 사용 용도는 메모리 소자의 메모리 셀을 선택하는 주소(address) 디코더에 주로 사용된다. 메모리(SRAM. DRAM, ROM, Flash Memory) 중에서 32비트의 데이터를 1024개 저장하고 있다고 가정하자. 각각의 1024개 데이터를 읽거나 쓰려면, 선택하려는 데이터의 주소(address 어드레스)를 알아야 한다. 각각의 서로 다른 주소 1024개를 각각 핀으로 사용하려면, 주소(어드레스)의 개수가 너무 많아서 구현이 불가능하다. 디코더 중에서 이 경우 주소 디코더(address decoder)를 사용하게 되는데, 입력의 개수는 10개이고 $2^{10} = 1024$개 중 하나만 활성화되는 10×1024 디코더를 사용하면 된다. 이 경우에 외부 입력은 10개로 이진수에서 10비트가 나타낼 수 있는 경우가 $2^{10} = 1024$개로 구현이 가능하다.

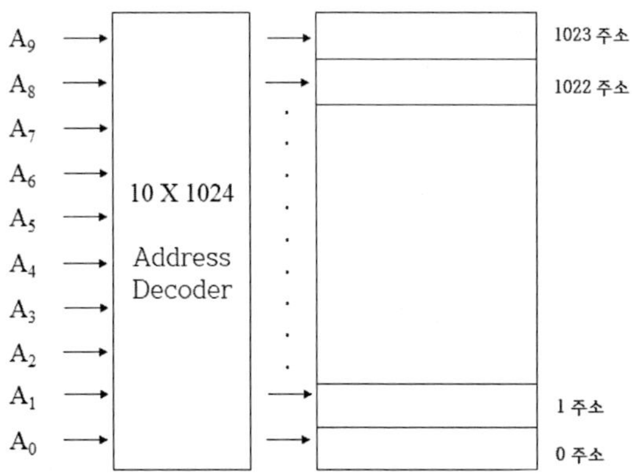

[그림 5.44] 메모리에서 주소(어드레스) 디코더 활용 예

그림 5.44에서 A[9:0] = 0000000011이면 주소 3이 선택되고, 나머지 주소들은 0의 값으로 선택이 되지 않는다. 만약 127번지(어드레스)에 저장된 데이터를 읽으려면, A[9:0] = 0001111111(= 127) 값을 입력하면 127번지만 선택하게 된다. 디코더는 어드레스 디코더뿐만 아니라 용도에 따라서 압축된 영상을 풀어주어서 원래 영상을 재생하는 MPEG 디코더, 압축된 음성을 풀어주는 MP3 디코더, 오류 위치와 오류 값을 정정하는 Reed-Solomon 디코더 등 다양한 디코더가 존재한다. 이러한 디코더는 여기서 설명하는 디코더 회로는 복호기라는 용어로 사용되며 이번 절에서 설명하는 회로와는 다른 점을 주지해야 한다.

5.4.1 2×4 디코더

2×4 디코더는 2개의 입력과 4개의 출력으로 구성되고, 입력 값에 따라서 4개의 출력 중 하나가 선택된다. 입력 2개가 00이면, out_0가 1이고, 01이면 out_1, 10이면 out_2, 11이면 out_3가 선택된다.

[표 5.14] 2×4 디코더 진리표

In_1	In_0	out_3	out_2	out_1	out_0
0	0	0	0	0	1
0	0	0	0	1	0
0	0	0	1	0	0
0	0	1	0	0	0

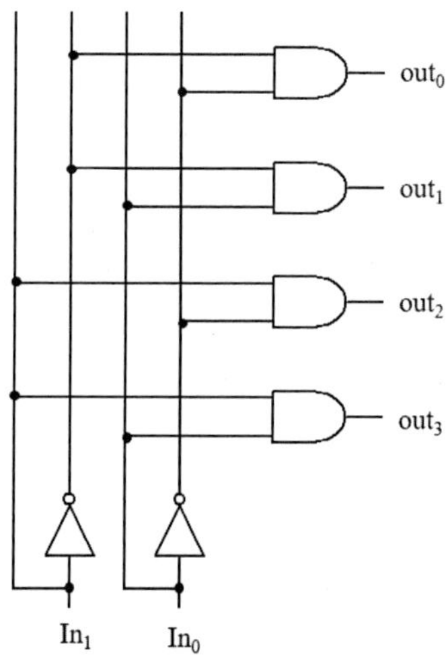

[그림 5.45] 2×4 디코더 논리 회로도

실제 디코더 회로에서는 인에이블(Enable) 신호가 존재하는 경우도 있다. 인에이블 신호가 0이면 다른 2 입력 값에 상관 없이 4개의 출력 값은 모두 0이 되어서 선택되는 출력이 없다. 인에이블 신호가 1이면, 이전 2×4 디코더의 정상적인 동작을 수행한다.

[표 5.15] 인에이블이 있는 2×4 디코더 진리표

En	In_1	In_0	out_3	out_2	out_1	out_0
0	X	X	0	0	0	0
1	0	0	0	0	0	1
1	0	1	0	0	1	0
1	1	0	0	1	0	0
1	1	1	1	0	0	0

[x는 0 또는 1을 나타냄 (don't care)]

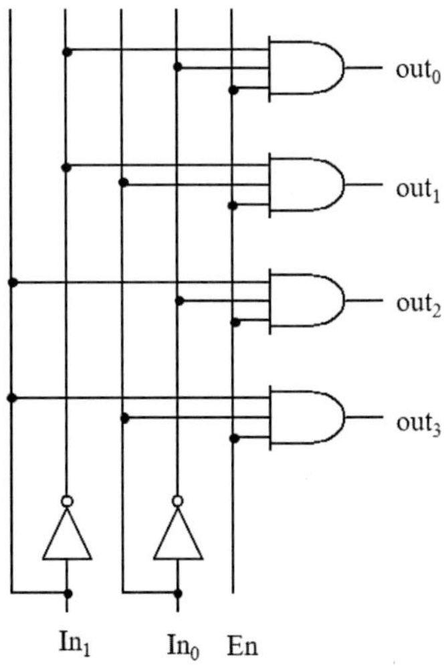

[그림 5.46] 인에이블이 존재하는 2×4 디코더 논리 회로도

5.4.2 3×8 디코더

입력이 3개이고 출력은 $2^3 = 8$개다. 입력 3개의 값에 따라서, 0에서 7까지 입력 값에 따라서 출력이 차례로 한 개가 선택된다. 입력 3개의 값이 만약에 011이면 십진수 3이므로 0에서 7까지의 출력 중 3에 해당하는 출력 값이 1이 되고 나머지는 0이 된다.

[표 5.16] 3×8 디코더 진리표

In_2	In_1	In_0	out_7	out_6	out_5	out_4	out_3	out_2	out_1	out_0
0	0	0	0	0	0	0	0	0	0	1
0	0	1	0	0	0	0	0	0	1	0
0	1	0	0	0	0	0	0	1	0	0
0	1	1	0	0	0	0	1	0	0	0
1	0	0	0	0	0	1	0	0	0	0
1	0	1	0	0	1	0	0	0	0	0
1	1	0	0	1	0	0	0	0	0	0
1	1	1	1	0	0	0	0	0	0	0

논리 회로도는 각각의 입력 값이 0인지 1인지에 따라서, 입력 자체와 입력의 반대 값인 NOT 게이트 출력이 연결된다. 예를 들어서, 출력 out_0 값이 1 이 되기 위해서는 3개의 입력 $In_2In_1In_0$ 값이 000 일 때이므로, NOT 게이트 출력 3개가 출력 out_0를 생성하는 3 입력 AND 게이트에 입력된다. 출력 out_7 값이 1이 되기 위해서는 원래 입력 3개가 출력 out_7을 생성하는 3입력 AND 게이트에 입력된다.

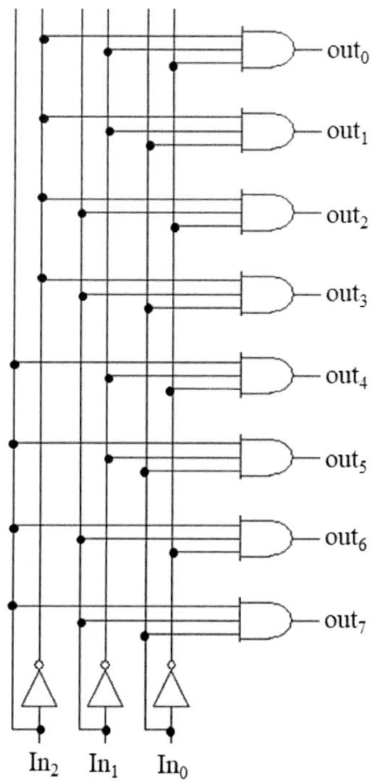

[그림 5.47] 3×8 디코더 논리 회로도

5.4.3 4×16 디코더

AND 게이트는 최대 입력이 4개이므로, 4×16 디코더까지는 기존 방식대로 구현이 가능하다. 입력 4개에 대해서 출력 16개 중 하나만 선택된다. 만약 입력 4비트가 1001이면 9에 해당하는 출력이 1로 선택된다.

[표 5.17] 4×16 디코더 진리표

In_3	In_2	In_1	In_0	out_{15}	out_{14}	out_{13}	out_{12}	out_{11}	out_{10}	out_9	out_8	out_7	out_6	out_5	out_4	out_3	out_2	out_1	out_0
0	0	0	0	0	0	0	0	0	0	0	0	0	0	0	0	0	0	0	1
0	0	0	1	0	0	0	0	0	0	0	0	0	0	0	0	0	0	1	0
0	0	1	0	0	0	0	0	0	0	0	0	0	0	0	0	0	1	0	0
0	0	1	1	0	0	0	0	0	0	0	0	0	0	0	0	1	0	0	0
0	1	0	0	0	0	0	0	0	0	0	0	0	0	0	1	0	0	0	0
0	1	0	1	0	0	0	0	0	0	0	0	0	0	1	0	0	0	0	0
0	1	1	0	0	0	0	0	0	0	0	0	0	1	0	0	0	0	0	0
0	1	1	1	0	0	0	0	0	0	0	0	1	0	0	0	0	0	0	0
1	0	0	0	0	0	0	0	0	0	0	1	0	0	0	0	0	0	0	0
1	0	0	1	0	0	0	0	0	0	1	0	0	0	0	0	0	0	0	0
1	0	1	0	0	0	0	0	0	1	0	0	0	0	0	0	0	0	0	0
1	0	1	1	0	0	0	0	1	0	0	0	0	0	0	0	0	0	0	0
1	1	0	0	0	0	0	1	0	0	0	0	0	0	0	0	0	0	0	0
1	1	0	1	0	0	1	0	0	0	0	0	0	0	0	0	0	0	0	0
1	1	1	0	0	1	0	0	0	0	0	0	0	0	0	0	0	0	0	0
1	1	1	1	1	0	0	0	0	0	0	0	0	0	0	0	0	0	0	0

논리 회로도는 각각의 입력 값이 0인지 1인지에 따라서, 입력 자체와 입력의 반대 값인 NOT 게이트 출력이 4입력 AND 게이트로 연결된다. 예를 들어서, 출력 out_0 값이 1 이 되기 위해서는 4개의 입력 $In_3In_2In_1In_0$ 값이 0000 일 때이므로, NOT 게이트 출력 4개가 출력 out_0를 생성하는 4입력 AND 게이트에 연결된다. 출력 out_7 값이 1이 되기 위해서는 4개의 입력 $In_3In_2In_1In_0$ 값이 0111 일 때이므로, In_3 의 NOT 출력값과 $In_2In_1In_0$ 값이 4개의 입력 AND 게이트에 연결된다. 출력 out_{15} 값이 1 이 되기 위해서는 4개의 입력 $In_3In_2In_1In_0$ 값이 1111 일 때이므로, $In_3In_2In_1In_0$ 값이 4개의 입력 AND 게이트에 연결된다.

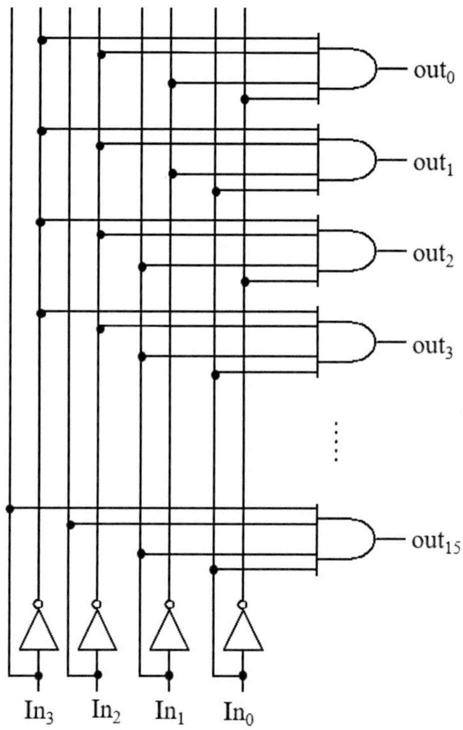

[그림 5.48] 4×16 디코더 논리회로도

예제 16단어×16비트 SRAM이 있다 16개의 어드레스를 가지고, 1개의 워드는 16비트로 구성된다. 입력 A_3, A_2, A_1, A_0에 대해서 dec_{0-15}까지 디코딩 하는 4×16 어드레스를 구성하여라.

풀이 ▸▸

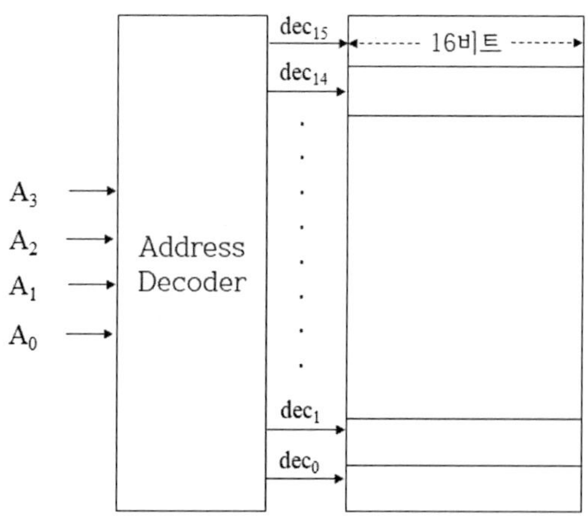

[그림 5.49] 4×16 주소(어드레스) 디코더와 메모리 구조

만약에 dec_{11} 주소 값을 지니는 메모리 위치에 16비트 데이터를 쓰거나 읽기 위해서는 $A_3A_2A_1A_0 = 1011$값을 입력한다. 1011_2은 11이므로 dec_0에서 dec_{15} 사이에 dec_{11}만 1이 되고 나머지는 선택되지 않는다. 메모리 셀의 크기가 커질수록, 주소의 개수는 늘어나고 그에 따라서 디코더의 입력은 2^n 차이로 늘어난다. 실제 모든 메모리 구조에서는 어드레스 디코더가 존재한다. 메모리 셀의 주소 값이 2048개이면, 11개의 어드레스 주소 값이 필요하다.

5.4.4 BCD-7-세그먼트(segment) 디코더

이전 절에서는 주로 메모리에 사용하는 주소(어드레스) 디코더에 대한 회로를 설명하였다. 디지털 공학 실험에서 실제 눈으로 보면서 회로의 동작을 확인할 수 있는 소자 중에서 세븐세그먼트(7-segment) 소자가 있다. 디지털 시계, 전자계산기, 스마트 폰이나 디지털 제품에서 0에서 9를 표시하는 디스플레이 부품 중 하나이다. 붉은 색 LED(Lighting Emitting Diode) 7개를 활용하여 0에서 9까지 원하는 숫자를 표시할 수 있다.

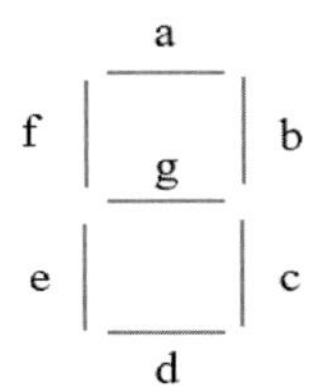

[그림 5.50] 7-segment 소자

붉은 색 LED 7개 중에서 만약 3을 나타내고 싶으면, a, b, g, c, d에 해당하는 붉은 색 다이오드를 키게 되면 인간에게는 3을 볼 수 있다. 7-세그먼트 소자는 음극공통(Cathode Common)과 양극공통(Anode Common)이 있다.

(a) 캐소드 공통(-)　　(b) 애노드 공통(+)

[그림 5.51] 7세그먼트 유형

그림 5.51에서 음극 공통 7-세그먼트를 사용하게 되면, a, b 값이 1이 되면 LED에 불이 들어오게 된다. 양극 공통 7-세그먼트를 사용하게 되면, a, b는 값이 0이 되면 LED에 불이 들어오게 된다. a, b가 1인 경우 하이에서 활성화(active_high)라고 하고, a, b가 0인 경우 로우에서 활성화(active_low)라고 한다. 현재까지는 출력이 1일 때 동작하는 하이에서 활성화에 익숙해져 있지만, 때에 따라서는 출력이 0일 때 동작하는 로우에서 활성화 회로도 존재한다. BCD(Binary Coded Decimal)는 4비트로, 십진수 0에서 9를 표현하는 코드이다. BCD-7-세그먼트 디코더는 4비트로 십진수 0에서 9의 값을 입력으로 받아서, 1개의 7 세그먼트 소자에 10진수 숫자를 나타낼 수 있도록 7-세그먼트의 a에서 g까지의 LED를 켤 수 있도록 출력 값을 내보낸다. 표 5.18은 4비트의 BCD 코드 입력 값에 따라서 7 세그먼트의 7개 LED a~g 사이의 LED를 켜는 값을 출력으로 나타낸다. $b_3b_2b_1b_0$은 0~9까지 표현 가능하고 10(1010)~15(1111) 영역은 사용하지 않는 영역이다. 따라서 10~15까지는 Don't care(X)로 처리한다.

[표 5.18] BCD-to-7-segment 디코더 진리표

b_3	b_2	b_1	b_0	a	b	c	d	e	f	g
0	0	0	0	1	1	1	1	1	1	0
0	0	0	1	0	1	1	0	0	0	0
0	0	1	0	1	1	0	1	1	0	1
0	0	1	1	1	1	1	1	0	0	1
0	1	0	0	0	1	1	0	0	1	1
0	1	0	1	1	0	1	1	0	1	1
0	1	1	0	0	0	1	1	1	1	1
0	1	1	1	1	1	1	0	0	0	0
1	0	0	0	1	1	1	1	1	1	1
1	0	0	1	1	1	1	0	0	1	1
1	0	1	0	X	X	X	X	X	X	X
	⋮						⋮			
1	1	1	1	X	X	X	X	X	X	X

예를 들어 출력 a 에 대한 출력 식을 구하고자 한다면 아래와 같이 카르노 맵을 이용해서 논리식을 구할 수 있다.

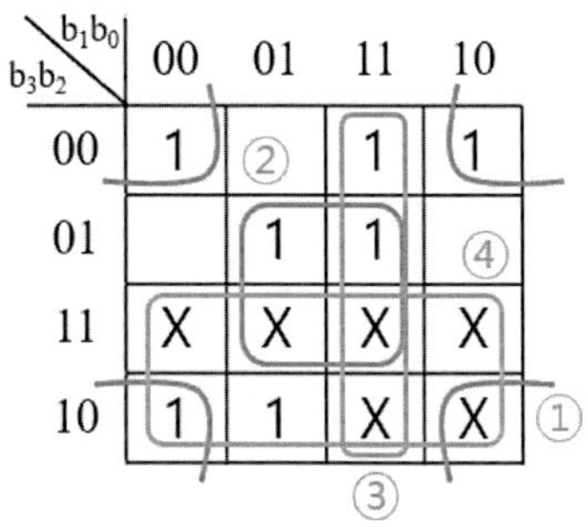

카르노 맵의 결과는 모두 4개의 묶음으로 구성할 수 있다.

① $\overline{b_2}\,\overline{b_0}$

② $b_2 b_0$

③ $b_1 b_0$

④ b_3

출력식 $a = \overline{b_2}\,\overline{b_0} + b_2 b_0 + b_1 b_0 + b_3 = \overline{b_2 \oplus b_0} + b_1 b_0 + b_3$

와 같이 간략화 할 수 있다.

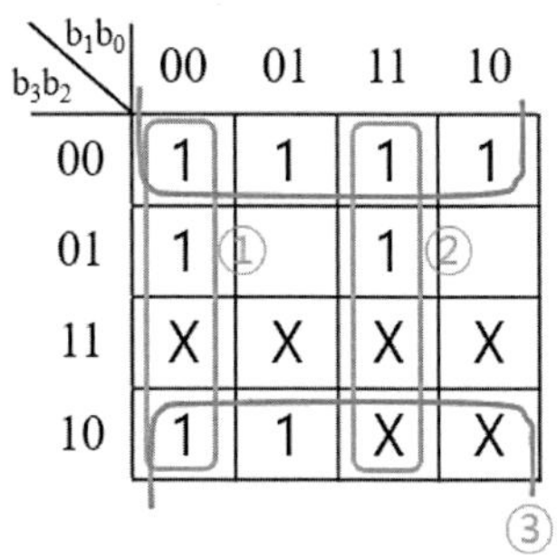

출력식 b에 대한 카르노 맵의 결과는 모두 3개의 묶음으로 구성할 수 있다.

① $\overline{b_1}\,\overline{b_0}$

② $b_1 b_0$

③ $\overline{b_2}$

출력식 $b = \overline{b_1}\,\overline{b_0} + b_1 b_0 + \overline{b_2} = \overline{b_1 \oplus b_0} + \overline{b_2}$ 와 같이 간략화 할 수 있다.

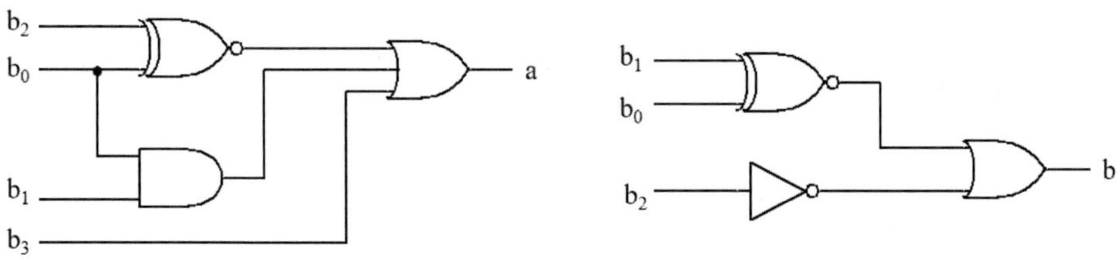

(a) 출력식 a에 대한 논리 회로도 (b) 출력식 b에 대한 논리 회로도

[그림 5.52] BCD-to-7segment 디코더 논리 회로도일부

5.5 인코더(Encoder)

인코더는 디코더와 반대 기능을 수행하는 조합 논리 회로이다. 입력의 개수가 2^n이고, 출력의 개수는 n이다. 입력 2^n개 중 하나가 활성화 되면, 그 값에 해당하는 n비트 2진 정보를 출력한다. 키보드와 같이 10진수를 2진수로 변환하는 응용에 적합하다. 영상이나 음성을 압축하는 MPEG2 인코더, MP3인코더는 복호기(encoder) 용어를 사용하며, 이번 절의 인코더보다 복잡한 구조를 지닌다.

5.5.1 4×2 인코더

4×2 인코더는 4개의 입력과 2개의 출력으로 구성되고, 4개의 입력 중 하나가 1이면, 그에 해당하는 2진 값이 출력된다. 4개의 입력 In_3, In_2, In_1, In_0에서 $In_3 = 1$이고, 나머지가 0이 입력되면 십진수 3에 해당하는 2진수 11이 출력된다.

[표 5.19] 4×2 인코더 진리표

In_3	In_2	In_1	In_0	out_1	out_0
0	0	0	1	0	0
0	0	1	0	0	1
0	1	0	0	1	0
1	0	0	0	1	1

In_3에서 In_0까지 4가지 입력이 가질 수 있는 경우의 수는 $2^4 = 16$이지만, 인코더에서는 4가지 입력 중 하나만 1이 되고 나머지는 0이 되는 입력만 허용된다. 그림 5.53은 4×2 인코더 논리 회로도를 나타낸다.

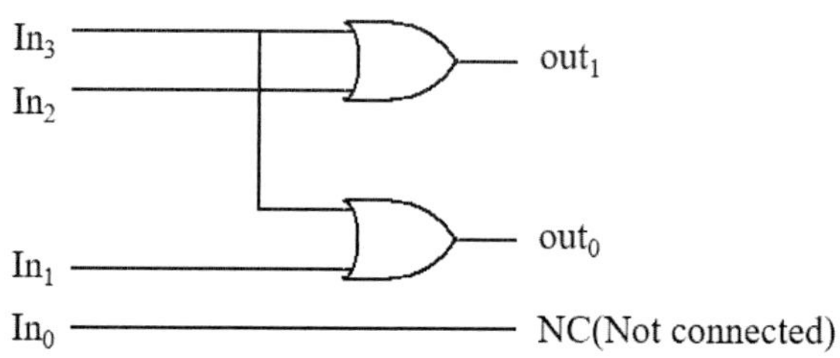

[그림 5.53] 4×2 인코더 논리 회로도

5.5.2 8×3 인코더

8×3 인코더는 8개의 입력과 3개의 출력으로 구성되고, 8개의 입력 중 하나가 1이면, 그에 따르는 2진 값이 출력된다. 8개의 입력 $In_7 \sim In_0$에서 $In_6 = 1$이고, 나머지 입력이 0이면 출력은 십진수 6에 해당하는 2진 수 110이 출력된다.

[표 5.20] 8×3 인코더 진리표

In_7	In_6	In_5	In_4	In_3	In_2	In_1	In_0	out_2	out_1	out_0
0	0	0	0	0	0	0	1	0	0	0
0	0	0	0	0	0	1	0	0	0	1
0	0	0	0	0	1	0	0	0	1	0
0	0	0	0	1	0	0	0	0	1	1
0	0	0	1	0	0	0	0	1	0	0
0	0	1	0	0	0	0	0	1	0	1
0	1	0	0	0	0	0	0	1	1	0
1	0	0	0	0	0	0	0	1	1	1

진리표에서 각각의 출력에 대한 입력 관계식에 의하여 논리회로도는 그림 5.54와 같다.

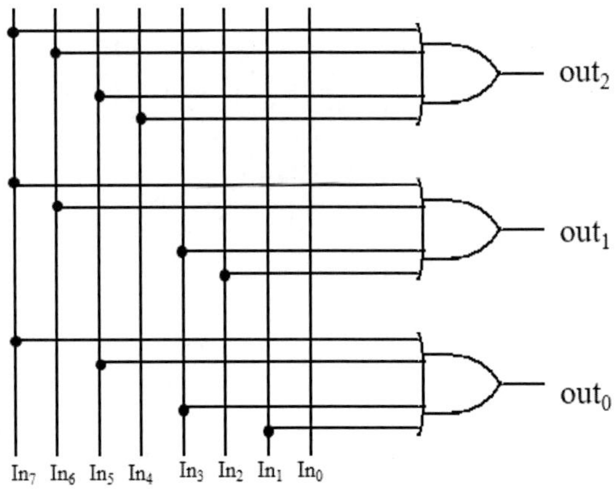

[그림 5.54] 8×3 인코더 논리 회로도

5.5.3 8×3 우선순위 인코더(Priority Encoder)

8×3 인코더에서 입력이 단지 1개만 1이 되는 경우인데, 입력 중에서 2개 이상이 1인 경우에는 입력 중에서 높은 입력의 값에 해당하는 2진 비트가 출력하는 인코더를 8×3 우선순위 인코더라고 한다. 진리표에 나타난 것처럼, 만약 $In_7 = 0$, $In_5 = 0$, $In_4 = 1$이고, $In_3 = In_2 = In_1 = In_0 = 1$이면 입력 값에서 1인 입력 중 가장 큰 입력에 해당하는 In_4에 해당하는 2진 비트 100이 출력된다.(진리표 5번째 칸)

[표 5.21] 8×3 우선순위 인코더 진리표

In_7	In_6	In_5	In_4	In_3	In_2	In_1	In_0	**out_2**	**out_1**	**out_0**
0	0	0	0	0	0	0	1	0	0	0
0	0	0	0	0	0	1	X	0	0	1
0	0	0	0	0	1	X	X	0	1	0
0	0	0	0	1	X	X	X	0	1	1
0	0	0	1	X	X	X	X	1	0	0
0	0	1	X	X	X	X	X	1	0	1
0	1	X	X	X	X	X	X	1	1	0
1	X	X	X	X	X	X	X	1	1	1

진리표에서 논리식을 구하면 다음과 같다.

$$out_2 = In_7 + \overline{In_7} \cdot In_6 + \overline{In_7} \cdot \overline{In_6} \cdot In_5 + \overline{In_7} \cdot \overline{In_6} \cdot \overline{In_5} \cdot In_4$$

$$out_1 = In_7 + \overline{In_7} \cdot In_6 + \overline{In_7} \cdot \overline{In_6} \cdot \overline{In_5} \cdot \overline{In_4} \cdot In_3 + \overline{In_7} \cdot \overline{In_6} \cdot \overline{In_5} \cdot \overline{In_4} \cdot \overline{In_3} \cdot In_2$$

$$out_0 = In_7 + \overline{In_7} \cdot \overline{In_6} \cdot In_5 + \overline{In_7} \cdot \overline{In_6} \cdot \overline{In_5} \cdot \overline{In_4} \cdot In_3 + \overline{In_7} \cdot \overline{In_6} \cdot \overline{In_5} \cdot \overline{In_4} \cdot \overline{In_3} \cdot \overline{In_2} \cdot In_1$$

$In_7 + \overline{In_7} \cdot In_6 = In_7 + In_6$ 이므로, $out_2 = In_7 + In_6 + In_5 + In_4$ 이다. 같은 방식으로 out_1 과 out_0 를 간소화하면 다음과 같다.

$$out_2 = In_7 + In_6 + In_5 + In_4$$

$$out_1 = In_7 + In_6 + \overline{In_5} \cdot \overline{In_4} \cdot In_3 + \overline{In_5} \cdot \overline{In_4} \cdot In_2$$

$out_0 = In_7 + \overline{In_6} \cdot In_5 + \overline{In_6} \cdot \overline{In_4} \cdot In_3 + \overline{In_6} \cdot \overline{In_4} \cdot \overline{In_2} \cdot In_1$ 이고 논리회로는 그림 5.55 와 같다.

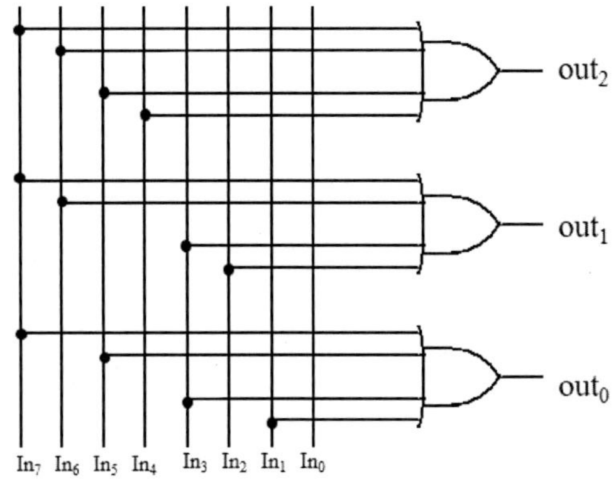

[그림 5.55] 8×3 우선순위 인코더 논리 회로도

5장 연습문제

5.1 다음과 같은 십진수 덧셈(가산) 연산을 수행하는 8비트 병렬 가산기 논리 회로도를 그려라. 논리 회로도에서 십진수 값을 2의 보수 방식으로 변환하여 회로 상에서 출력 값을 구하여라.

① 63 + 27　　② -45 + (-23)

③ 101 + (-35)　　④ -111 + 59

5.2 다음과 같은 십진수 뺄셈(감산) 연산을 수행하는 8비트 병렬 감산기 논리 회로도를 그려라. 논리 회로도에서 십진수 값을 2의 보수 방식으로 변환하여 논리 회로도 상에서 출력하는 값을 구하여라.

① -23 - (-75)　　② 110 - (-5)

③ -105 - (-52)　　④ 113 − 93

5.3 다음과 같은 십진수 덧셈, 뺄셈 연산을 수행하는 8비트 병렬 가감산기 논리 회로도를 그려라. 제어신호 $\overline{add}/$ 값이 "0"이면 덧셈 연산을 $\overline{add}/$ 값이 "1"이면 뺄셈 연산을 실행한다. 논리 회로도에서 십진수 값을 2의 보수 방식으로 변환하여 회로 상에서 출력 값을 구하여라.

① 86 + 27　　② -105 + 97

③ -97 - (-68)　　④ -38 − 68

5.4 다음 8비트 값을 더할 때 오버플로우가 발생 여부를 적고, 오버플로우를 감지할 수 있는 회로를 그리고 설명하여라.

① 01000000 + 01100001

② 00100000 + 00111111

③ 01100000 + 01100000

5.5 4비트 양수 곱셈기의 순서흐름도(flow chart)를 그리고, M=0101(+5) Q=1011 (+11) 일 때 8비트 출력 P 값을 구하는 과정을 표로 그려라.

5.6 1024 워드(word) X 8 비트 메모리(Memory) 의 구조를 설명하고, 어드레스 디코더의 역할을 설명하여라.

5.7 BCD–to–seven segment converter(변환기)의 심볼 및 진리표를 그리고, 기능을 적어라.

5.8 8x1 Multiplexer(멀티플렉서) 회로를 설명하고, 논리 회로도를 그려라.

5.9 5x32 디코더 정의, 진리표, 논리식, 논리 회로를 그리고 설명하여라.

5.10 16x4 인코더 정의, 진리표, 논리식, 논리 회로를 그리고 설명하여라.

06

순차 회로 (Sequential logic circuit)

순차회로는 이전 조합회로보다는 복잡하다. 조합 회로는 현재 출력 값이 현재 입력 값에 의해서 결정된다. 순차 회로는 현재 출력 값이 현재 입력과 과거 출력 값에 의해서 결정된다. 현재 들어오는 입력 값뿐만 아니라 이전에 출력 값이 무엇인지도 알아야 현재 출력 값을 구할 수 있다. 순차 회로는 이전 값을 유지하는 즉, 기억 소자 기능을 수행한다. 쉬운 예를 들어보기로 하자. 자동차에 주인이 아니고 다른 사람이 손을 대거나 문을 열려고 시도할 때 알람을 울리는 경우이다. 이러한 도난 경보 시스템은 다음과 같은 구조로 되어 있다.

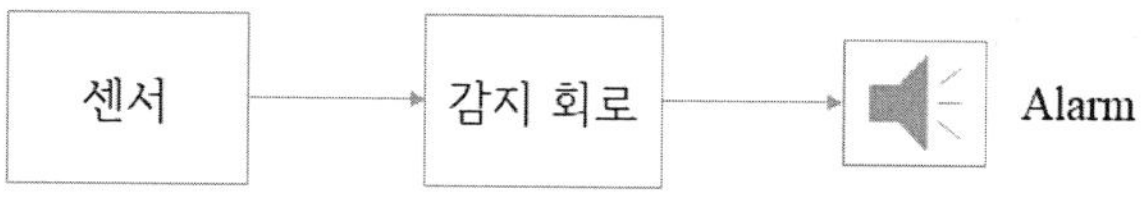

[그림 6.1] 도난 경보 시스템

만약에 순차 회로를 사용하지 않는 경우에는, 센서에서 외부 사람이 손을 대는 경우는 매우 짧은 시간이다. 따라서 손을 대는 경우에만 알람음이 발생하는 시간이 매우 짧게 된다.

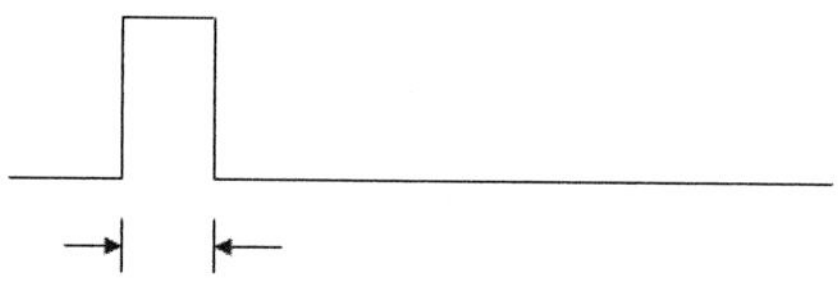

[그림 6.2] 차량에 손을 대는 순간 알람이 울리는 시간

이번 장에서 배우게 되는 순차 논리 회로를 사용해서 도난 경보 시스템을 다음 그림 6.3과 같이 설계한다. 감지 회로와 순차 회로 출력 값은 그림 6.3 아래 단에 나타난 도난 경보시스템 타이밍도와 같다. 순차 논리 회로는 조합회로와 달리 데이터의 이전 출력 값을 유지 즉 기억하는 기능을 지닌다. 디지털 데이터인 0과 1 비트 데이터 중 원하는 값을 쓸 수 있고, 그 값을 유지 저장할 수 있는 기억 소자의 기능을 수행한다. 그림 6.3의 상단의 블록도에서 순차 회로의 역할은 센서와 감지회로에서 외부 사람이 손을 댄 경우에 1의 값을 지니는 입력을 받아서 그값을 유지 저장하는데 활용된다.

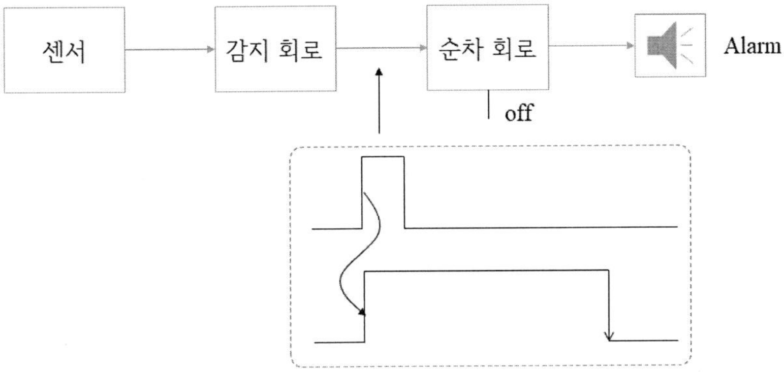

[그림 6.3] 순차 논리 회로를 이용한 도난 경보 시스템

순차 회로는 이전 감지 회로의 출력 값을 계속 유지하는 기능을 지닌다. 계속해서 알람 음이 울리고, 자동차 주인이 와서 해제 신호를 입력하면 알람 음이 종료된다. 순차 회로는 이전 출력 값을 유지하는 기능 즉 기억하는 기능을 지닌 디지털 시스템에서 중요한 회로이다. 순차회로는 조합회로처럼 기본 게이트를 이용해서 회로를 구성한다. 순차회로를 구성하는 기본회로는 래치, 게이티드 래치, 플립플롭이 있다. 이 장에서는 래치와 게이티드 래치, 그리고 사용 용도에 따라서 SR_플립플롭, D_플립플롭, T_플립플롭, JK_플립플롭에 대한 회로와 동작 원리를 알아본다. 먼저 가장 기본이 되는 래치(latch) 에 대해서 알아본다.

6.1 NOR를 게이트를 이용한 래치(Latch)

순차 회로의 가장 기본이 되는 회로는 래치이다. 래치 회로는 그림 6.4와 같이 기본 게이트인 NOR 게이트로 구성된다.

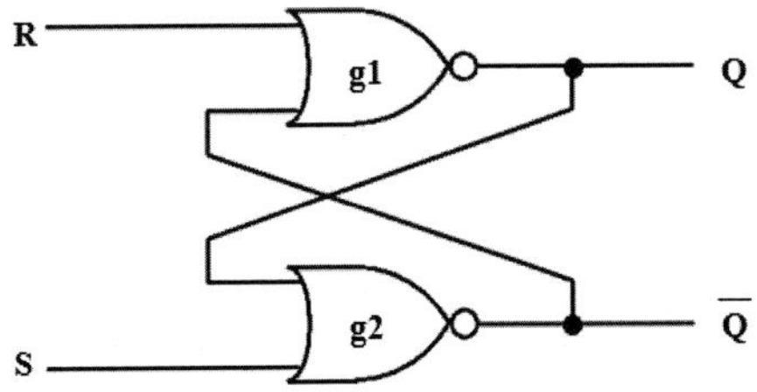

[그림 6.4] NOR 게이트를 이용한 래치 회로

2개의 NOR 게이트의 출력을 각각 다른 NOR 게이트의 입력으로 연결한다. 이와 같이 출력 값이 입력 값으로 연결되는 것을 궤환(feedback)이라고 한다. 일반적인 생활에서 피드백은 성적을 교수가 학생에게 알려주고 부족한 부분이 어떤 것인지 설명하는 환류로 사용한다. 전기, 전자, IT 분야의 회로에서는 어떠한 출력 값이 입력 회로 값으로 연결된 것을 피드백이라 사용한다. 회로의 연결 모양이 교차된다고 해서 상호 교차(cross_couple) 되었다고 한다. g_1과 g_2 NOR 게이트는 상호 교차이다. 입력은 S와 R 2개이고, S는 Set, R은 Reset의 뜻으로 보면 된다. 출력은 래치, 게이티드 래치, 플립플롭 모두 Q와 $\overline{Q}$를 사용한다. Q와 $\overline{Q}$는 항상 반대의 값이 되어야 한다. Q의 값이 0이면 $\overline{Q}$의 값은 1이고, Q의 값이 1이면 $\overline{Q}$의 값은 0이 된다. 그림 6.4 회로를 입력 S, R을 함께 넣어서 SR 래치 (latch) 라고 정의한다. 그림 6.4에서 SR 래치의 동작 원리를 살펴보자.

① 먼저 쉬운 부분부터 이해하기 위해서, R = 1, S = 0일 때를 살펴보자.

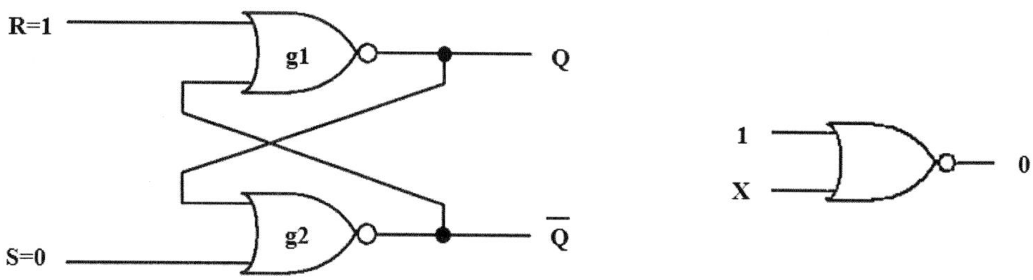

[그림 6.5] SR 래치에서 $R=1$, $S=0$인 경우

이전 부우리언 수식에서 NOR 게이트의 입력이 한 개라도 1이 입력되면 다른 입력 값이 1 또는 0의 값에 관계없이 출력은 항상 0이다.

g1 NOR 게이트에서 부우리언 수식을 적용하면, R = 1 이므로, 다른 입력에 상관없이 Q의 값은 0이 된다. g2 NOR 게이트에는 Q = 0의 값과 S = 0의 값에 의해서 $\overline{Q}$ = 1이 된다. R = 1, S = 0일 때 Q = 0 이고, $\overline{Q}$ = 1이 된다. R이 Reset의 첫 문자이고, R = 1이면 Q의 값을 Reset 시킨다. 즉 Q = 0이 된다고 생각하면 된다.

② 마찬가지로 R = 0, S = 1일 때를 살펴보자.

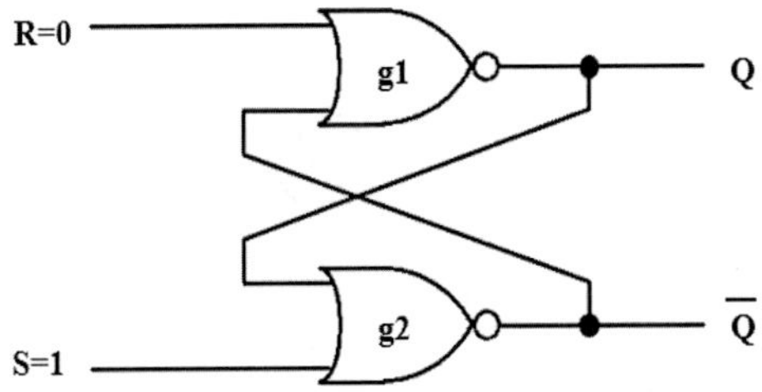

[그림 6.6] SR 래치에서 $R=0$, $S=1$인 경우

이전처럼 S = 1이므로, g2 NOR 게이트 출력 $\overline{Q}$ = 0이 된다. R = 0와 $\overline{Q}$ = 0의 값이 g1 NOR 게이트에 입력되어서 Q의 값은 1이 된다. S이 Set의 첫 문자이고 S = 1이면 Q의 값을 Set(설정)시킨다. 즉 Q = 1로 만든다고 이해하면 된다.

③ R = 1, S = 1일 때를 살펴보자.

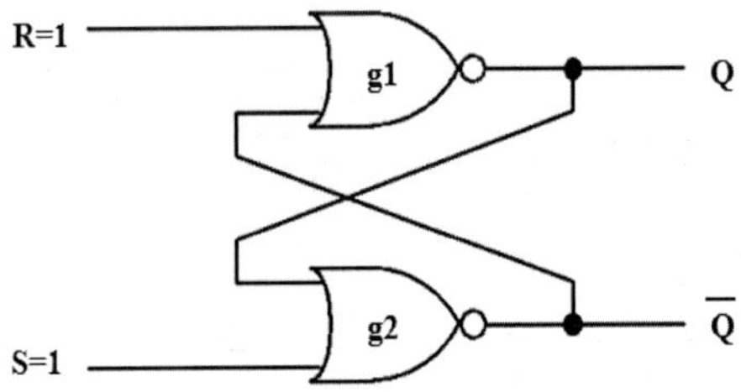

[그림 6.7] SR 래치에서 $R=1$, $S=1$인 경우

이 경우에는 Q = 0, $\overline{Q}$ = 0가 된다. 래치, 게이티드 래치, 플립플롭에서 출력 Q와 $\overline{Q}$는 항상 반대 값이 나오는 경우에만 사용하므로, 이 경우 즉 R = 1, S = 1인 경우는 동작은 되지만 사용하지 않는다.

④ 가장 순차 회로의 특징을 지닌 R = 0, S = 0일 때를 세심하게 살펴보고 이해하자

이 경우가 순차 회로의 현재 출력 값은 현재 입력과 과거 출력 값에 의해서 결정되는 경우이다.

g2 NOR 게이트의 출력 $\overline{Q}$를 알기 위해서는 S = 0이므로 다른 입력 값 Q 상태를 알아야 한다. R = 0, S = 0 일 때, 현재 입력 값이 들어오는 시점에 Q의 과거(이전) 출력이 0이고, $\overline{Q}$의 과거(이전) 출력이 1이라고 가정하면, 그림 6.9과 같다.

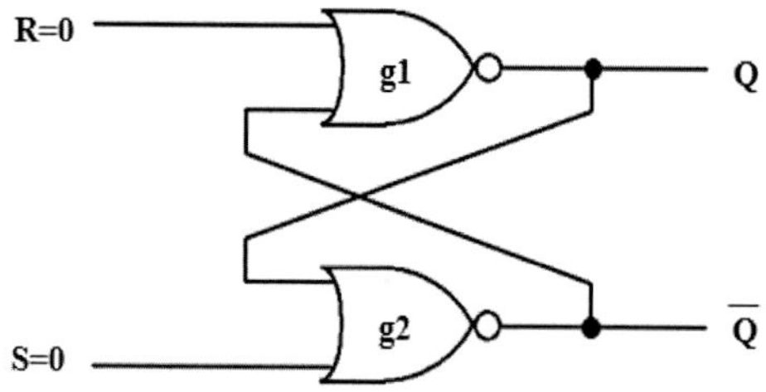

[그림 6.8] SR래치에서 $R=0$, $S=0$인 경우

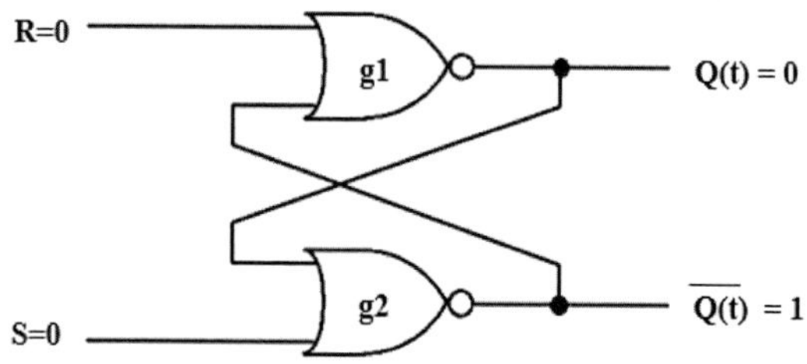

[그림 6.9] 과거(이전) 출력 $Q(t)=0, \overline{Q(t)}=1$이고, 입력 $R=0$, $S=0$인 경우

현재의 시점을 $t+1$이라고 하고, 바로 이전(과거) 시점을 t라고 정의하자.

게이트 g2에서 S = 0와 $Q(t)=0$ 값에 의해서, $\overline{Q(t)}=1$에서 $\overline{Q(t+1)}=1$로 이전 출력 값을 그대로 유지한다. g1에서 R = 0와 $\overline{Q(t)}=1$ 값에 의해서, $Q(t)=0$에서 $Q(t+1)=0$의 값이 그대로 유지된다. 정리하면, R = 0, S = 0일 때에는 출력 Q와 $\overline{Q}$는 이전 출력(과거 출력) 값을 계속 똑같이 유지한다. 순차 회로의 중요한 역할로써, 이전 ①, ②와 같이 SR 래치의 Q 값을 0 이나 1로 쓰고(write), R = 0, S = 0으로 하면, 그 값을 계속 유지, 기억(memory)하게 된다. 1개의 SR 래치는 1비트의 데이터 0 이나 1의 값을 입력 S 와 R을 이용해서, 출력 Q 에 쓸 수 있고, 그 값을 R=0, S=0 입력 값을 계속 인가하면 출력 Q 값을 계속적으로 유지 저장할 수 있는 메모리 기능을 수행하는 순차 회로이다. 이러한 SR 래치를 이용해서, 그림 6.10의 도난 경보 시스템의 순차회로를 구성하고, 기능을 다시 확인하자.

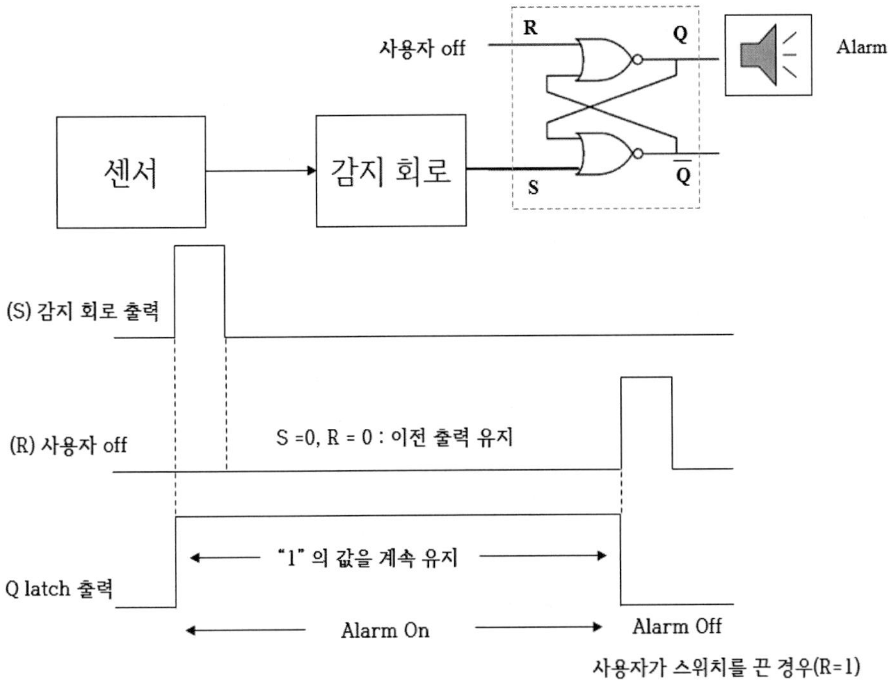

[그림 6.10] SR 래치를 이용한 도난 경보 시스템

SR 래치의 진리표는 표 6.1 과 같이 나타낼 수 있다.

[표 6.1] SR 래치의 진리표

S	R	$Q(t+1)$
0	0	$Q(t)$(이전 출력 값)
0	1	0
1	0	1
1	1	$Q(t+1)=\overline{Q(t+1)}$ 이므로 사용하지 않음

SR 래치는 디지털 정보 1 비트를 쓰고, 그 비트를 저장할 수 있는 기억(메모리) 소자이다. 만약에 SR 래치에 1을 쓰고 싶다면, R = 0, S = 1을 입력한다. 이때 출력 Q = 1이 된다. 만약에 SR 래치에 0을 쓰고 싶다면 R = 1, S = 0을 입력한다. 이때 출력 Q = 0이 된다. 이렇게 SR 래치에 쓴 1이나 0의 비트 데이터를 계속 유지(기억)하려면, R = 0, S = 0을 계속 입력한다. (이전 출력 값 유지) 진리표 6.1에서 $t+1$은 현재 출력 시점이고, t는 바로 조금 전 과거 시점이다.

6.2 NAND 게이트를 이용한 SR 래치

NAND 게이트를 이용해서, SR 래치를 설계할 수 있다. 그림 6.11과 같이 NOR를 NAND로 바꾸고, S 와 R 입력의 위치를 변화해서 NAND 게이트를 이용한 SR 래치를 구현한다.

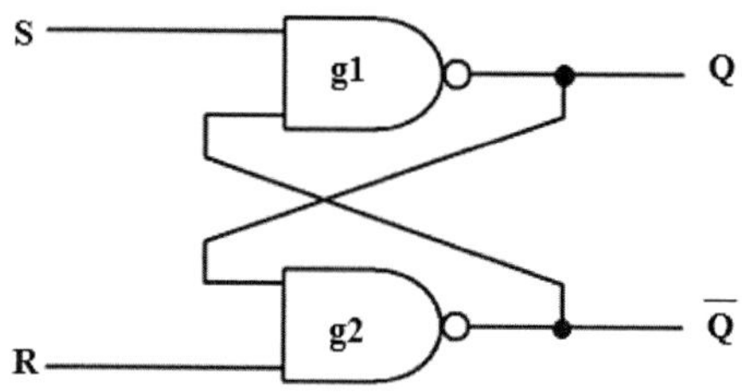

[그림 6.11] NAND 게이트를 이용한 SR 래치 회로

그림 6.11에서 S, R 입력이 00, 01, 10, 11에 대한 출력 Q값을 알아본다.

① $S=0$, $R=0$**이면**

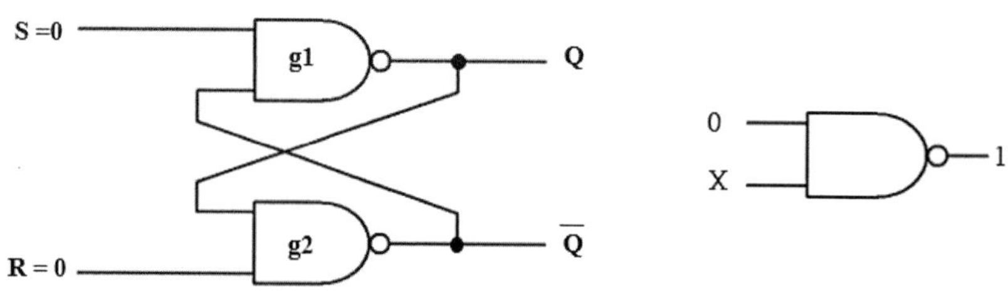

[그림 6.12] NAND 게이트를 이용한 래치 회로에서 입력 $S=0$, $R=0$인 경우

부우리언 대수에서 NAND 게이트의 한 개 입력이 0이면 다른 입력에 상관없이 출력은 1이다. S = 0이므로, g1 NAND 게이트 출력 Q = 1이다. R = 0이므로 g2 NAND 게이트 출력 $\overline{Q}$ = 1이다. Q와 $\overline{Q}$의 값은 항상 반대 값을 지녀야 하는데, 이때에는 Q = $\overline{Q}$ = 1 이므로, NAND 게이트를 이용한 SR 래치에서 입력 S = 0, R = 0 조건을 사용하지 않는다.

② $S=0,\ R=1$**이면**

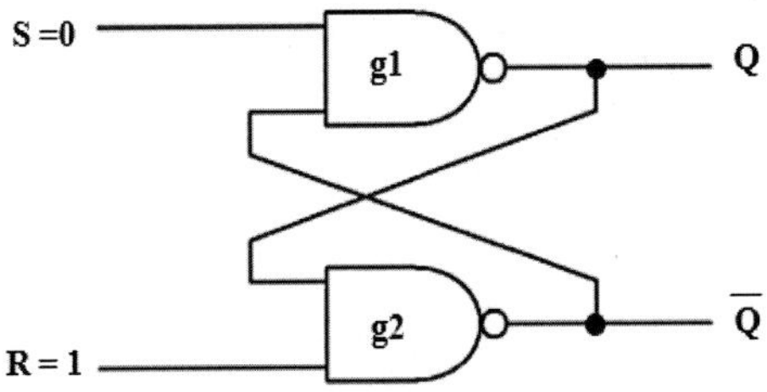

[그림 6.13] NAND 게이트를 이용한 래치 회로에서 입력 $S=0,\ R=1$인 경우

입력 S = 0이면 $\overline{Q}$의 값에 상관없이 g1 NAND 게이트의 출력 Q는 항상 1이 된다. g2 NAND 게이트의 출력 $\overline{Q}$는 그림 6.14와 같이 g1 NAND 게이트에서 결정된 Q = 1과 입력 R = 1에 의해서 0의 값이 된다. 따라서 S = 0, R = 0 이면 Q = 1, $\overline{Q}$ = 0이다.

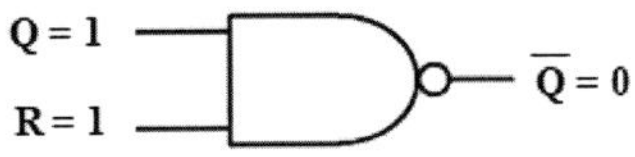

[그림 6.14] NAND 게이트를 이용한 래치 회로에서 $Q=1,\ R=1$인 경우 $\overline{Q}$의 출력

③ $S=1,\ R=0$**이면**

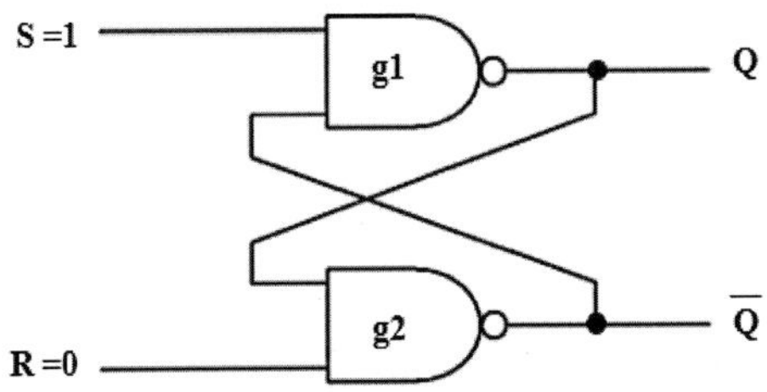

[그림 6.15] NAND 게이트를 이용한 래치 회로에 ㅓㅅ $S=1,\ R=0$인 경우

g2 NAND 게이트의 출력 $\overline{Q}$는 R = 0이므로, Q의 값에 상관없이 1이 된다. g1 NAND 게이트의 출력 Q는 g2 NAND 게이트에서 결정된 $\overline{Q}$ = 1과 입력 S = 1에 의해서 0의 값이 된다. 따라서 S = 1, R = 0 이면 Q = 0, $\overline{Q}$ = 1이다.

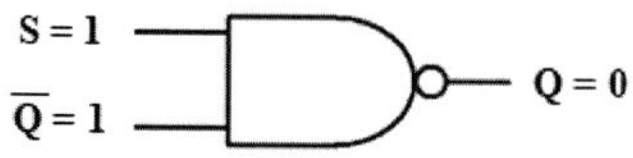

[그림 6.16] NAND 게이트를 이용한 래치 회로에서 $S=1$, $\overline{Q}=1$인 경우 Q의 출력

④ $S=1$, $R=1$이면,

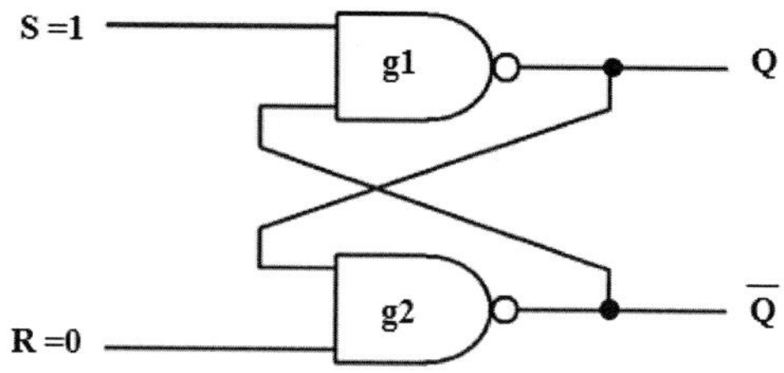

[그림 6.17] NAND 게이트를 이용한 $S=1$, $R=1$인 경우의 래치 회로

이 경우는 NOR 게이트를 이용한 SR 래치에서 S = 0와 R = 0을 입력한 경우와 비슷한 상태이다.

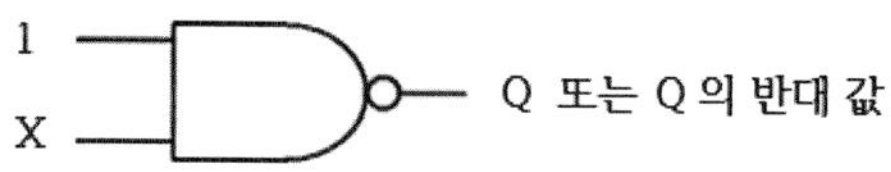

[그림 6.18] NAND 게이트의 입력 X에 따른 출력 결정

그림 6.18 에 나타난 것처럼 NAND 게이트의 입력 중 하나가 1이면 다른 입력 X의 값에 따라 X의 반대 값이 출력으로 결정된다. 즉 $X=0$이면 출력은 1이고 $X=1$이면 출력은 0이 된다.

$t+1$에서 $S=1$과 $R=1$이 입력되기 바로 전에 이전 출력 값 $Q(t)=0$, $\overline{Q(t)}=1$이라고 가정하면,

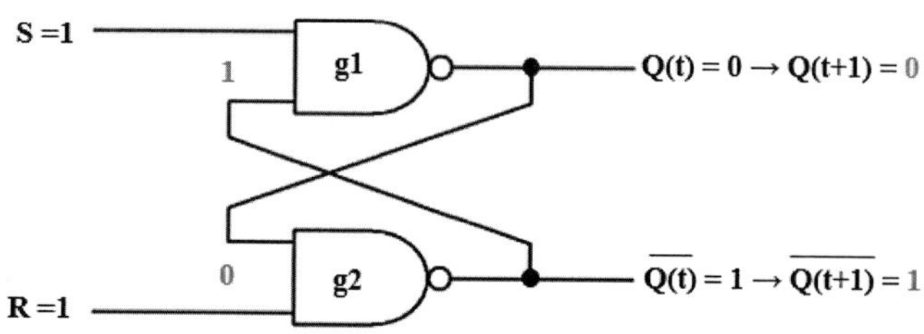

[그림 6.19] NAND 게이트 래치 회로에서 이전 값 $Q(t)=0$이고, $S=1$, $R=1$인 경우

그림 6.19와 같이 g2 NAND 게이트의 경우 $R=1$과 $Q(t)=0$ 값에 의해서 $\overline{Q(t+1)}=1$이 된다. $\overline{Q(t)}=1$의 값과 $S=1$ 값에 의해서 g1 NAND 게이트 출력 $Q(t+1)=0$이 된다. 이 값들이 피드백 되면서, $Q=0$과 $\overline{Q}=1$ 을 유지 및 저장한다.

$t+1$에서 $S=1$과 $R=1$이 입력되기 전에 $Q(t)=1$, $\overline{Q(t)}=0$ 이라고 가정하면

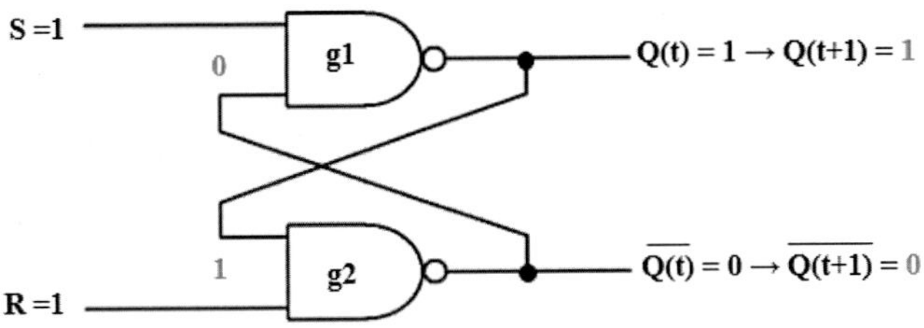

[그림 6.20] NAND 게이트 래치 회로에서 이전 값 $Q(t)=1$이고, $S=1$, $R=1$인 경우

g2 NAND게이트에서 $Q(t)=1$과 $R=1$ 값에 의해서 $\overline{Q(t+1)}=0$이 되어서 이전 출력 값이 유지된다. g1 NAND게이트에서 $\overline{Q(t)}=0$과 $S=1$ 값에 의해서 $Q(t+1)=1$이 되어서 이전 출력 값이 유지된다. 계속 이 값들이 피드백 되면서 $Q=1$, $\overline{Q}=0$ 을 유지 및 저장한다. 정리하면 $S=1$과 $R=1$ 입력에서는 이전 출력 값 $Q(t)=0$이면 현재 출력 값 $Q(t+1)=0$으로 유지된다. 반면에 이전 출력 값 $Q(t)=1$이면 현재 출력 값 $Q(t+1)=1$로 유지되어서, 현재 출력 $Q(t+1)$ 는 이전 출력 값 $Q(t)$ 값을 그대로 유지 및 저장한다.

NAND 게이트를 이용한 SR 래치 진리표는 다음 표 6.2와 같다.

[표 6.2] NAND 게이트를 이용한 SR 래치의 진리표

S	R	$Q(t+1)$
0	0	$Q(t+1)=\overline{Q(t+1)}$이므로 사용하지 않음
0	1	1
1	0	0
1	1	$Q(t)$ 이전 출력 값 유지

NAND 게이트를 이용한 SR 래치는 낮은 값(low-activate)에서 활성화 된다. 즉, S = 0일 때 출력 Q = 1로 설정(set) 되고, R = 0일 때 출력 Q = 0으로 클리어(reset) 된다. NAND 게이트를 이용한 SR 래치가 낮은 값에서 활성화되므로 이해하기 불편하지만, 다음 절 게이티드 SR 래치는 NAND 게이트를 활용한다.

예제 그림 6.10의 도난 경보시스템에서 NAND 게이트를 이용한 SR 래치를 사용하여, 순차회로를 구성하고 설명하여라.

[풀이]

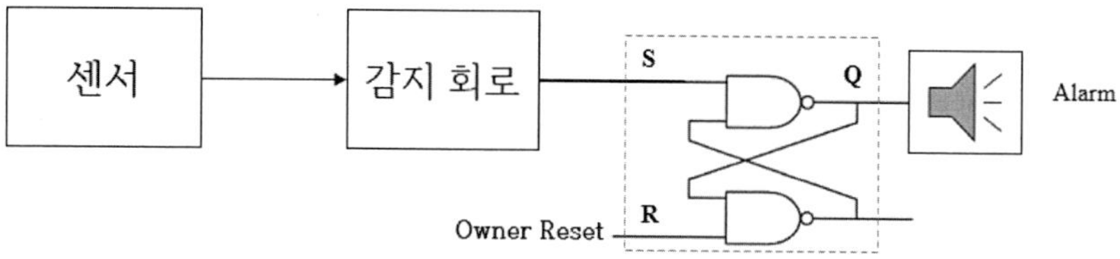

[그림 6.21] NAND 게이트를 이용한 SR 래치 도난 경보 시스템

6.3 게이티드 SR 래치

SR 래치에 그림 6.22와 같이 인에이블 입력 신호와 2개의 NAND 게이트를 추가해서 게이티드 SR 래치(Gated SR latch) 를 구현한다. 게이티드 SR 래치는 SR 래치를 동작시키는 $Enable = 1$이면, SR 래치의 동작을 똑같이 진행한다. $Enable = 0$이면, S와 R 값에 상관없이 출력 Q는 이전 출력 값을 그대로 유지한다.

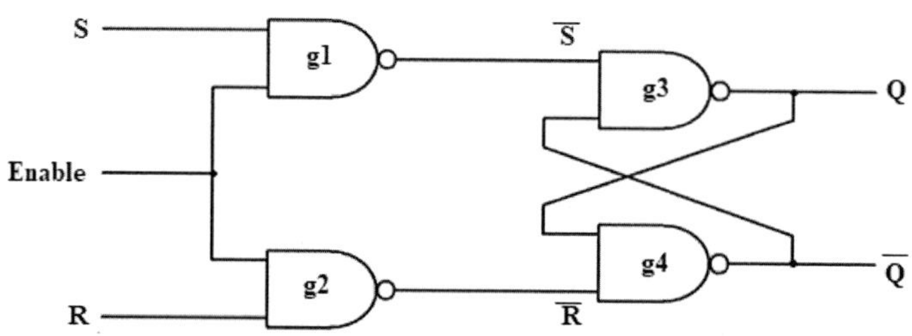

[그림 6.22] 게이티드 SR 래치 회로

그림 6.22에서 Enable = 0이면 입력 S, R 값에 상관없이 $S = R = 1$이 된다. 6.2절에서 NAND 게이트를 이용한 SR 래치에서 g3와 g4 NAND 게이트에 각각 1, 1이 입력되면, 출력 $Q(t+1) = Q(t)$로 이전 출력 값을 유지한다.

Enable = 1이면 다음과 같이 동작한다.

① $S=0$, $R=0$일 때 $\overline{S}=1$, $\overline{R}=1$이 된다.

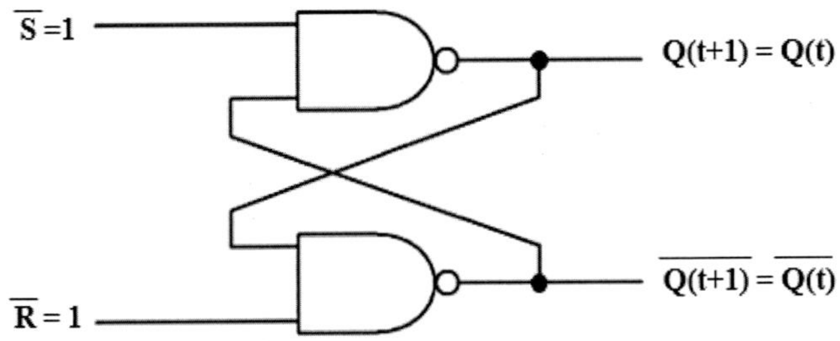

[그림 6.23] 게이티드 SR래치 회로에서 $S=0$, $R=0$일 때

이 경우 $Q(t+1)=Q(t)$ 이전 출력 값을 유지한다.

② $S=0$, $R=1$일 때 $\overline{S}=1$, $\overline{R}=0$이 된다. 이 경우 NAND 게이트를 활용한 SR 래치에서 $Q=0$, $\overline{Q}=1$이 된다.

③ $S=1$, $R=0$일 때 $\overline{S}=0$, $\overline{R}=1$이 된다. 이 경우 NAND 게이트를 활용한 SR 래치에서 $Q=1$, $\overline{Q}=0$이 된다.

④ $S=1$, $R=1$일 때 $\overline{S}=0$, $\overline{R}=0$이 되고, 이 경우 NAND 게이트를 활용한 SR 래치에서 $Q=\overline{Q}=1$이 되므로 사용하지 않는다.

게이티드 SR 래치의 진리표는 표 6.3과 같다.

[표 6.3] 게이티드 SR 래치의 진리표

Enable	S	R	$\overline{S}$	$\overline{R}$	$Q(t+1)$
0	X	X	X	X	$Q(t)$ (이전 출력 값)
1	0	0	1	1	$Q(t)$ (이전 출력 값)
1	0	1	1	0	0
1	1	0	0	1	1
1	1	1	0	0	$Q(t+1)=\overline{Q(t+1)}$ 이므로 사용하지 않음

Enable의 값이 0이면, 게이티드 SR 래치는 이전 출력 값을 유지 저장한다.

Enable의 값이 1이면, SR 래치와 같이 동작된다. 게이티드 SR 래치는 회로로 그리기가 복잡한 경우 다음과 같은 논리 심볼 기호를 사용한다.

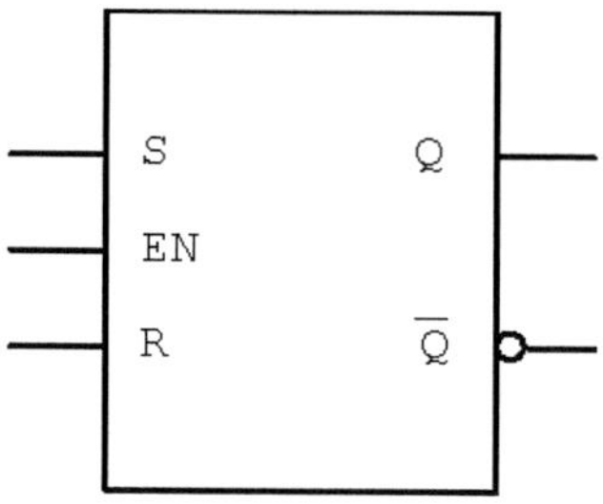

[그림 6.24] 게이티드 SR 래치 논리 심볼

예제 다음과 같이 NOR 게이트를 이용한 SR 래치에 입력을 인가한 경우 출력 Q의 값을 그려라.

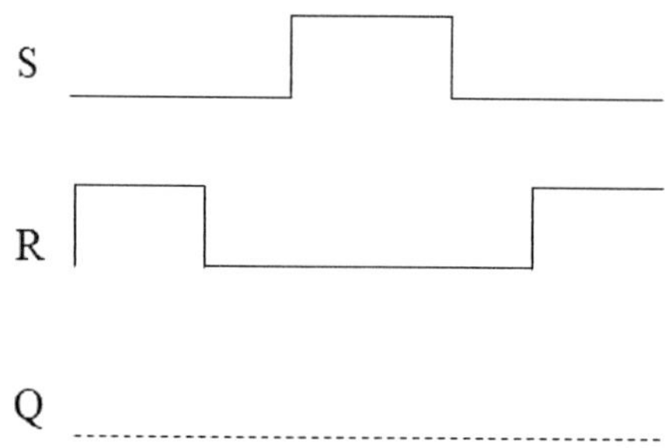

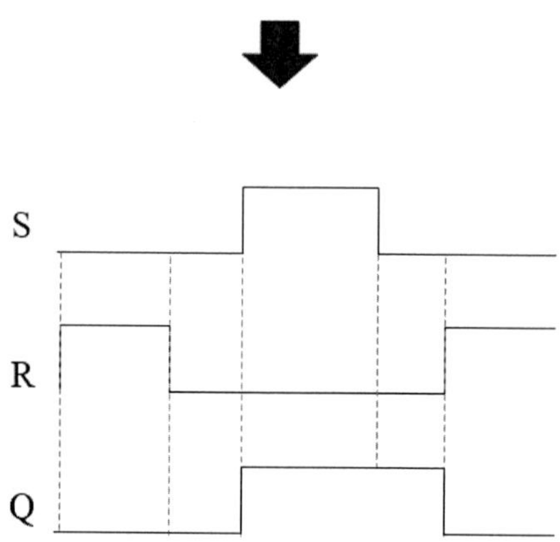

[그림 6.25] NOR 게이트를 이용한 SR 래치 타이밍도

예제 다음과 같이 NAND 게이트를 이용한 SR 래치에 입력을 인가한 경우 출력 Q의 값을 그려라.

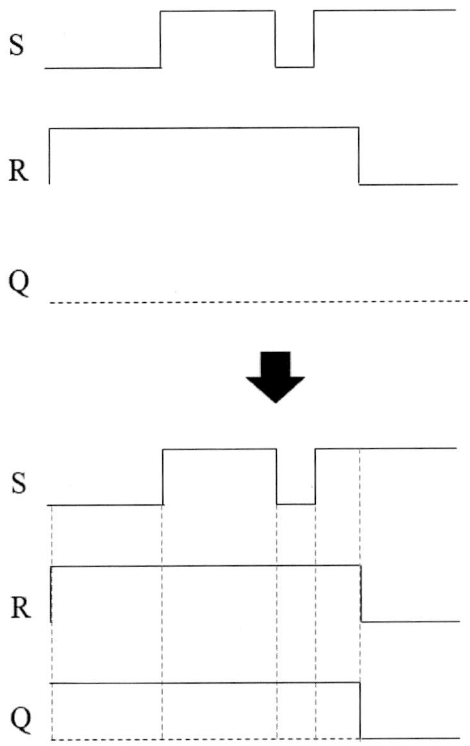

[그림 6.26] NAND 게이트를 이용한 SR 래치 타이밍도

예제 다음과 같이 게이티드 SR 래치에 입력을 인가한 경우, 출력 Q의 값을 그려라.

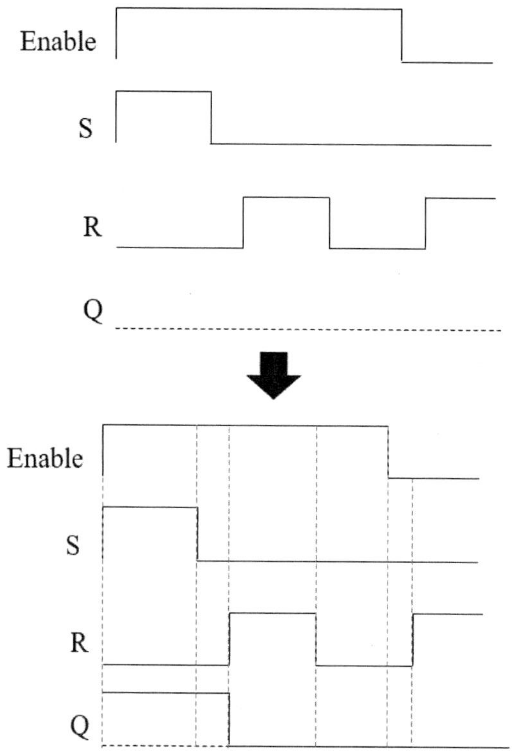

[그림 6.27] 게이티드 SR 래치 타이밍도

풀이 ▸▸ Enable 입력이 1인 경우에는 S와 R 입력 값에 따라 출력이 결정되고, Enable 입력이 0인 경우에는 입력 S와 R 값에 상관없이 이전 출력 값이 유지된다.

6.4 게이티드 D 래치

게이티드 SR 래치가 입력이 S, R, Enable 3개인 반면 게이티드 D 래치는 Enable과 D로 구성되어 있다. 게이티드 D 래치는 1비트의 데이터를 저장하고, 쓰고, 읽는 기억 소자이다. D는 Data의 약자이고, 그림 6.28은 게이티드 D 래치 (Gated D latch) 논리 회로도이다.

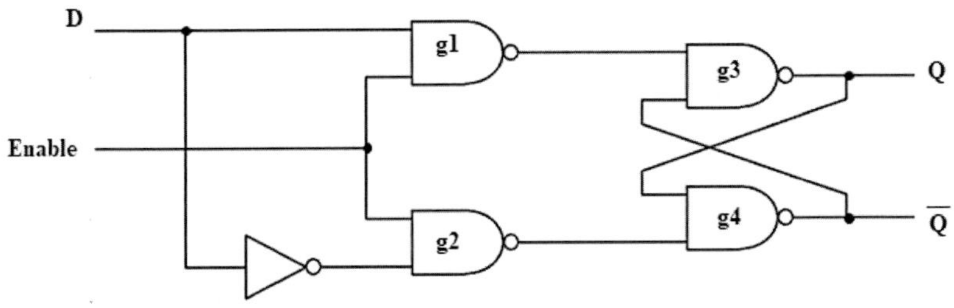

[그림 6.28] 게이티드 D 래치 회로

게이티드 D 래치 회로는 동작을 설명하면 다음과 같다. 게이티드 SR 래치의 S는 바로 연결하고, R 쪽에 인버터를 묶어서 구성한다. S = 0, R = 1과 S = 1, R = 0인 경우만 발생한다. D = 0이면 S = 0, R = 1에서 Q의 값에 0을 쓰고, D = 1이면 S = 1, R = 0에서 Q의 값에 1을 쓰게된다. (Enable = 1일 때)

Enable = 0이면 *D*의 값에 상관없이 이전에 쓴(write) 한 내용을 계속 유지 기억하게 된다. 그림 6.28에서 Enable = 0이면 *D*의 값에 상관없이 g1 NAND 게이트와 g2 NAND 게이트의 출력은 1이 된다. g3와 g4로 구성된 NAND SR 래치의 출력은 Sb = Rb = 1이므로, $Q(t+1) = Q(t)$가 된다. Enable = 1이고, D = 0이면 g1 NAND의 입력은 D = 0, Enable = 1이므로 g1의 출력은 1이고, g2 NAND의 입력은 D = 0의 인버팅 1과 Enable = 1이므로 g2의 출력은 0이 된다.

g3와 g4로 구성된 NAND 게이트 SR 래치의 Sb= 1이고, Rb = 0이 되므로, 출력 Q는 0의 값이 된다. Enable = 1이고, D = 1이면 g1 NAND의 입력은 D = 1, Enable = 1이므로 출력 g1의 출력이 0이고, g2 NAND의 입력은 D = 1의 인버팅 0과 Enable = 0이므로, 출력 g2의 출력은 1이 된다.

g3와 g4로 구성된 NAND SR 래치의 Sb = 0, Rb = 1이므로, 출력 Q는 1이 된다.

게이티드 D 래치의 진리표는 표 6.4와 같다.

[표 6.4] 게이티드 D 래치의 진리표

Enable	D	$Q(t+1)$
0	X	$Q(t)$ (이전 출력 값)
1	0	0
1	1	1

게이티드 D 래치의 논리 심볼 기호는 그림 6.29와 같다.

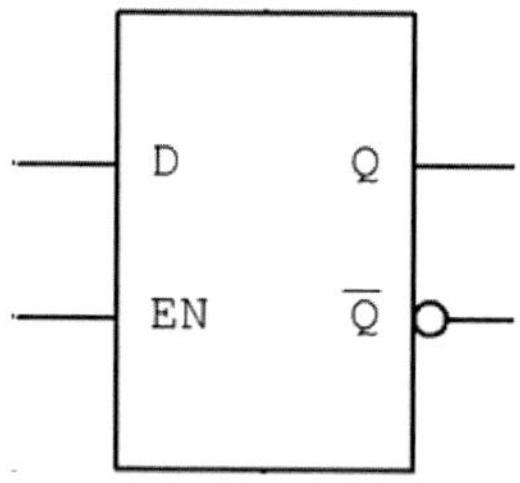

[그림 6.29] 게이티드 D 래치 논리 심볼

게이티드 D 래치는 입력 D가 0이면, 출력 Q = 0 이고, 입력 D가 1이면 출력 Q = 1이 되는 단순 회로라 생각할 수 있다. Enable 값이 0 이면, 이전 값을 유지(기억)하게 되며, 1비트의 데이터를 쓰고 기억하는 기능이 매우 중요한 역할이다.

6.5 플립플롭

현재까지 SR 래치회로를 기본으로 구성되는, 게이티드 SR 래치와 게이티드 D 래치는 Enable = 1인 동안 입력, S, R, D값에 따라서 출력 값이 변화하였다. 이것을 레벨 센서티브(level sensitive) 라고 한다. 플립플롭은 한 클럭 기간 동안에 한 번만 값이 변하도록, 클럭과 동기화 되어서 동작한다. 클럭의 양의 모서리와 음의 모서리 중 어느 한 곳에서만 입력 값을 받아서 출력 Q의 값을 정하게 된다. 상승 모서리와 하강 모서리의 특정 지역을 선정하여 설계한다. 플립플롭의 구성은 기존 게이티드 래치를 2개 직렬로 연결하여 만드는 마스터-슬레이브 형과 모서리 트리거 형 2가지로 구현할 수 있다. 플립플롭은 종류에 따라서, D_FF, T_FF, JK_FF, SR_FF이 있다 각각의 플립플롭은 용도에 따라 각기 다르게 사용할 수 있다. 플립플롭에는 공통적으로 클럭 입력이 사용된다. 클럭(clock) 에 대한 내용을 먼저 이해하고 플립플롭의 동작원리를 본 절에서 다룰 예정이다.

6.5.1 클럭(Clock)

디지털 시스템에서는 각각의 기능을 수행하기 위해서는 기준이 필요하다. 인간에게는 시계를 이용하여 시간을 정하고 일을 하는 것처럼 디지털 시스템에서는 클럭 입력이 이용된다. 클럭을 기준 입력으로 이용해서, 디지털 시스템의 기능이 수행되는 것을 동기식 시스템(Synchronous System) 이라고 한다. 클럭은 주기를 가지고 구형파(사각파) 로 이루어진다. 클럭을 발생하는 회로를 클럭 발생기라고 한다. 클럭 발생기는 동기식 시스템의 모든 블록으로 입력되므로, 중요한 회로이다. 그림 6.30은 일반적인 클럭 파형을 나타낸다.

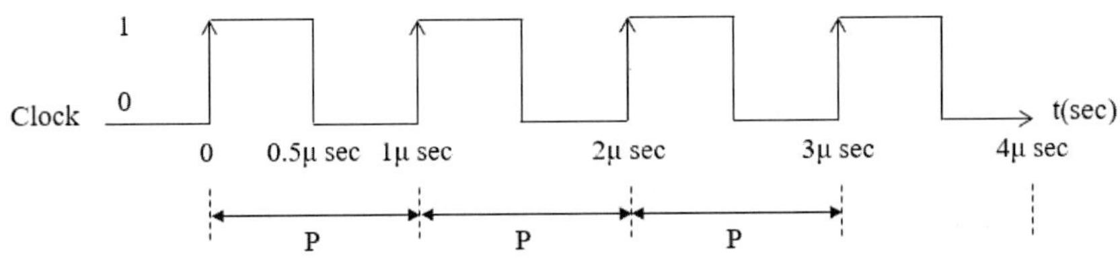

[그림 6.30] 일반적인 클럭(clock) 파형과 타이밍도

클럭은 0 과 1 의 값을 일정한 간격을 가지고 변화되는 사각파이다. 클럭에서는 0에서 1 그리고 다시 1에서 0 으로 전압 값이 변하는 일정한 모양이 계속 반복된다. 일정한 사각파의 모양이 반복되는 최소 시간 간격을 주기(Period) 라고 한다. x 그림 6.30에서 x 축은 시간이고, y 축은 전압의 크기이다. 그림에서 1 주기는 1㎲ 이다. 클럭에 대한 전기적 특성은 1 주기 값도 사용하지만, 주로 클럭의 주파수 파라미터를 사용한다. 클럭의 주파수(frequency) 값을 $f=\frac{1}{P}$ (Hz) 로 구한다. 주기(시간) 의 역수로 구할 수 있다. 그림 6.30에서 주기(P) = 1㎲ 이므로, 클럭의 주파수 $f=\frac{1}{P}=\frac{1}{1\mu s}=\frac{1}{1\times10^{-6}}=10^{6}\ [\frac{1}{\mathrm{sec}}]$ $=10^{6}\mathrm{Hz}=1\mathrm{MHz}$이다. 디지털 시스템의 속도를 결정하는 전기적 파라미터는 클럭 주파수 값인 시스템 클럭 주파수이다. 그림 6.30에서 시스템 클럭 주파수는 1MHz 이다. 시스템 클럭 주파수 값이 클수록, 주기 P 는 작아지고 시스템의 어떤 기능을 수행하는 시간이 작아지므로, 연산 속도가 빠르다는 것을 의미한다. 서로 다른 2개의 시스템이 각각 시스템 클럭 주파수 값이 1MHz 와 1GHz 라고 하면, 1MHz 시스템은 예를 들어서 32비트 덧셈을 10^{-6} 초(sec) 에 실행하는 것이고, 1GHz 시스템은 10^{-9} 초(sec) 에 덧셈을 수행하게 된다. 실시간

에 수많은 음성과 영상 정보를 디지털 신호처리 하려면, 더 빠른 논리 회로가 필요하고, 속도를 결정하는 파라미터는 시스템의 클럭 주파수가 된다.

그림 6.30에서 1주기 동안 (0㎲ ~ 1㎲) 클럭의 값이 1 인 시간 간격이 0㎲에서 0.5㎲이고, 0 인 시간 간격이 0.5㎲에서 1㎲ 이다. 즉 1 과 0 인 구간이 똑같고 이러한 경우 클럭의 듀티 사이클(duty cycle) 은 50% 가 된다. 클럭의 듀티 싸이클(duty cycle) 은 클럭의 전기적 특성 파라미터 중 하나이다. 클럭의 듀티 싸이클ㄹ은 전체 클럭 1 주기 시간 내에서 클럭의 값이 1 인 시간의 비율로 구한다.

$$\text{클럭듀티사이클} = \frac{\text{클럭이1주기내에서1인시간}}{\text{클럭의1주기시간}} \times 100[\%]$$

예제 다음과 같은 클럭 파형에 대해서 클럭 주기, 클럭 주파수와 듀티 사이클을 구하여라.

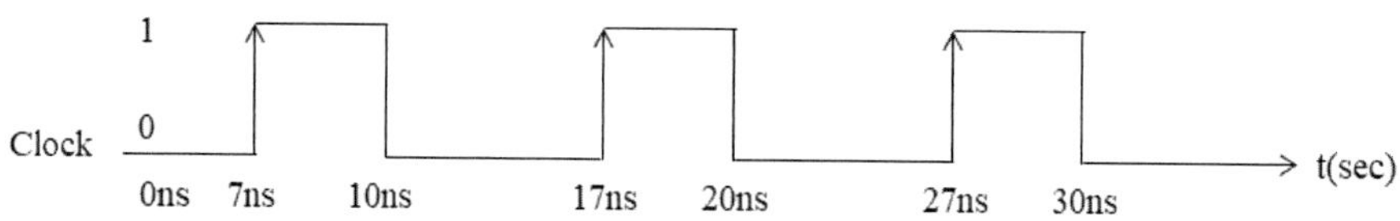

[그림 6.31] 클럭 파형에 대한 주기, 주파수, 듀티사이클

풀이▸▸ 그림 6.31에서 0ns에서 10ns 까지 패턴이 10ns 간격으로 계속해서 반복된다. 따라서 그림 6.31 클럭의 주기는 10ns 가 된다.

클럭의 주파수 $f = \frac{1}{P} = \frac{1}{10\text{ns}} = \frac{1}{10 \times 10^{-9}} = 10^8 [\frac{1}{\text{sec}}] = 10^8 [\text{Hz}] = 0.1\text{GHz} = 100\text{MHz}$

이므로, 그림 6.31 의 클럭 주파수 값은 0.1GHz 또는 100MHz 이다. 클럭의 듀티 사이클을 구하기 위해서, 0에서 10ns 한 주기 값 동안 클럭의 값이 1 인 구간은 7ns에서 10ns로 3ns가 된다.

$$\text{클럭듀티사이클} = \frac{\text{클럭이1주기내에서1인시간}}{\text{클럭의1주기시간}} \times 100[\%] = \frac{3\text{ns}}{10\text{ns}} \times 100[\%] =$$

30[%]이므로, 그림 6.31 의 클럭 듀티 사이클은 30%이다.

다음 절부터 설명하는 플립플롭에서 양의 모서리 구간과 음의 모서리 구간을 활용하는데, 정의를 살펴보도록 한다.

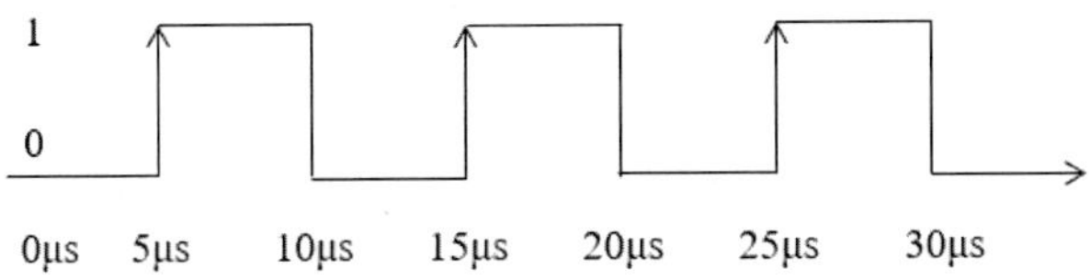

[그림 6.32] 클럭파형에서 양의 모서리와 음의 모서리

그림 6.32에서 클럭 파형은 5㎲, 10㎲, 15㎲, 20㎲, 25㎲, 30㎲에서 값이 0에서 1 또는 1에서 0 으로 변한다. 이러한 부분을 모서리(edge) 라고 하고, 5㎲, 15㎲, 25㎲에서처럼 클럭의 값이 0에서 1로 변하는 부분을 양의 모서리 (positive edge) 로 정의한다. 1에서 0 으로 변하는 부분을 음의 모서리(negative edge) 로 정의한다. 디지털 시스템에서 클럭을 사용하는 동기식 시스템에서는 클럭의 0 또는 1 의 값으로 디지털 회로가 동작되는 것보다는 양의 모서리 또는 음의 모서리 순간에 입력과 이전 출력 값에 의해서 출력이 결정된다. 따라서 클럭을 사용하는 디지털 동기식 시스템에서 모든 출력이 결정되는 시점은 클럭의 양의 모서리나 음의 모서리에 입력과 이전 출력 값에 의해서 결정된다. 클럭의 양의 모서리나 음의모서리 어느 부분을 사용할 것인지는 설계자에 의해서 결정되고, 주로 클럭의 양의 모서리를 쓰는 시스템이 활용된다. 양의 모서리, 음의 모서리를 각각 클럭의 상승 모서리(rising edge)와 하강 모서리(falling edge) 라고도 한다.

6.5.2 마스터 슬레이브 D 플립플롭

플립플롭을 만드는 방법은 기존 게이티드 D 래치를 이용하여 만드는 마스터_슬레이브 D 플립플롭과 모서리 트리거 D 플립플롭이 있다. 보다 이해하기 쉬운 마스터 슬레이브형으로 설명하려고 한다. 그림 6.33은 양의 모서리에서 동작하는 마스터 슬레이브 D 플립플롭을 나타낸다. 기존의 게이티드 D 래치 2개를 이용해서 D 플립플롭을 만들 수 있다. 첫 번째 게이티드 D 래치를 마스터로 정의하고, 두 번째 게이티드 D 래치를 슬레이브로 정의한다.

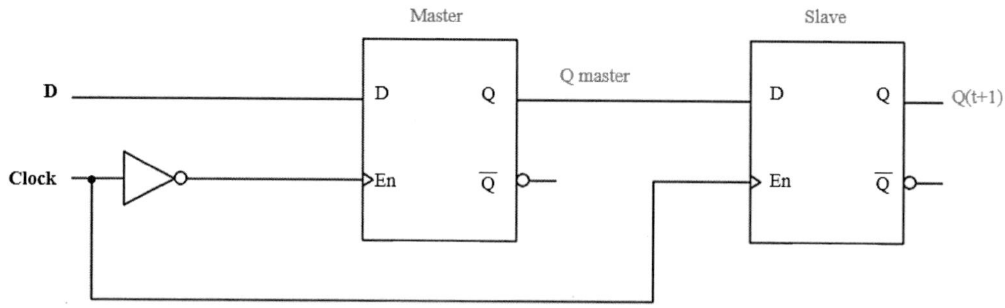

[그림 6.33] 양의 모서리 마스터 슬레이브 D 플립플롭 논리 회로도

그림 6.34와 같은 입력 D와 클럭(Clock)이 인가된 경우 최종 플립플롭의 출력 Q를 살펴보기로 한다.

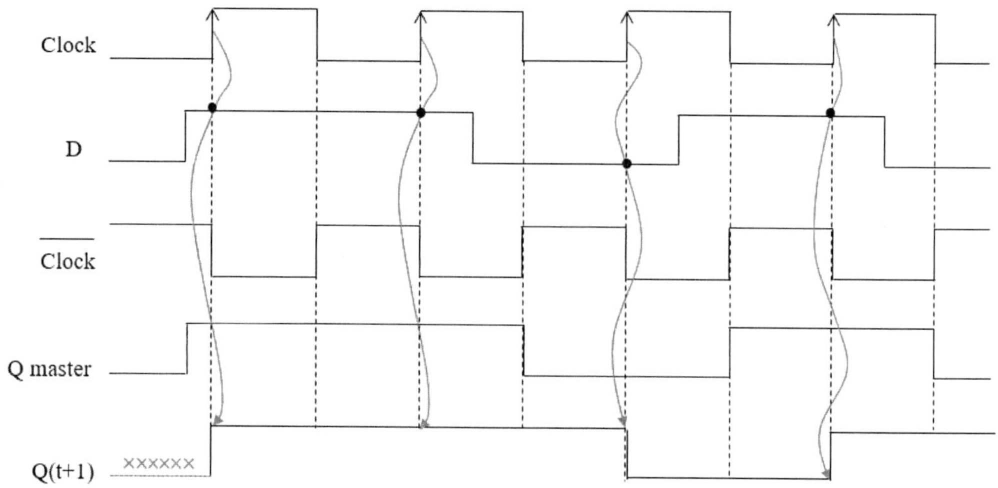

[그림 6.34] 양의 모서리 마스터 슬레이브 D 플립플롭 타이밍도

클럭과 입력 D와 최종 출력 $Q(t+1)$을 보면, 출력이 변하는 시점은 항상 일정하게 클럭이 0에서 1로 변이되는 양의 모서리이다. 클럭 양의 모서리에서 데이터 입력 D값을 받아 출력 Q의 값이 결정되고, 그 값은 다음 양의 모서리가 올 때까지 유지된다. 모든 출력 Q값의 변화 시점은 클럭 양의 모서리에 동기화 되었다. 이와 같이 매 클럭 양의 모서리에서 입력 D값에 의해서 출력 Q가 설정되고, 이 값은 다음 양의 모서리가 올 때까지 유지된다. 마스터 슬레이브 D플립플롭의 진리표와 논리 심볼은 표 6.5와 같다.

[표 6.5] 양의 모서리에서 트리거되는 D 플립플롭의 진리 표와 심볼

clock	D	$Q(t+1)$
↑	0	0
↑	1	1
나머지 경우	X	$Q(t)$ (이전 출력 값)

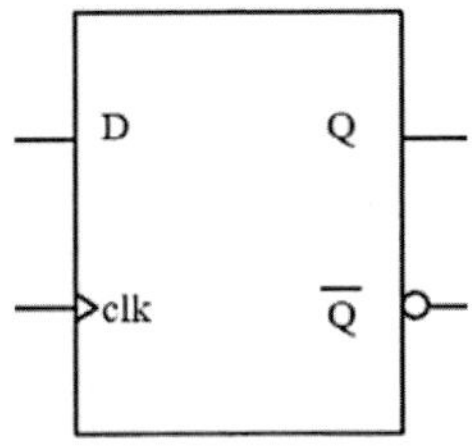

플립플롭의 논리 부호는 게이티드 D 래치와 다른 점이 EN 대신 클럭 입력 표시부분(▷)이다. 만약에 그림6.35처럼 마스터 부분에 클럭 입력 신호가 들어가고, 슬레이브 부분에 인버터가 추가된 클럭 반전 신호가 입력된다면, 이것은 음의 모서리에서 동작하는 마스터 슬레이브 D 플립플롭이다.

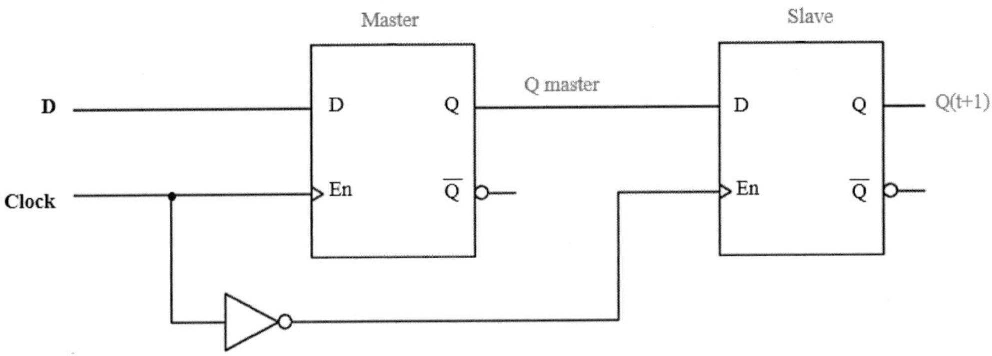

[그림 6.35] 음의 모서리 마스터 슬레이브 D 플립플롭 논리 회로도

그림 6.36에서 클럭 Clock 과 입력 D, 최종 출력 Q를 보면 출력이 변하는 시점은 항상 일정하게 클럭이 1에서 0으로 변이하는 음의 모서리이다. 이때 클럭 음의 모서리에 데이터 입력 *D* 값을 받아서 출력 Q의 값이 결정되고, 그 값은 다음 음의 모서리가 올 때까지 유지된다. 모든 출력 Q의 값의 변화는 클럭 음의 모서리에 동기화되어 있다. 이와 같이 매 클럭 음의 모서리에서 입력 D값에 의해서 출력 Q가 설정되고 이 값은 다음 음의 모서리가 올 때까지 유지된다. 클럭의 음의 모서리와 양의 모서리를 사용하는 2가지 방법 중에서, 대부분 동기 시스템 디지털 회로에서는 양의 모서리를 사용하는 방법이 널리 사용된다.

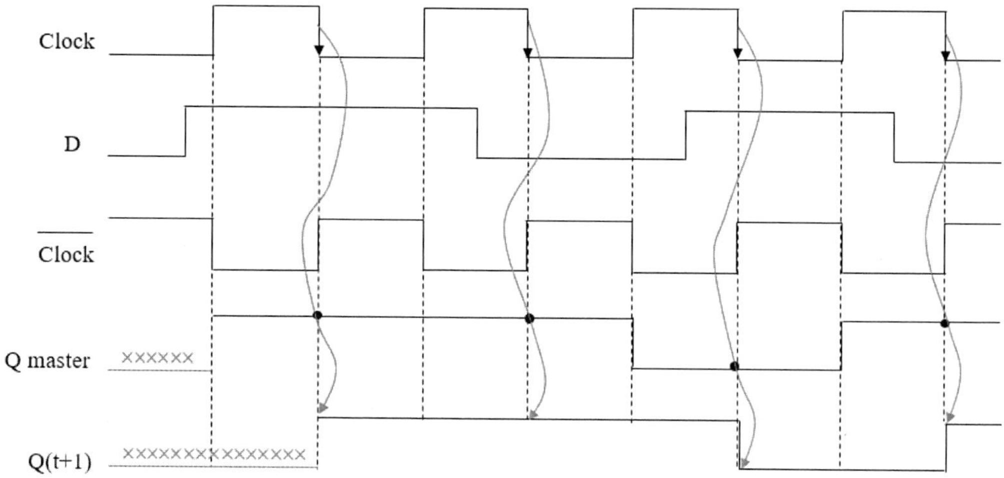

[그림 6.36] 음의 모서리 마스터 슬레이브 D 플립플롭 타이밍도

음의 모서리 마스터 슬라이브 D 플리플롭의 진리표와 논리 심볼은 표 6.6과 같다. 음의 모서리에서 활성화 되는 것을 표시하기 위해 클럭(clk) 의 입력 단자에 기호 ○을 나타내었다.

[표 6.6] 음의 모서리에서 D 플립플롭의 진리 표와 심볼

clock	D	$Q(t+1)$
↓	0	0
↓	1	1
나머지경우	X	$Q(t)$ (이전 출력 값)

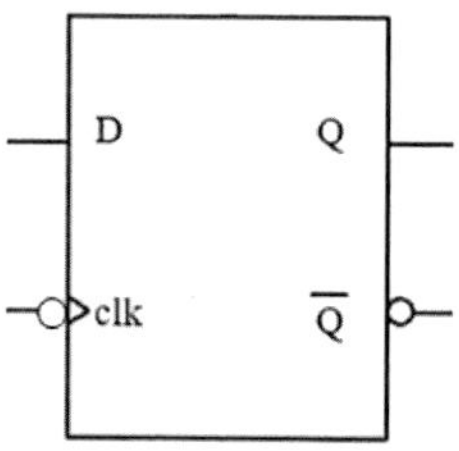

6.5.3 T 플립플롭

T의 약자는 toggle 이라는 뜻으로 값이 0에서 1, 1에서 0으로 변하는 것을 토글(toggle)이라고 한다. T 플립플롭은 수를 세는 카운터 회로의 기본 소자이다. 입력 T 와 클럭(Clock) 입력을 받아서 출력 Q의 값을 보낸다. T 플립플롭은 그림 6.37와 같이 D 플립플롭과 NOT, AND 와 OR 게이트인 조합회로로 구성된다.

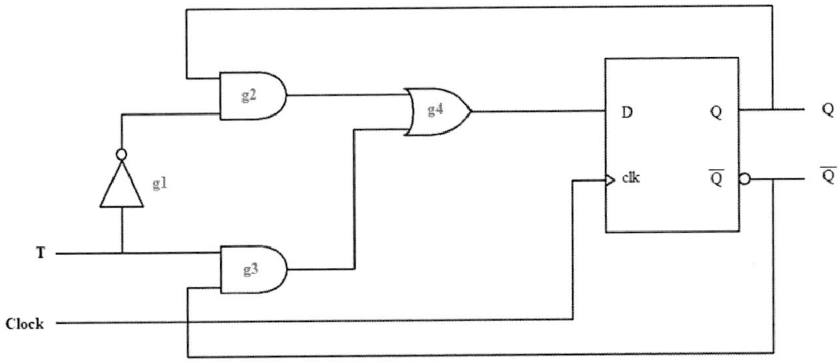

[그림 6.37] T 플립플롭 논리 회로도

그림 6.37에서 T 입력 값이 0이면 g3 AND 게이트 출력은 0이 되고, g1 NOT 게이트의 출력이 1이 되어서, 이전 출력 Q 값이 g4 OR 게이트 출력을 통해서 D 플립플롭 입력이 되므로, 양의 모서리에서 $Q(t+1)$의 값은 $Q(t)$ 값이 된다. T 입력 값이 1이면 g1 NOT 게이트 출력 값은 0이 되므로, g2 AND 게이트출력은 0이 되고, g3 AND 게이트 출력 값은 $Q(t)$의 보수 값이 g4로 입력되어 D 플립플롭의 입력이 되므로, 양의 모서리에서 $Q(t+1)$의 값은 $Q(t)$ 값의 반대 값 $\overline{Q(t)}$가 된다. 다음과 같은 진리표와 논리 기호를 지닌다.

[표 6.7] T 플립플롭의 진리 표와 심볼

clock	T	$Q(t+1)$
↑	0	$Q(t)$
↑	1	$\overline{Q(t)}$
나머지경우	X	$Q(t)$ (이전 출력 값)

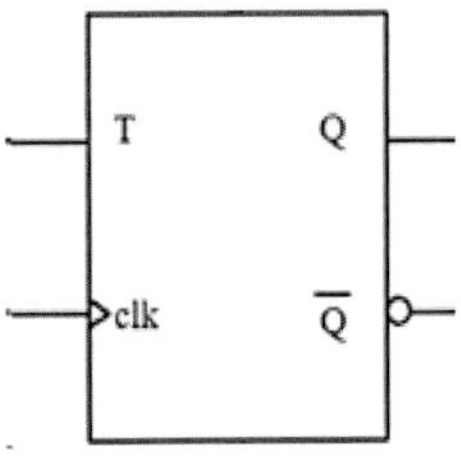

다음 그림 6.38은 T 플립플롭의 타이밍도를 나타낸다. 클럭의 양의 모서리에서 동작되며, 입력 T 의 값이 0 과 1 에 따라서, 출력 $Q(t+1)$ 는 이전 출력 값 $Q(t)$ 또는 $\overline{Q(t)}$ 값을 지닌다. 점선으로 표시된 양의 모서리에서 각각 T 입력 값에 따라서 출력이 결정되고, 이 때 결정된 0 또는 1 의 값은 클럭의 다음 양의 모서리까지 값을 유지하게 된다. 다른 플립플롭과 마찬가지로, 클럭의 양의 모서리 아주 작은 시간에 입력 T 의 값에 의해서 출력 Q가 결정된다.

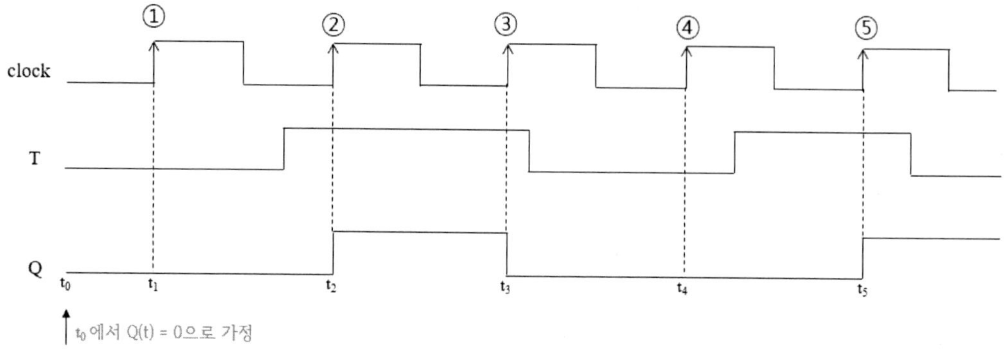

[그림 6.38] 입력 T 값에 대한 플립플롭 타이밍도

D 플립플롭과 마찬가지로, 타이밍도에서 출력은 클럭의 양의 모서리에서, 입력 T 값에 따라서 결정되고, 그 값은 다음 양의 모서리까지 유지된다. $t=0$에서 출력 Q의 값이 0이었다고 가정하면, 첫 번째 클럭 양의 모서리 t_1에서 입력 T는 0이므로, 출력은 이전 출력 값 즉 0이 된다. 이 값은 다음 클럭 양의 모서리인 t_2까지 유지되고, 두 번 째 양의 모서리 t_2에서 입력 T는 1이므로, 출력은 이전 출력의 반대 값 즉 1이 된다. 다음 세 번째 클럭 양의 모서리 t_3에서 입력 T는 1이므로, 출력은 이전 출력의 반대 값 즉 0이 된다. 다음 네 번 째 클럭 양의 모서리 t_4에서 입력 T는 0이므로, 출력은 이전 출력 값 0을 그대로 유지한다. 다음 다섯 번째 클럭 양의 모서리 t_5에서 입력 T는 1이므로, 출력은 이전 출력 값의 반대 값 즉 1이 된다. 출력 Q 의 값이 변하는 시점은 클럭의 양의 모서리로 모두 동기화되어있다. t0에서 Q(t) 값을 0 으로 가정한 것은 다음 절에서 설명하게 되는 비동기식 입력에 의해서 t=0 시간에 플립플롭의 초기 값을 결정할 수 있다. 음의 모서리에서 동작하는 T 플립플롭은 그림 6.38에서 클럭 값이 1에서 0으로 변하는 시점에 입력 T 의 값에 따라서 출력 Q 가 결정된다. 음의 모서리에서 동작하는 T 플립플롭의 심볼은 클럭 입력(clk) 앞부분에 ▷ 표시를 넣어서 구분하게 된다.

6.5.4 JK 플립플롭

JK 플립플롭은 플립플롭 중 가장 복잡한 플립플롭이다. SR 플립플롭과 T 플립플롭을 합친 것으로 볼 수 있다. 그림 6.39는 JK 플립플롭 논리 회로도이다.

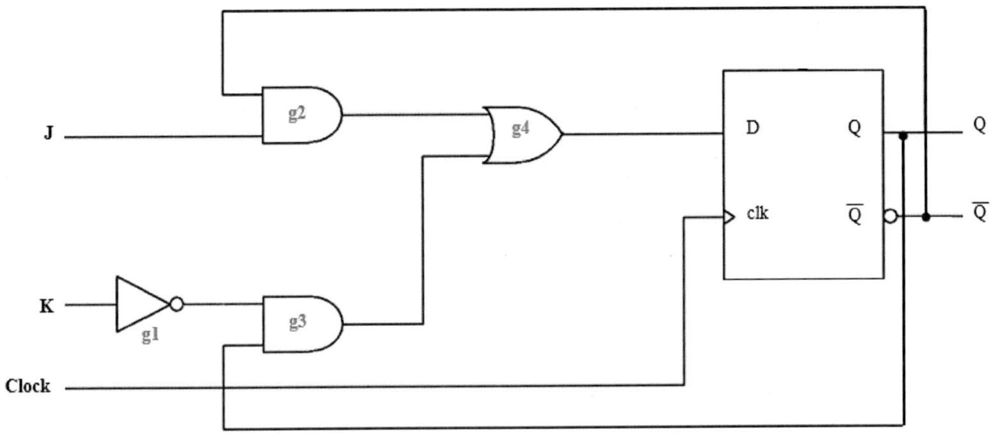

[그림 6.39] JK 플립플롭 논리 회로도

JK 플립플롭의 동작원리를 살펴보기로 한다. $J=0, K=0$ 인 경우에 g2 AND 게이트의 출력은 0이고, g3 AND 게이트의 출력은 $Q(t)$ 의 값이 된다. g4 OR 게이트입력은 0과 $Q(t)$ 값이 입력되어서, D 플립플롭 입력은 $Q(t)$가 된다. 클럭 양의 모서리에서 출력 $Q(t+1)$는 이전 출력 $Q(t)$의 값이 된다. $J=0, K=1$ 인 경우에 g2 AND 게이트의 출력은 0이고, g3 AND게이트의 출력 값도 0이 되므로, g4 OR 게이트 출력 값 0이 D 플립플롭에 인가되어서 클럭 양의 모서리에 출력 $Q(t+1)$는 0의 값이 된다. $J=1, K=0$ 인 경우에 g2 AND 게이트 출력은 $\overline{Q(t)}$이고, g3 AND 게이트 출력은 $Q(t)$가 된다. g4 OR 게이트에 $\overline{Q(t)}$와 $Q(t)$의 값이 입력되므로, 출력은 항상 1이 D 플립플롭에 인가되므로, 클럭 양의 모서리에서 출력 $Q(t+1)$는 1의 값이 된다. $J=1, K=1$ 인 경우에 g2 AND 게이트 출력은 $\overline{Q(t)}$이고, g3 AND 게이트의 출력은 0이 된다. g4 OR 게이트의 출력은 $\overline{Q(t)}$가 되고, 클럭의 양의 모서리에서 출력 $Q(t+1)$는 이전 출력 값의 반대 값인 $\overline{Q(t)}$가 된다. 다음과 같은 진리표와 논리 기호를 지닌다.

[표 6.8] JK 플립플롭의 진리표와 심볼

clock	J	K	$Q(t+1)$
↑	0	0	$Q(t)$(이전 출력값)
↑	0	1	0
↑	1	0	1
↑	1	1	$\overline{Q(t)}$
나머지 경우	X	X	$Q(t)$ (이전 출력 값)

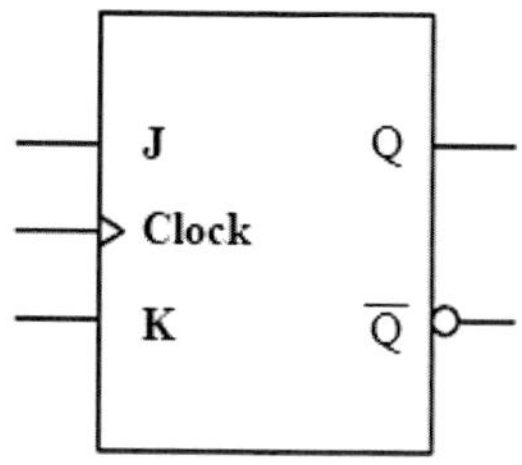

그림 6.40에서 J, K 입력에 대해서 출력 Q 를 나타내었다.

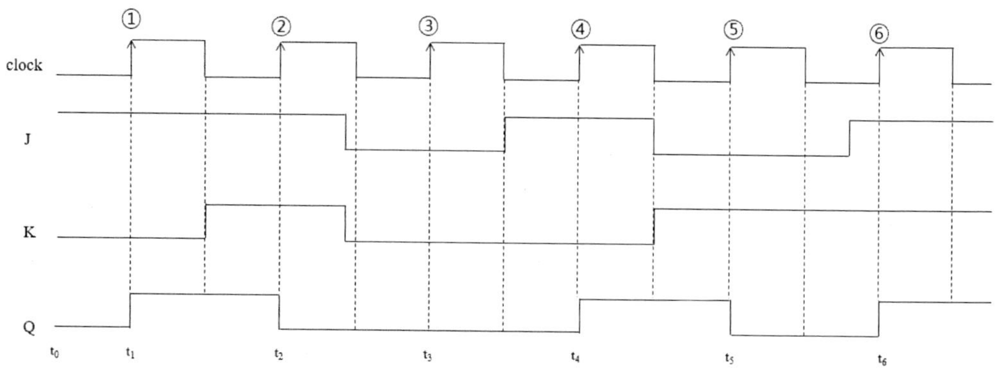

[그림 6.40] JK 플립플롭 타이밍도

$t=0$에서 JK 플립플롭 출력 Q는 0으로 가정한다. 첫 번째 클럭 양의 모서리 t_1에서 $J=1$, $K=0$이 입력되므로, 출력 Q의 값은 1이 된다. 두 번째 클럭 양의 모서리 t_2에서 $J=1$, $K=1$이 입력되므로, 출력 Q는 이전 출력 값의 반대 값 0이 된다. 세 번째 클럭 양의 모서리 t_3에서 $J=0$, $K=0$가 입력되므로, 출력 Q는 이전 출력 값 0 을 그대로 유지한다. 네 번 째 클럭 양의 모서리 t_4에서 $J=1$, $K=0$이 입력되므로, 출력 Q의 값은 1이 된다. 다섯 번 째 클럭 양의 모서리 t_5에서 $J=0$, $K=1$이 입력되므로, 출력 Q의 값은 0이 된다. 여섯 번 째 출력 양의 모서리 t_6에서 $J=1$, $K=1$이 입력되므로, 출력 Q는 이전 출력 값의 반대 값 1이 된다.

6.5.5 비동기식 입력을 지니는 플립플롭

지금까지는 $t=0$에서 플립플롭의 초기 값을 0으로 가정하였다. 클럭 양의 모서리나 음의 모서리가 입력되기 전에 먼저 플립플롭의 출력 값을 0 이나 1로 설정하는 초기화가 필요하다. 0으로 만드는 것은 클리어 ($Clear$) 로 정의하고, 1로 출력을 만드는 것을 프리셋($Preset$)으로 정의한다. 이러한 출력을 0 이나 1로 클럭에 상관없이 설정하는 것을 비동기식이라 한다. 동기식은 클럭의 양의 모서리 또는 음의 모서리로 특정 시간에 출력 값이 변화되는 경우이다. 비동기식은 입력 값이 들어오면 바로 출력을 설정하게 된다. $Clear$ 입력에 오버바를 표시($\overline{Clear}$)한 것은 입력 값이 0일 때 실제 출력 Q 값이 0으로 초기화 되는 것을 나타낸다. $Preset$에 오버바를 표시($\overline{Preset}$)한 것은 입력 값이 0일 때 실제 출력 Q 값이 1로 초기화되는 것을 의미한다. 그림 6.41은 기존 마스터 슬레이브 D 플립플롭에 비동기식 $\overline{Clear}$ 단자와 $\overline{Preset}$ 단자가 포함된 논리 회로도를 나타낸다.

Q의 값을 0으로 클리어($Clear$) 하기 위해서는 $\overline{Clear}$ 입력 값을 0으로 하고, $\overline{Preset}$ 입력 값을 1로 한다. 클럭은 아직 활성화 되어 있지 않으므로 0이다. 클럭의 값이 0이므로, g2 NAND 게이트와 g3 NAND 게이트 출력의 값은 0이고, $\overline{Clear}$가 0이므로 g5 NAND 게이트 출력은 1이고, g4 NAND 게이트 입력은 1, 1, 1이고, g6 NAND 게이트의 출력은 1이 되고, g7 NAND 게이트 출력은 0이 된다. g10 NAND게이트 출력이 1이고, g9 NAND 게이트 입력으로 1, 1, 1이 들어가서 출력 Q는 0이 된다. Q의 값을 1로 설정하기 위해서는 $\overline{Clear}$ 입력 값을 1로 하고, $\overline{Preset}$ 입력 값을 0으로 한다. 클럭은 활성화 되지 않았으므로, 0이다. g4 NAND 게이트 출력은 1이 되고, g5 NAND 게이트 출력은 0이 된다. g6 NAND게이트 출력은 1이고, g9 NAND 게이트 입력으로는 0, 1, 0이 g10 NAND 게이트 입력으로는 1, 1, 1이 입력되어 출력 $\overline{Q}$는 0이 된다. 클럭이 제대로 동작하고 실제 플립플롭으로 동작하기 위해서는 $\overline{Preset}$ 입력과 $\overline{Clear}$ 입력 값을 둘 다 1로 설정하면, 원래의 플립플롭 동작을 진행한다. 비동기식 입력은 디지털 시스템에 대한 전원이 인가되거나, 리셋되는 경우에 플립플롭의 값을 0 또는 1 로 초기화하는데 사용된다. 시스템이 부팅하거나 전원이 들어왔을 때 내부의 플립플롭을 초기화하는 과정은 매우 중요하다.

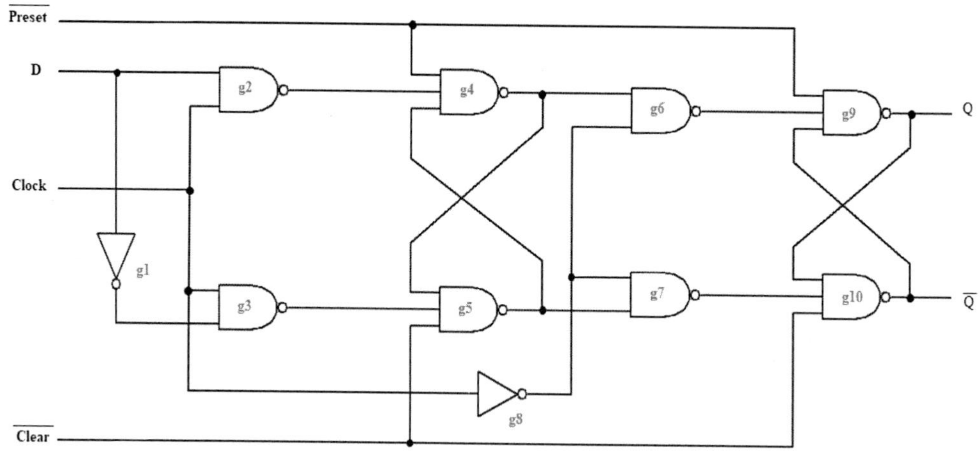

[그림 6.41] 비동기식 입력을 지니는 양의 모서리 마스터 슬레이브 D 플립플롭 논리 회로도

진리표와 논리 기호는 다음과 같다.

[표 6.9] 비동기식 입력을 지니는 D 플립플롭의 진리표와 심볼

$\overline{Clear}$	$\overline{Preset}$	Clock	D	$Q(t+1)$
0	1	X	X	0
1	0	X	X	1
1	1	↑	0	0
1	1	↑	1	1
1	1	나머지경우	X	$Q(t)$ (이전 출력 값)

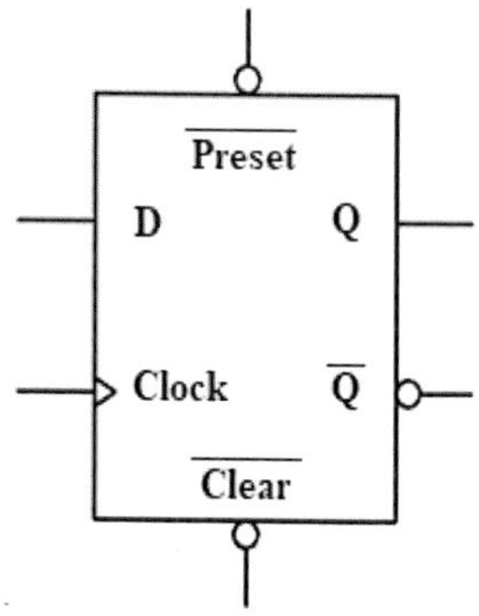

심볼에서 ○(작은 원)이 의미하는 것은 $\overline{Preset}$t과 $\overline{Clear}$ 값이 0일 때, 실제 Q의 값이 1과 0으로 설정되는 것을 의미한다. 심볼에서 만약 작은 원이 포함되어 있지않다면, Clear와 Preset 으로 이름이 달라지고, 이 경우에는 비동기식 입력 단자의 값이 1 일 때 실지로 플립플롭의 초기화가 진행되고, 정상적인 플립플롭 동작시에는 Clear 와 Preset 값을 0으로 한다.

다른 T 플립플롭, JK 플립플롭, SR 플립플롭에 대해서도 비동기식 $\overline{Clear}$와 $\overline{Preset}$ 단자가 같은 기능을 수행한다.

6.5.6 플립플롭의 전기적 특성 : 셋업과 홀드시간

D 플립플롭에서 그림 6.42와 같이 클럭과 입력 D 값이 같은 시간에 변하게 되면 양의 모서리에서 D의 값이 0인지 1인지 판단이 모호해 질 수 있다.

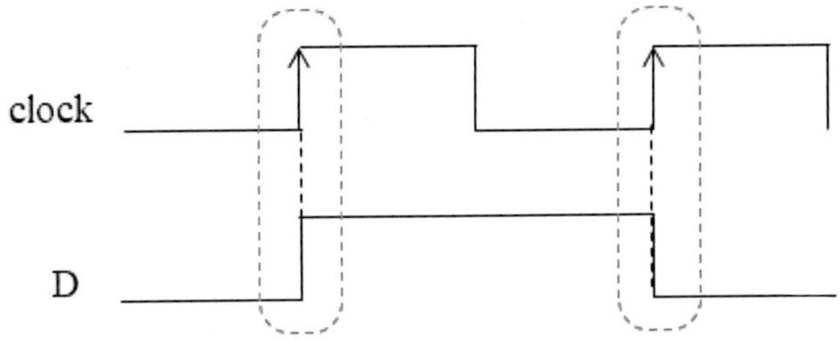

[그림 6.42] 같은 시간에 클럭과 D 입력이 동시에 변화할 때

위와 같은 문제점을 피하기 위해서 플립플롭을 이용하여 논리 회로를 설계하는 경우에는 원하는 동작을 얻기 위해서 다음 2가지 파라미터는 설계자가 반드시 숙지하여야 할 요소이다.

① 셋업 시간(Setup Time) : 클럭의 변이(양의 모서리 혹은 음의 모서리) 이전에 플립플롭 입력 D, T, J, K 값이 변하지 않는 최소 시간

② 홀드 시간(Hold Time) ; 클럭의 변이(양의 모서리 혹은 음의 모서리) 이후에 플립플롭 입력 D, T, J, K 값이 변하지 않고 유지하는 최소 시간

앞에서 설명한 셋업 시간과 홀드 시간은 제조사마다 다르므로 사양(Spec)을 확인하여야 한다. D 플립플롭의 셋업 시간과 홀드 시간이 다음과 같다고 가정한다.

$$t_{setup_{\min}} = 3ns,\ t_{hold_{\min}} = 2ns$$

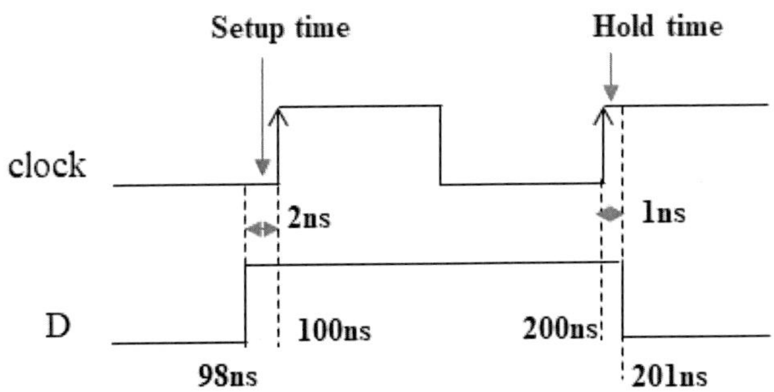

[그림 6.43] 셋업 시간과 홀드 시간이 부족한 예

그림 6.43에서 시간 100ns에서 클럭은 상승 모서리이다. 입력 *D*는 98ns에서 0에서 1로 변화하였다. 상승 모서리로부터 2ns 전에 0에서 1로 변화되었다. setup = 3ns(min) 셋업 최소 시간은 3ns로 규정하였다. 그림과 같이 *clock*과 *D*가 입력된다면, 최소 셋업시간 3ns 보다 실제 2ns이므로 작게 되어서 이 경우에는 이전에 정의된 플립플롭의 정상 동작을 기대하기 어렵다. 100ns 이후에 입력 *D*는 100ns 이상 1의 값을 유지하므로 홀드 시간은 100ns 이상이 되고, 최소 홀드 시간 2ns 보다 크므로, 홀드 시간은 문제가 안 된다. 그림에서 시간 200ns에서 클럭은 상승 모서리이다. 두 번째 클럭 상승 모서리시점에서 *D* 값은 1 인데 두 번 째 클럭 상승 모서리를 중심으로 훨씬 전부터 (98ns) 1의 값을 유지하고 있으므로, 셋업 시간은 102ns로 최소 셋업 시간 3ns 보다 훨씬 커서 문제가 되지 않는다. 반면에 두 번째 클럭 상승 모서리를 중심으로 입력 *D*는 모서리 이후에 최소 2ns 이상 값을 유지해야 하는데 그림에서는 201ns에 변하였으므로, 두 번째 상승 클럭 시점(200ns)에서 1ns의 홀드 시간을 지닌다. 이 값은 최소 홀드 시간 2ns 보다 작으므로, 정상적인 플립플롭의 결과를 예상할 수 없다. 매 클럭의 상승모서리(변이)에서 입력 *D*의 셋업과 홀드 시간을 매번 점검하여서, 규정에서 정한 최소 사양 이상이 되어야 정상적으로 플립플롭이 동작한다. 디지털 논리 회로 설계 과정에서 모든 플립플롭의 셋업시간과 홀드 시간 규정 준수는 검증에서 필수 요소이다. 최소 셋업과 홀드 시간을 만족하지 않는 경우에는 설계를 보완해야 한다.

6장 연습문제

6.1 외부 침입자가 들어오는 경우 알람이 켜지는 알람 시스템 전체 블록도를 그리고, 순차회로(기억소자)가 필요한 것을 설명하여라.

6.2 NOR 게이트를 이용한 래치를 그리고, 진리표와 회로 동작을 설명하여라.

6.3 NAND 게이트를 이용한 래치를 그리고, 진리표와 회로 동작을 설명하여라.

6.4 NAND 게이트로만 구성된 게이티드 SR 래치(Gated SR latch)의 회로와 진리표를 그리고, 다음과 같은 타이밍도에서 출력 Q를 그려라. (t=0 일 때 Q 는 0 으로 가정)

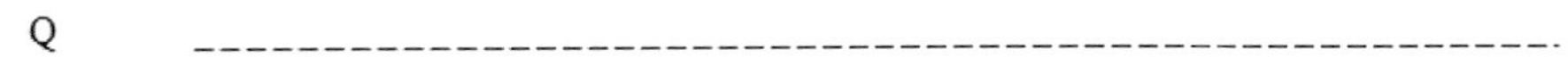

[게이티드 SR 래치(Gated SR latch) 타이밍 도]

6.5 게이티드 D 래치(Gated D latch) 회로와 진리표를 그리고, 다음과 같은 타이밍도에서 출력 Q를 그려라. (t=0 일 때 Q는 0 으로 가정)

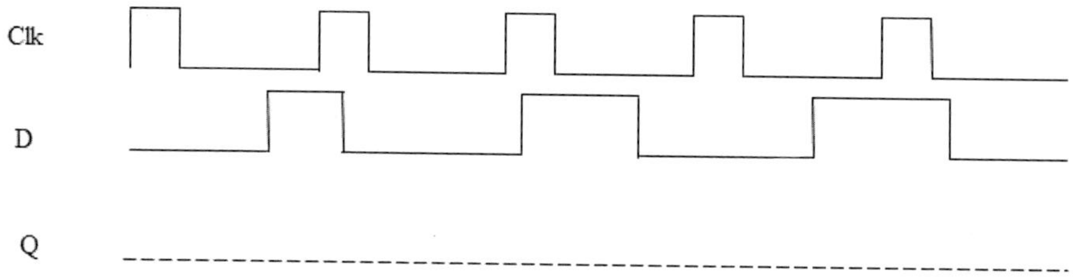

[게이티드 D 래치(Gated D latch) 타이밍 도]

6.6 Setup time(셋업 시간) 과 Hold time(홀드 시간)을 설명하고, 어떤 T 플립플롭의 Setup time이 3ns 이고, Hold time 이 2ns 일 때 다음과 같은 타이밍도에서 타이밍에 위반(violation) 되는 부분의 번호를 적고 설명하여라.

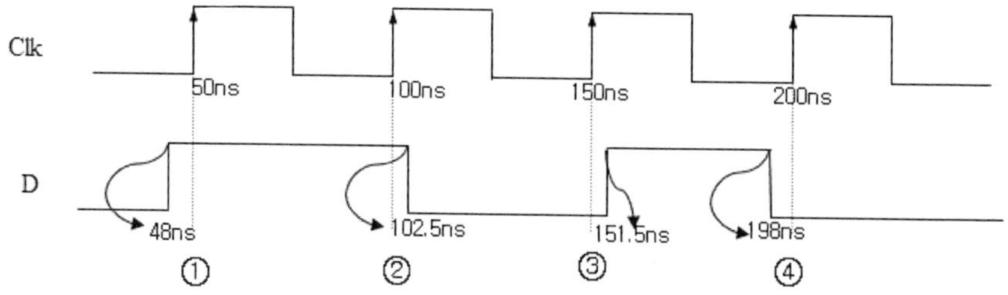

[임의의 T 플립플롭 타이밍 도]

6.7 마스터 슬레이브 D 플립플롭 논리 회로도를 그리고, 동작을 설명하여라.

6.8 음의 모서리(negative edge) D 플립플롭의 심볼과 진리표를 그리고, 다음과 같은 타이밍도에서 출력 Q를 그려라. (t=0, Q=0)

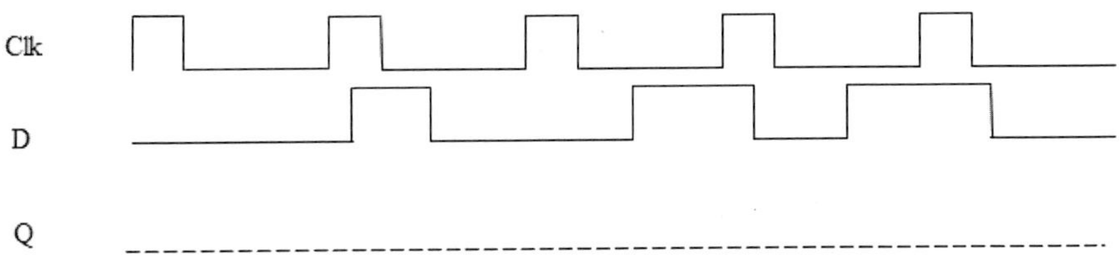

[음의 모서리(negative edge) D 플립플롭 타이밍 도]

6.9 양의 모서리(positive edge) T 플립플롭의 회로도, 심볼과 진리표를 그리고, 다음과 같은 타이밍도에서 출력 Q를 그려라. (t=0, Q=0)

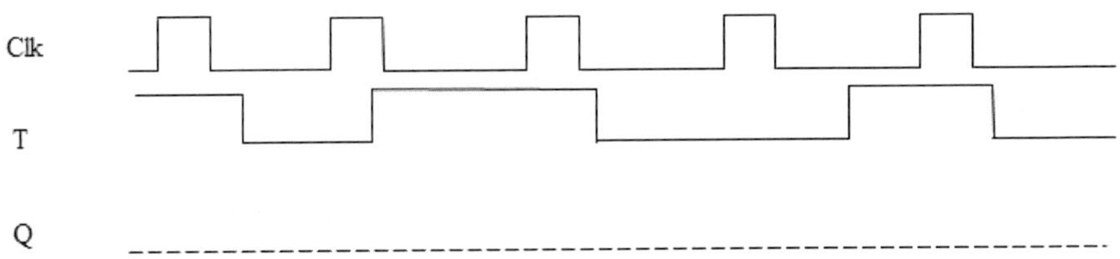

[양의 모서리(positive edge) T 플립플롭 타이밍 도]

6.10 양의 모서리(positive edge) JK 플립플롭의 회로도, 심볼과 진리표를 그리고, 다음과 같은 타이밍도에서 출력 Q를 그려라. (t=0, Q=0)

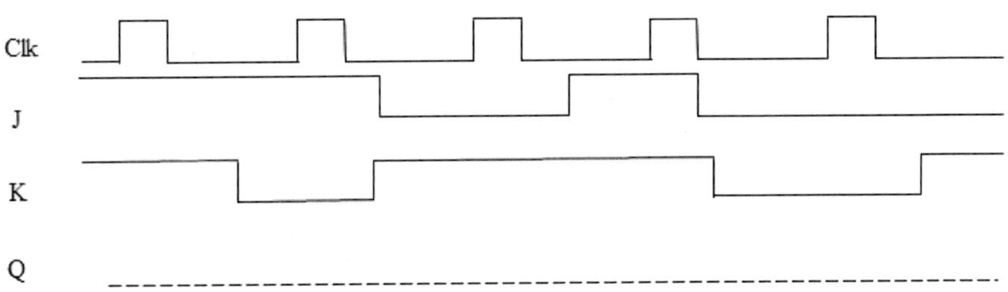

[양의 모서리(positive edge) JK 플립플롭 타이밍 도]

07

플립플롭 응용 회로 (Flip-Flop application circuit)

플립플롭을 사용하는 대표적인 설계 사례는 레지스터와 카운터이다. 데이터 비트를 저장하는 소자로 DRAM, SRAM, Flash Memory가 알려져 있지만 디지털 시스템에서는 적은 양의 디지털 비트를 읽고 쓰고 저장하는 경우에는 레지스터(Register)가 활용된다. 레지스터(Register)는 플립플롭으로 구성되며, 외부에서 여러 가지 파라미터를 받아서 쓰고, 저장하고, 필요한 경우 읽어오는 디지털 블록으로 활용된다. 카운터 회로는 디지털 시스템에서 중요하고 많이 사용되는 회로이다. 어떤 이벤트가 발생한 횟수를 세거나, 시스템의 제어 회로에서 제어하는 시간을 정해서 기능을 수행하는 시간 계획을 설계할 때 주로 사용된다.

7.1 레지스터 회로(Register Circuit)

레지스터 회로는 1비트를 저장하고 읽고 쓸 수 있는 D 플립플롭을 주로 이용하여 설계된다. 대용량의 데이터를 기억하는 소자는 메모리 회로를 사용하지만, 디지털 시스템 내에서 빠른 데이터 읽기 쓰기와 1024비트 정도 이하의 적은 양을 기억하고 읽고, 쓰는 회로는 레지스터를 이용하여 설계된다. 디지털 시스템을 구성하는 각 서브블럭의 출력을 저장하고, 필요한 시간에 가져다가 사용하기 위한 임시 저장 블록으로 사용된다. 또 다른 사용용도에 따라서 쉬프트 레지스터, PISO(병렬입력-직렬출력), SIPO(직렬입력-병렬출력) 레지스터를 구성할 수 있다.

7.1.1 쉬프트 레지스터(Shift Register)

산술 연산에서 ×2나 ÷2는 곱셈기나 나눗셈 회로를 사용할 수 있지만, 쉬프트 레지스터를 이용해서 간단하게 설계할 수 있다. 예를 들어서 6비트 양수의 경우 011010(26) 값에 ×2를 하게 되면 110100(52)가 된다.

011010(26)을 왼쪽으로 1비트씩 이동시키고, LSB에는 0을 채워 넣으면 110100(52)으로 된다. 만약 011010(26) 값에 ÷2를 하게 되면, 001101(13)이 된다. 011010(26)을 오른쪽으로 1비트씩 이동시키고 MSB 에는 0을 채워 넣으면 001101(13)으로 된다.

이렇게 왼쪽과 오른쪽으로 저장된 디지털 데이터를 이동(쉬프트)하는 기능을 지닌 레지스터를 쉬프트 레지스터라고 한다. 쉬프트 레지스터는 그림 7.1과 같이 단순히 D 플립플롭을 직렬로 연결하여 구성할 수 있다. 그림 7.1은 매 클럭마다 1비트씩 오른쪽으로 이동(쉬프트)되는 6비트 오른쪽 쉬프트 레지스터이다.

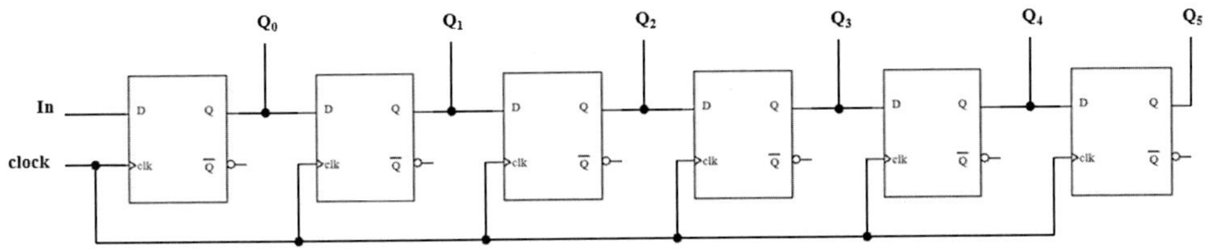

[그림 7.1] 6비트 쉬프트 레지스터 논리 회로도

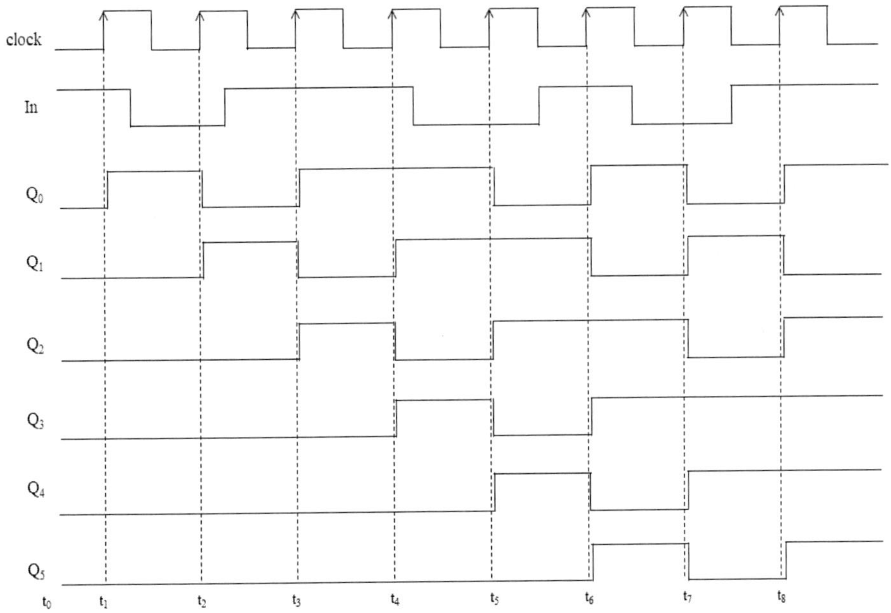

[그림 7.2] 6비트 쉬프트 레지스터 타이밍도

비동기식 클리어 입력 단자를 이용해서 6개의 D플립플롭을 모두 0으로 초기화 시켰다고 가정한다. 그림 7.2에서 클럭 양의 모서리 첫 번째 t_1 에서 In 값이 1이므로, 출력 Q_0가 1이 되는데 이때 플립플롭 회로의 게이트 지연 전파 시간으로 t_1 보다 약간 지연 시간 후에 Q_0가 변한다. 매 클럭의 상승 모서리에서 입력을 받아서 출력이 나오기까지 약간의 지연 시간이 발생한다.

[표 7.1] 6비트 쉬프트 레지스터 입력 및 출력 값의 변화

시간	In	Q_0	Q_1	Q_2	Q_3	Q_4	Q_5
t_1	1	0	0	0	0	0	0
t_2	0	1	0	0	0	0	0
t_3	1	0	1	0	0	0	0
t_4	1	1	0	1	0	0	0
t_5	0	1	1	0	1	0	0
t_6	1	0	1	1	0	1	0
t_7	0	1	0	1	1	0	1
t_8	1	0	1	0	1	1	0

매 클럭마다 Q_0에서 Q_5의 디지털 데이터가 오른쪽으로 1 비트씩 이동하는 것을 표로 나타내었다. 이와 같이 D 플립플롭을 직렬로 연결하면 쉬프트 기능과 데이터를 저장하는 기능을 지닌 간단한 쉬프트 레지스터를 구현할 수 있다. 레지스터의 또 다른 응용 분야는 직렬 통신 방식이다. 디지털 시스템, PC 또는 스마트 폰에서 영상이나 음성에 대한 데이터 비트는 16비트, 32비트, 64비트이며 병렬로 처리한다. PC 와 스마트 폰 사이에 데이터를 주고 받는 경우에 USB(Universal Serial Bus) 포트를 통하여 직렬로 데이터 송수신이 이루어진다. 병렬 포트를 사용하는 경우에 속도는 빠르지만, 핀 수가 많아서 송수신에 사용하는 연결선이 많게 된다. 반면에 USB 는 5핀 내외이므로, 연결선이 적어 널리 사용한다. PC와 스마트폰과의 직렬 통신을 위해서는 16비트, 32비트, 64비트 등의 데이터를 한 비트씩 직렬로 변환해서 출력시키는 병렬 입력 직렬 출력 기능을 수행하는 회로가 필요하다. 레지스터를 이용해서 이러한 기능을 수행할 수 있다. 병렬(16비트, 32비트, 64비트) 데이터를 직렬 1비트로 변환하는 레지스터가 병렬 입력 직렬 출력 레지스터 (Parallel Input Serial Output Register) 이다. 반대로 1비트 직렬 데이터를 입력으로 받아서 16비트, 32비트, 64비트의 병렬 데이터로 변환하는 레지스터가 직렬 입력 병렬 출력 레지스터 (Serial Input Parallel Output Register) 이다. 그림 7.3 PC와 스마트폰 사이에 USB 직렬 통신 방식을 이용하여 카메라 사진정보나 파일데이터를 주고 받을 때 필요한 PISO 와 SIPO 레지스터의 기능을 나타내었다.

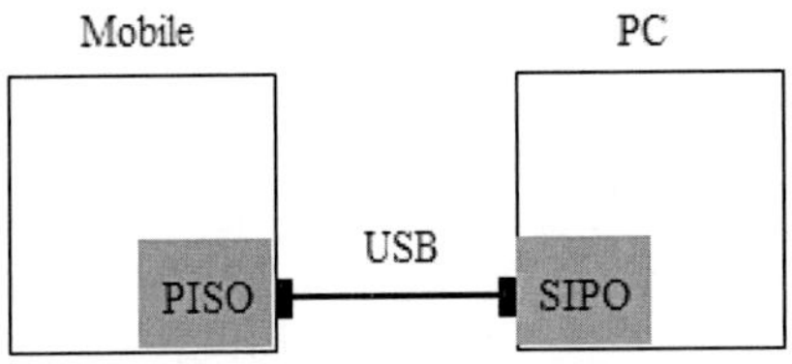

[그림 7.3] USB를 이용한 PC 와 스마트 폰 직렬 데이터 통신

7.1.2 병렬-입력 직렬-출력 레지스터(Parallel-Input Serial Out)

모바일 폰의 사진과 같은 데이터는 8비트 병렬이고, USB를 이용하여 직렬로 데이터를 전송하기 위해서는 병렬 데이터를 입력으로 받아서 직렬로 변환하는 PISO(Parallel In Serial Output) 레지스터가 사용된다. PC에서 USB를 통하여 받은 직렬 데이터는 다시 SIPO(Serial_In_ Parallel_Out) 레지스터를 이용하여 병렬 데이터로 변환해서 저장 요소에 저장하거나 그래픽 처리를 수행한다. 먼저 PISO 레지스터를 알아보자.

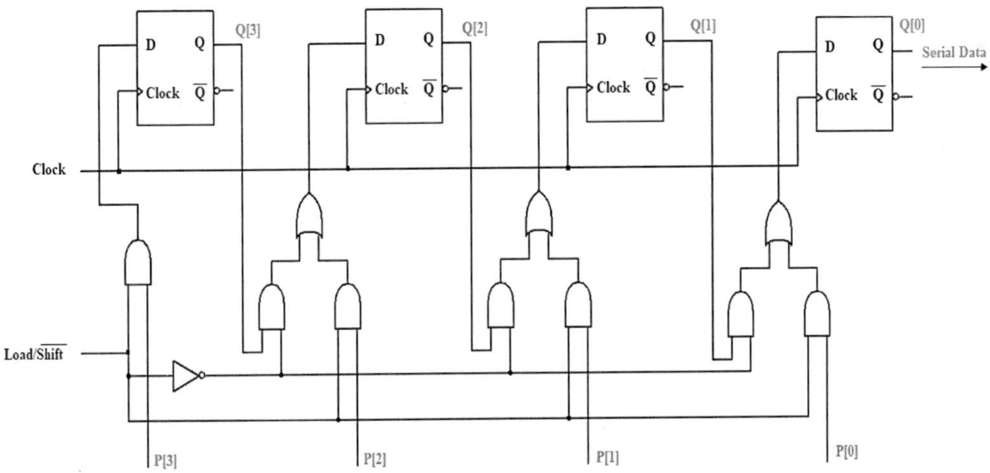

[그림 7.4] 4비트 PISO 레지스터 논리 회로도

그림 7.4는 4비트 데이터 P[3:0]를 병렬로 받아서, 매 클럭마다 1 비트씩 직렬로 출력하는 4비트 병렬-입력 직렬-출력 레지스터(PISO : Parallel Input Serial Output Register) 논리 회로도이다. $Load/\overline{shift}$ 제어 신호의 값이 1이면, 병렬 입력 데이터 P[3:0] 4비트가 D 플립플롭의 입력 D로 각각 연결되어서 클럭의 양의 모서리에 입력된다.

그림 7.5 타이밍도에서 t_1 클럭 양의 모서리에 4비트 병렬 데이터 P[3:0]=0101 의 값이 D 플립플롭에 입력되어서 Q[3:0]=0101 이 저장된다. t_1 한 클럭동안 P[3:0] 4비트가 한꺼번에 병렬로 Q[3:0] 값으로 인가(로드)된다.

저장된 Q[3:0] 값을 한 비트씩 직렬로 Q[0] 출력으로 이동하여 보내려고 하면 $Load/\overline{shift}$ 제어 신호의 값을 0으로 한다. $Load/\overline{shift}=0$ 이면, 각각 2개의 AND 게이트 중에서 왼쪽 AND 게이트가 활성화되어서 D 플립플롭의 입력 D는 이전 왼쪽 Q의 값이 연결된다.

그림 7.5 타이밍도에서 살펴보면, $t_2,$ $t_3,$ t_4 클럭 양의 모서리에서 $Load/\overline{shift}=0$ 이므로 매 클럭마다 오른쪽으로 1 비트씩 이동하여, 직렬 데이터가 Q[0]를 통하여 1→0→1→0 으로 LSB부터 1비트씩 직렬로 출력된다. t_1 클럭 양의 모서리에 병렬 데이터 4비트를 병렬로 인가해서, 연속되어서 4 클럭 양의 모서리동안 직렬로 비트씩씩 Q[0]를 통하여 출력하는 PISO 기능을 수행한다.

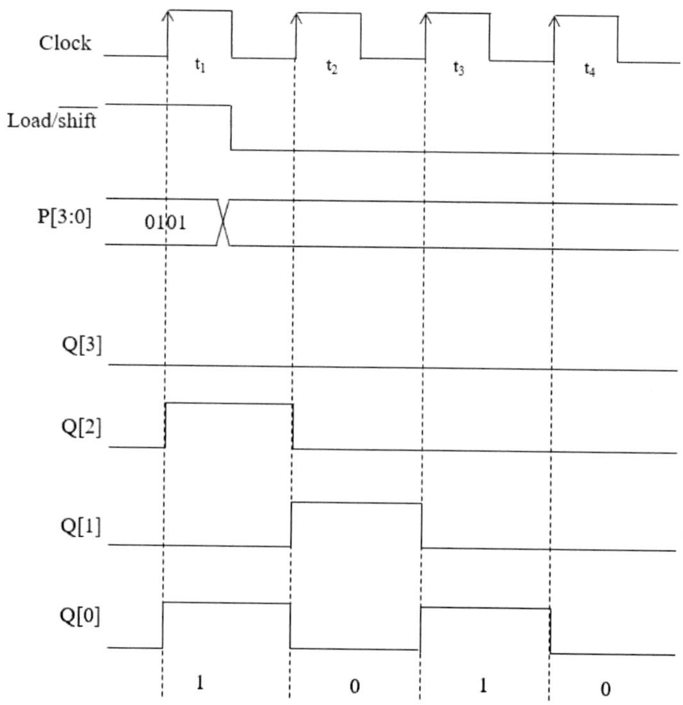

[그림 7.5] PISO 레지스터 타이밍도

7.1.3 직렬-입력 병렬-출력 레지스터(Serial-Input Parallel Out)

직렬-입력 병렬-출력 레지스터(SIPO : Serial Input Parallel Output Register)는 그림 7.6과 같이 쉬프트 레지스터와 거의 비슷한 구조로 설계된다. 4개의 D플립플롭을 직렬로 연결하고, 모든 D 플립플롭의 클럭은 입력 clock 에 연결된다. 1비트 직렬로 인가되는 입력은 Serial In 으로 입력된다. 매 클럭마다. 1비트씩 직렬로 첫 번째 D 플립플롭으로 입력되고, 각각의 D 플립플롭 입력은 이전 출력에 연결되어서 1비트씩 오른쪽으로 이동(쉬프트) 된다.

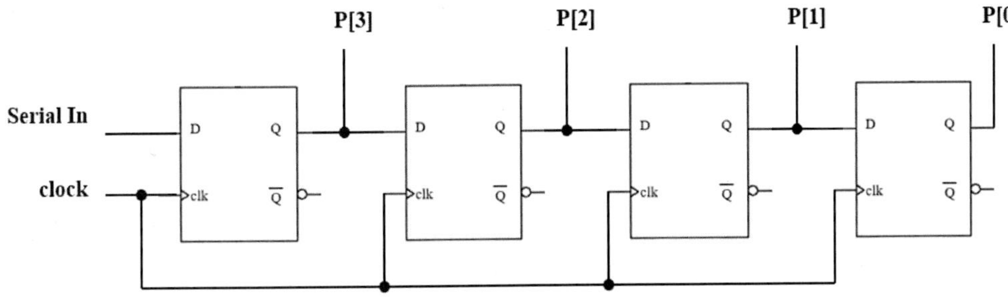

[그림 7.6] 4비트 SIPO 레지스터 논리 회로도

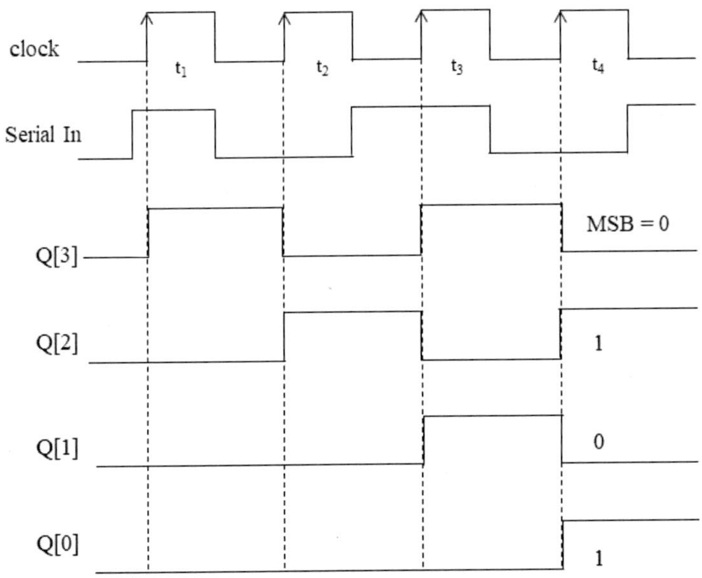

[그림 7.7] SIPO 레지스터 타이밍도

그림 7.7의 4비트 SIPO(Serial In Parallel Output) 레지스터 타이밍도에서 클럭의 첫 번째 양의 모서리인 t_1 에 직렬 입력인 Serial In 의 1 값이 첫 번째 D 플립플롭 출력 Q[3] 에 저장된다. 다른 Q[2], Q[1], Q[0] 값은 초기화 값인 0을 유지한다. 클럭의 두 번째 양의 모서리인 t_2 에 직렬 입력인 Serial In 의 0 값이 첫 번째 D 플립플롭 출력 Q[3] 에 저장되고, 두 번째 플립플롭의 출력 Q[2] 에는 Q[3] 이전 출력 값인 1 이 저장되고, Q[1] 과 Q[0] 값은 초기화 값인 0을 유지한다. Q[3:0] 값은 0100 이 된다. 클럭의 세 번째 양의 모서리인 t_3 에 직렬 입력인 Serial In 의 1 값이 첫 번째 D 플립플롭 출력 Q[3] 에 저장되고, 두 번째 플립플롭의 출력 Q[2] 에는 Q[3]의 이전 출력 값인 0 이 저장되고, 세 번째 플립플롭의 출력 Q[1] 에는 Q[2] 의 이전 출력 값인 1 이 이 저장되고, Q[0] 은 초기 값인 0을 유지한다. Q[3:0] 값은 1010 이 된다. 네 번 양의 모서리인 t_4 에 직렬 입력인 Serial In 의 0 값이 첫 번째 D 플립플롭 출력 Q[3] 에 저장되고, 두 번 째 플립플롭의 출력 Q[2] 에는 이전 출력 값이 1이 저장되고, 세 번째 플립플롭의 출력 Q[1] 에는 Q[2] 의 이전 출력 값인 0 이 저장되고, 네 번째 플립플롭의 출력 Q[0] 는 Q[1] 의 이전 출력 값인 1 이 저장된다. 이 때 최종 출력 Q[3:0] 값은 0101 이 되고, 4클럭 이후에 직렬 데이터 4비트가 병렬 데이터로 변환된다. 8비트, 16비트, 32비트의 SIPO 도 마찬가지 방식으로 D 플롭플롭을 비트수 만큼 직렬로 연결하고, 병렬로 데이터를 변환하는데 까지 걸리는 시간은 비트 수 만큼의 클럭 개수가 필요하다. 이러한 병렬로 변환된 데이터는 다음 논리 회로나 블록으로 병렬로 보내어 병렬 데이터 처리가 가능하게 된다. USB를 통하여 직렬 통신 방식으로 데이터를 송수신하는 경우에 PISO 와 SIPO 레지스터가 활용된다.

7.2 카운터 회로(Counter Circuit)

카운터 회로는 디지털 시스템에서 중요하고 또한 많이 사용되는 회로이다. 어떤 이벤트가 발생한 횟수를 세거나, 시스템에서 제어하는 시간 간격을 알려주고, 기능을 수행하는 시간 계획을 실행하는 주요 회로이다. 카운터는 T 플립플롭을 이용해서 설계할 수 있다. 카운터 설계 방식에는 비동기식 카운터와 동기식 카운터로 나눈다. 비동기식 카운터는 이해와 설계가 쉽지만, 속도가 느린 단점이 있고 동기식 카운터는 그와 반대이다. 비동기식과 동기식의 구분은 모든 플립플롭의 클럭 부분이 함께 연결된 것을 동기식 카운터(Synchronous Counter)라 하고, 그렇지 않은 설계를 비동기식 카운터(Asynchronous Counter)라고 정의한다. 먼저 이해하기 쉬운 비동기식 카운터의 업(up)과 다운(down) 카운터를 알아본다. 일어난 이벤트가 늘어날 때마다 숫자가 증가하는 카운터를 업카운터라 하고, 일어난 이벤트가 발생할 때 마다 정해진 숫자에서 감소하는 것을 다운 카운터라고 한다.

7.2.1 비동기식 업 카운터(Asynchronous Up Counter)

T 플립플롭을 이용한 가장 간단한 비동기식 카운터이다. T 플립플롭을 사용한 비동기식 업 카운터는 수를 셀 수 있는 범위에 따라서 비트 수가 결정된다. 만약 0에서 15까지 셀 수 있는 카운터를 설계하려면, $2^4 = 16$가지이므로 4비트가 적당하다. 입장객 8,000명까지를 셀 수 있는 카운터를 구현하려면 $2^{13} = 8,192$이므로 13비트의 카운터 회로 설계가 필요하다. 간단하게 0에서 7까지 셀 수 있는 업 카운터를 설명하고, 비트 수의 확장은 같은 방식으로 T 플립플롭의 개수를 증가시키고 연결하여 구현할 수 있다. 그림 7.8은 0에서 7까지 셀 수 있는 3비트 비동기식 업 카운터의 논리 회로도이다.

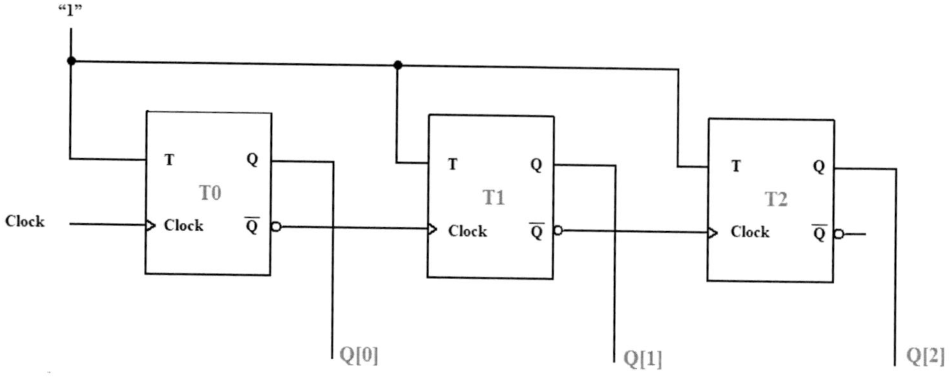

[그림 7.8] 3비트 비동기식 업 카운터 논리 회로도

회로의 구성은 T 플립플롭 3개를 그림 7.8과 같이 연결한다. 모든 T 플립플롭의 입력 T는 "1"로 연결하고, 왼쪽 첫 번째 T 플립플롭의 클럭 입력(Clock)에는 수를 세려고 하는 이벤트가 입력되고, 그 이후의 T 플립플롭 클럭 입력에는 이전 T 플립플롭 출력 $\overline{Q}$ 를 연결한다. 비트 수가 증가해도 같은 방식으로 연결하면 원하는 업 카운터를 구현할 수 있으므로 회로는 간단하다. 회로의 동작 원리를 그림 7.9 타이밍도에서 살펴보면 다음과 같다. 입력 클럭(Clock)에는 수를 세려는 발생 이벤트이다. $Q[0]$, $Q[1]$, $Q[2]$는 이벤트를 카운트 한 결과 값이다. 이벤트가 들어올 때 마다 Q[2:0] 값은 000, 001, 010, 011, 100, 101, 110, 111로 0 → 1 → 2 → 3 → 4 → 5 → 6 → 7까지 증가된다.

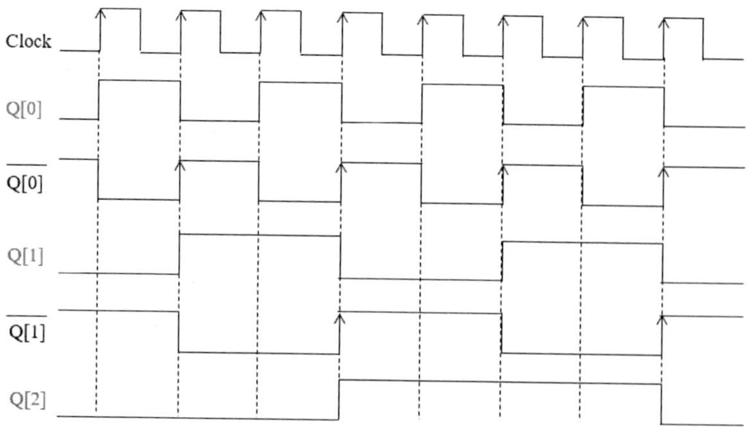

[그림 7.9] 3비트 업 카운터 타이밍도

가장 왼쪽에 있는 T0 플립플롭에서 입력 T = 1이 되고, 클럭으로 수를 세려는 이벤트가 인가되므로 출력 Q[0]는 입력 값의 양의 모서리마다 이전 값의 반대 값으로 토글링된다. (바뀌어진다) Q[0]와 Q[1], Q[2]는 이벤트가 발생하기 전에 모두 0으로 초기화되었다고 가정한다. 양의 모서리마다 T 플립플롭의 전파 시간을 Δ 라고 가정하면, Δ 지연 시간 이후 0→1, 1→0으로 토글링된다. 타이밍도에서 Q[0] 값을 구할 수 있다. T 플립플롭 T_1을 보면, Q[0]의 반대 값이 클럭으로 입력되었고, 입력 T는 "1"로 연결되어 입력된다. T_1은 이전 클럭 이벤트 값과 상관 없이, $\overline{Q}$[0]의 값에서 양의 모서리마다 출력 Q[1]의 값이 0→1, 1→0으로 토글링된다. T_2도 이전 클럭 이벤트 값과 상관없이, $\overline{Q}$[1]의 값에서 양의 모서리마다 출력 Q[2]의 값이 0→1, 1→0으로 이전 출력 값을 계속 토글링하게 된다. 그림 7.9 타이밍도에서 입력 이벤트와 Q[0], Q[1], Q[2] 출력 값만 정리하면 그림 7.10과 같다.

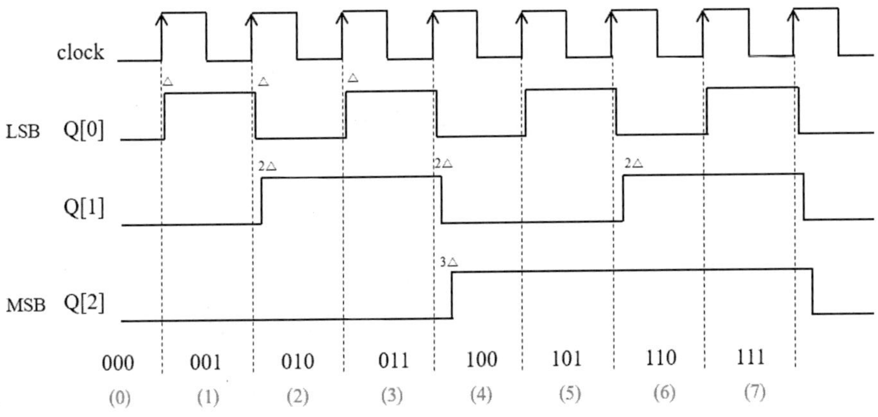

[그림 7.10] 3비트 비동기식 업 카운터 출력 타이밍도

그림 7.10에서 수를 세려고하는 이벤트 입력을 클럭에 연결하면, 매 이벤트 수가 1 씩 증가할수록 Q[2:0] 3비트 값은 1씩 증가함을 나타낸다.

이 비동기식 업 카운터는 회로 구현은 매우 간단하지만, 이벤트 후에 최대 3Δ 지연 시간이 걸리는 단점이 있다. 만약 n 비트 업 카운터에서는 $n\times\Delta$의 긴 지연 시간이 발생하므로, 빠른 속도를 요구하는 디지털 시스템에서 비동기식 카운터는 적절하지 않다. 출력 값은 이벤트가 발생할수록 출력 $Q[2]$, $Q[1]$, $Q[0]$는 값이 증가되므로 업카운터가 된다.

7.2.2 비동기식 다운 카운터(Asynchronous Down Counter)

자동차의 연료 소모량처럼 정해진 값에서 이벤트가 발생할수록 값이 감소하는 것을 세는 카운터를 다운 카운터로 정의한다. 다운 카운터는 업 카운터의 회로 구조와 거의 비슷하다. 그림 7.11은 7에서 0까지 이벤트가 발생할 때마다 1씩 감소하는 3비트 다운 카운터이다. 업 카운터처럼 모든 입력 T는 "1"로 연결하고, 첫 번째 T 플립플롭의 클럭 입력에 세려고 하는 이벤트를 연결하고, 첫 번째와 두 번째 T 플립플롭의 출력 Q가 다음 T 플립플롭의 클럭으로 연결된다.

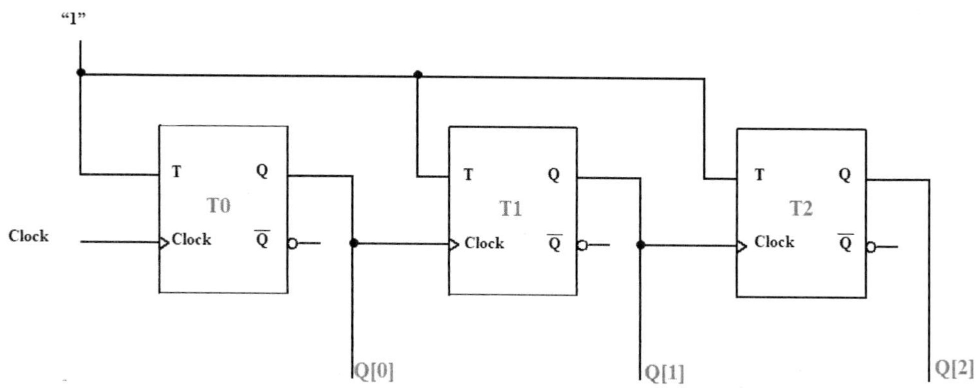

[그림 7.11] 3비트 비동기식 다운 카운터 논리 회로도

업 카운터와 다른 부분은 첫 번째, 두 번째 T 플립플롭의 출력 $\overline{Q}$가 다음 T 플립플롭의 클럭으로 인가된 반면, 다운 카운터에서는 T 플립플롭의 출력 Q가 다음 T 플립플롭의 클럭으로 인가된다.

처음에 $Q[2:0] = 000$으로 초기화 되었다면, 그림 7.12와 같이 이벤트가 발생할 때 마다 1씩 감소해서 111→110→101→100→011→010→001→000으로 바뀌는 다운 카운터이다.

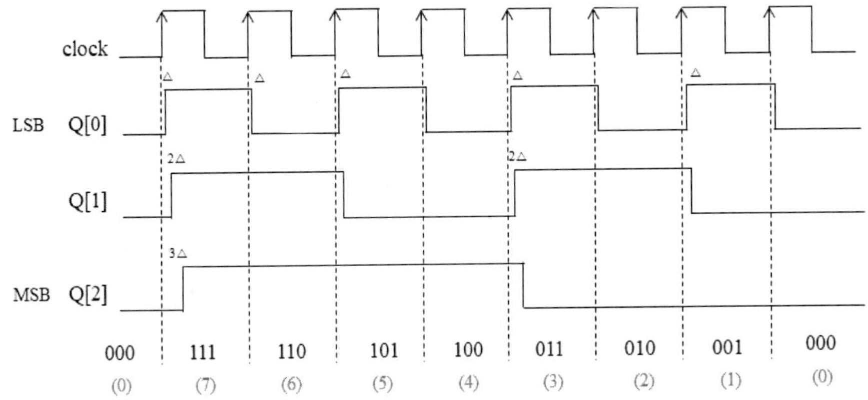

[그림 7.12] 3비트 비동기식 다운 카운터 타이밍도

7.2.3 동기식 업 카운터(Synchronous Up Counter)

지난 절에서 설명한 비동기식 카운터는 설계가 간단하지만, 비트 수가 증가할수록 비례해서 전파 지연 시간이 증가한다. 따라서 속도가 빠른 회로에서는 사용하기 힘들다. 동기식 카운터는 사용하는 T 플립플롭의 클럭을 공통 클럭으로 연결해서 속도를 개선하였다. 비트의 수가 증가해도 출력 지연 시간은 일정하게 작게 함으로써 고속 논리 회로에 사용된다. 표 7.2는 카운트 값이 0으로 초기화 되었다고 가정할 때 연속되어서 입력되는 이벤트에 대한 3비트 업 카운터의 변화 값이다.

[표 7.2] 3비트 동기식 업 카운터 출력 변화

클럭으로 입력되는 이벤트 수	Q[2]	Q[1]	Q[0]
0	0	0	0
1	0	0	1
2	0	1	0
3	0	1	1
4	1	0	0
5	1	0	1
6	1	1	0
7	1	1	1

수를 세려고 하는 이벤트의 변화가 모든 T 플립플롭의 Clock으로 입력된다. Q[0]는 매 클럭 마다 값이 변하므로, T 플립플롭의 입력을 1이라고 하고 클럭을 인가한다. Q[1]은 Q[0] 값이 1인 경우에만 값이 변하므로, 입력을 Q[0]로 하고, 클럭을 인가한다. Q[2]는 Q[1]과 Q[0]의 값이 둘 다 1인 경우에 값이 변하므로 입력을 Q[1]과 Q[0]를 AND 한 회로이다. 비트 수가 증가하더라고 표 7.2는 같은 형태이므로, 4비트 업 카운터의 경우에는 Q[3]는 Q[2], Q[1], Q[0]의 값이 세 개 다 1인 경우이므로, 입력을 이전 AND 게이트 출력 값과 Q[2]를 AND 해서 설계한다.

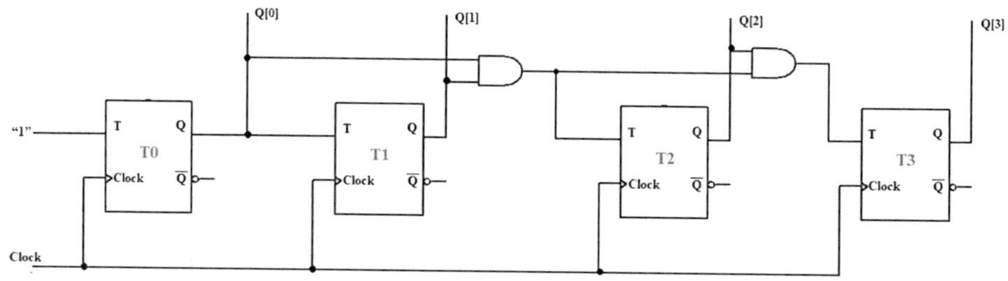

[그림 7.13] 4비트 동기식 업 카운터 논리 회로도

그림 7.13의 3비트 동기식 업 카운터는 클럭 입력이 이벤트 발생 Clock에 모두 같이 입력되는 것이 비동기식과 다른 점이다.

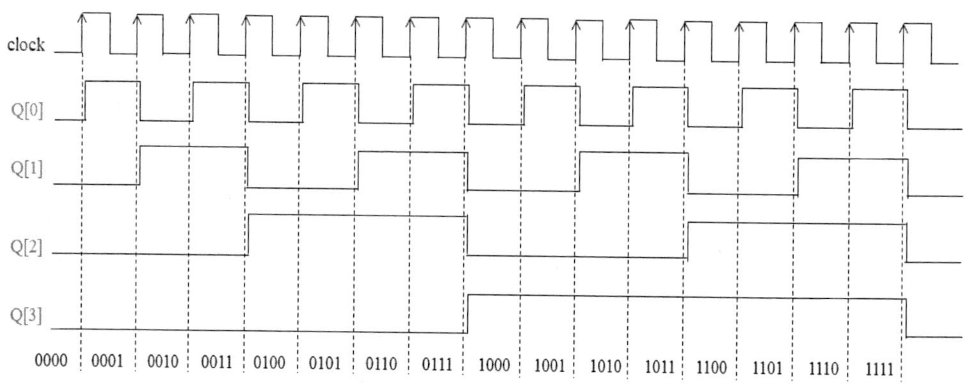

[그림 7.14] 4비트 동기식 업 카운터 타이밍도

각 클럭 신호의 양의 모서리에서 항상 같은 지연 시간을 지니고 변화하고, 모든 T플립플롭의 Clock가 함께 묶여 있으므로 동기식 카운터로 부른다.

7.2.4 동기식 다운 카운터(Synchronous Down Counter)

표 7.3은 카운트를 구성하는 T 플립플롭 Q[2:0]가 111로 초기화 되었다고 가정할 때 연속되어서 클럭으로 입력되는 이벤트 수에 대한 3비트 다운 카운터의 변화 값이다.

[표 7.3] 3비트 동기식 다운 카운터 출력 변화

클럭으로 입력되는 이벤트 수	Q[2]	Q[1]	Q[0]
0	1	1	1
1	1	1	0
2	1	0	1
3	1	0	0
4	0	1	1
5	0	1	0
6	0	0	1
7	0	0	0

Q[0]는 매 클럭마다 값이 변하므로, T 플립플롭의 입력을 1이라고 하고 클럭을 인가한다. Q[1]은 Q[0] 값이 1인 경우에만 값이 변하므로, 입력을 Q[0]로 하고, 클럭을 인가한다. Q[2]는 Q[1]과 Q[0]의 값이 둘 다 1인 경우에 값이 변하므로 입력을 Q[1]과 Q[0]를 AND 한 회로이다. 비트 수가 증가하더라고 표 7.3과 같은 형태이므로, 4비트 다운 카운터의 경우에는 Q[3]는 Q[2], Q[1], Q[0]의 값이 세 개 다 1인 경우이므로, 입력을 이전 AND와 Q[2]를 AND 하면서 설계한다.

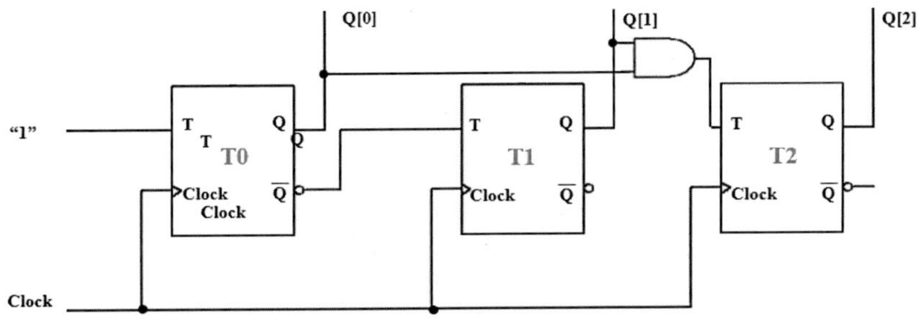

[그림 7.15] 3비트 동기식 다운 카운터 논리 회로도

그림 7.15의 동기식 다운 카운터는 Clock 입력이 이벤트 발생 클럭에 모든 T 플립플롭의 클럭에 동시에 입력되는 것이 비동기식과 다른 점이다.

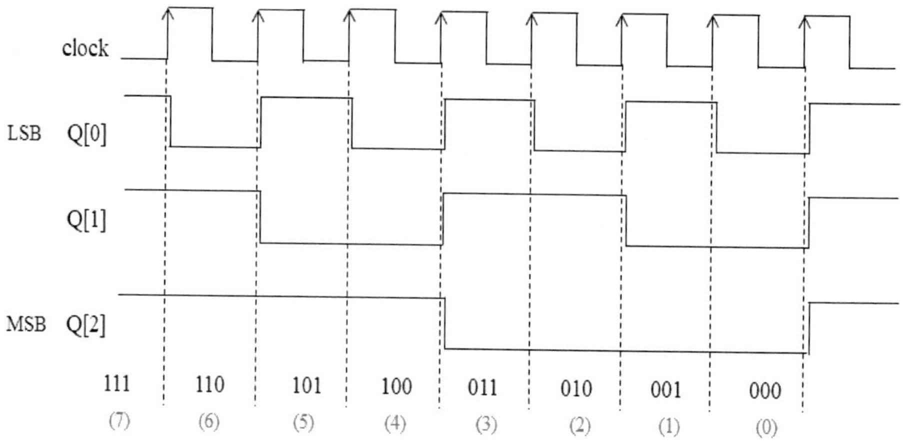

[그림 7.16] 3비트 동기식 다운 카운터 타이밍도

7.2.5 인에이블과 클리어 단자

카운터의 값을 모두 '0'으로 초기화 하기 위해서는 비동기식 클리어 입력 단자를 사용한다. 카운팅된 값을 유지하면서 더 이상의 카운팅이 진행되지 않고 카운팅 값을 유지하는 경우도 필요하다. 그림 7.17은 클럭과 이벤트 발생 입력에 상관없이 클리어(Clear) 입력 신호가 '0'이면 모든 T 플립플롭의 값이 '0'으로 클리어 된다. 정상적인 카운팅을 위해서는 클리어(Clear) 입력 신호를 '1'로 설정한다. 인에이블(Enable) 입력 신호의 값이 '1'이면 정상적인 카운팅 동작을 하고, 인에이블(Enable) 입력 신호의 값이 '0'이면 이전 카운팅 값을 그대로 유지하게 된다.

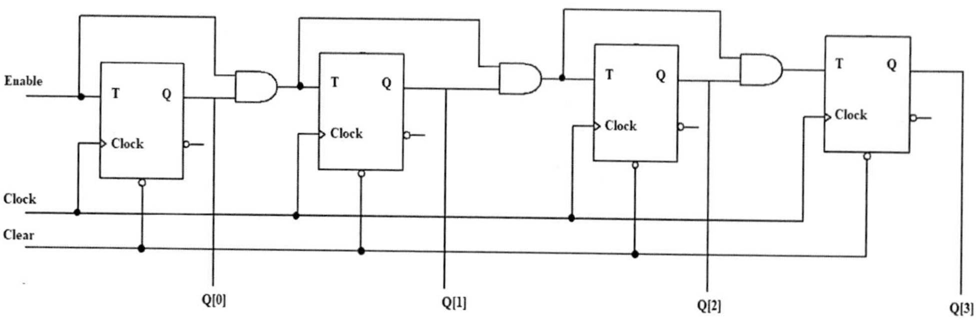

[그림 7.17] Enable과 Clear 신호를 지닌 4비트 동기식 업 카운터 논리 회로도

입력 Clear와 Enable 이벤트가 발생하는 클럭에 따라서 출력 $Q[3:0]$ 값은 그림 7.18과 같다.

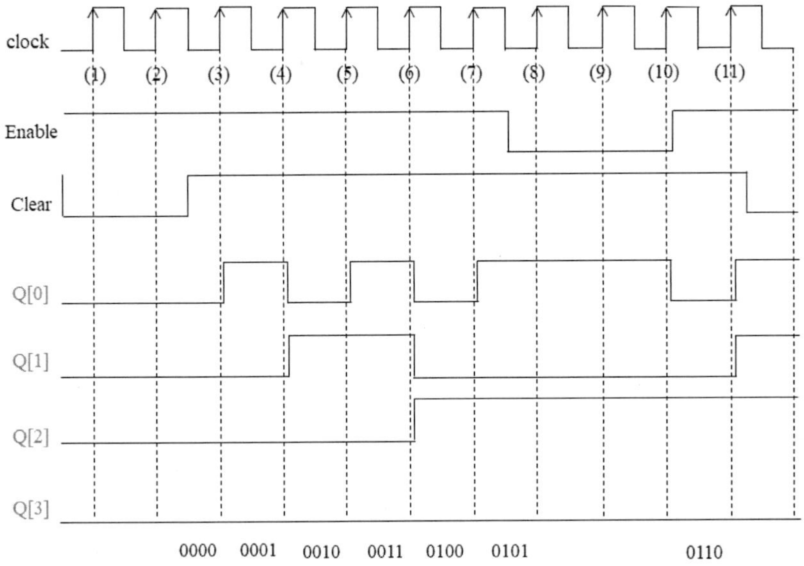

[그림 7.18] Clear와 Enable 입력 신호가 있는 4비트 업카운터 타이밍도

그림 7.18에서 Clear 비동기식 입력이 0이면, 클럭 이벤트의 상태와 상관없이 모든 T 플립플롭의 출력 Q는 0의 값이 된다. (3) 이벤트에서 Enable = 1이고, Clear = 1인 경우에 정상상태의 업 카운터 카운팅이 실시된다. (7) 이벤트 이후 (8) 이벤트에서 Clear = 1이고, Enable = 0이면, Q 출력 값은 이전 상태인 0101을 그대로 유지한다. (11) 이벤트에서 ebale = 1이 되고, Clear = 1이므로, 이전 상태 Q[3:0] = 0101에서 다시 업 카운팅이 시작된다. 표 7.4는 Enable과 Clear 비동기식 입력 단자에 대한 플립플롭의 상태를 나타내는 표이다.

[표 7.4] Enable과 Clear 비동기식 입력에 대한 플립플롭의 상태 표

Enable	Clear	Clock	출력 Q[3:0]
0	0	X	사용하지 않음
0	1	X	이전 카운팅 상태 유지
1	0	X	초기화 0000
1	1	클럭 양의 모서리	업 카운팅 동작

7장 연습문제

7.1 D 플립플롭을 이용하여, 8비트로 구성된 16 워드 레지스터 블록도를 그리고, 동작을 설명하여라.

7.2 8비트 오른쪽으로 쉬프트 기능을 지닌 8비트 쉬프르 레지스터 논리 회로를 그리고, 쉬프트 동작을 설명하여라.

7.3 카운터 논리 회로의 응용 예를 자세히 설명하여라.

7.4 양의 모서리(positive edge) 4비트 쉬프트 레지스터(shift register) 회로를 그리고, 다음과 같은 타이밍도 에서 출력 Q0, Q1, Q2, Q3를 그려라.

(단, t=0, Q0=Q1=Q2=Q3=0)

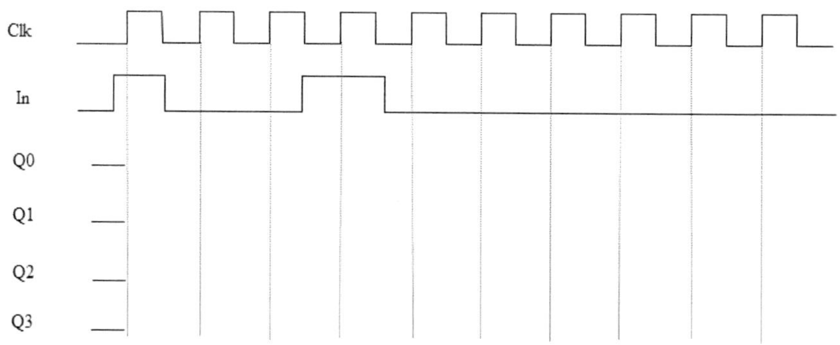

[4비트 쉬프트 레지스터(shift register) 타이밍 도]

7.5 음의 모서리(negative edge) 4비트 오른쪽 쉬프트 (shift right) 레지스터 회로를 그리고, 직렬 입력(In)이 주어졌을 때 타이밍도에서 출력 Q를 그려라.
(단, t=0, Q0, Q1, Q2, Q3 값은 0 으로 초기화)

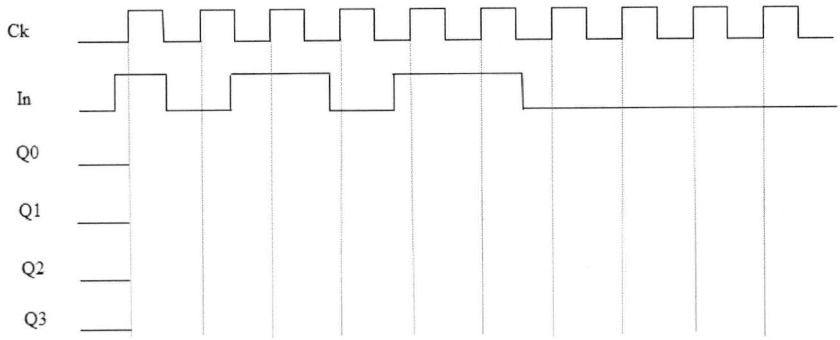

[4비트 오른쪽 쉬프트 레지스터(shift right register) 타이밍 도]

7.6 4비트 병렬 어세스 쉬프트 레지스터 회로를 그리고, 동작을 자세히 설명하여라.

7.7 양의 모서리(positive edge) 3비트 비동기식 다운 카운터(asynchronous down counter) 회로를 그리고, 타이밍도에서 출력 Q를 그려라.
(단, t=0, Q0=Q1=Q2=0)

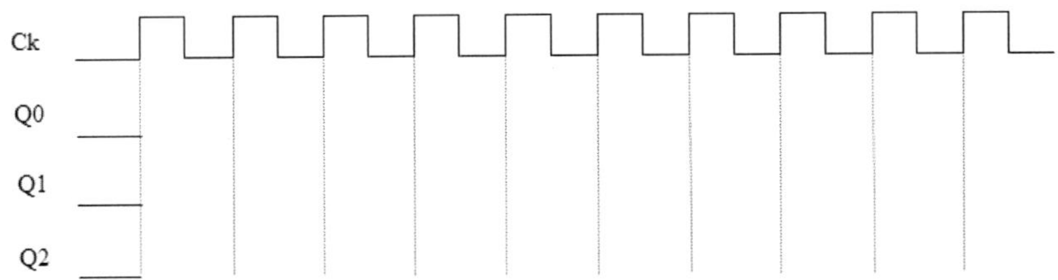

[3비트 비동기식 다운 카운터(asynchronous down counter) 타이밍 도]

7.8 양의 모서리 3비트 동기식 업카운터(synchronous up counter) 논리 회로도를 그리고, 동작을 설명하고, 타이밍도에서 출력 Q를 그려라.

(단, t=0, Q0=Q1=Q2=0)

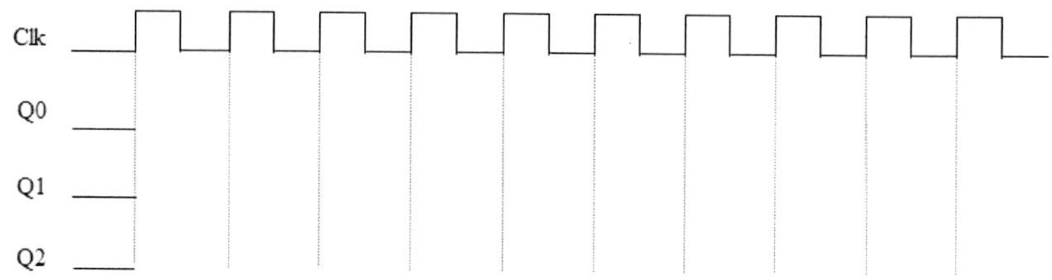

[3비트 동기식 상향 카운터(synchronous up counter) 타이밍 도]

7.9 양의 모서리(positive edge) 4비트 비동기식 다운 카운터(down counter) 회로를 그리고, 다음과 같은 타이밍도 에서 출력 Q0, Q1, Q2, Q3를 그려라.

(단, t=0, Q0=Q1=Q2=Q3=0)

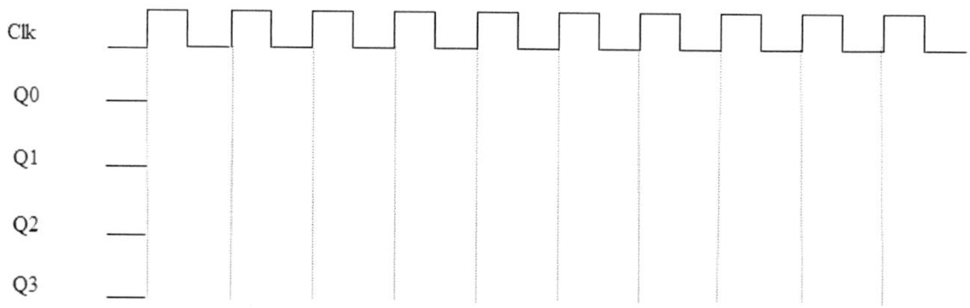

[4비트 다운 카운터(down counter) 타이밍 도]

7.10 음의 모서리(negative edge) 4비트 동기식 업카운터(up counter) 회로를 그리고, 다음과 같은 타이밍도 에서 출력Q0, Q1, Q2, Q3를 그려라.

(단, t=0, Q0=Q1=Q2=Q3=0)

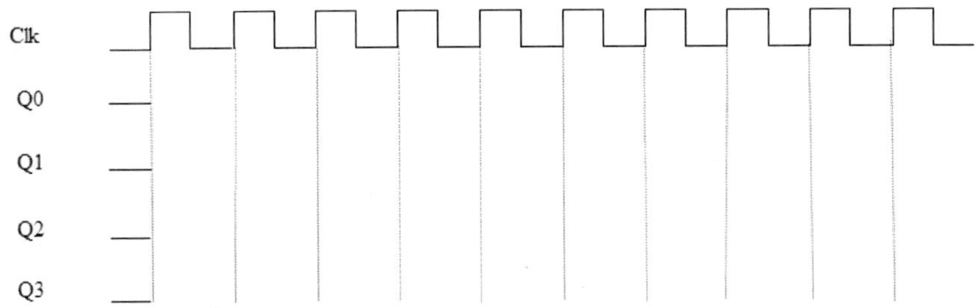

[4비트 업 카운터(up counter) 타이밍 도]

08

동기 순차 회로 설계 (Synchronous Sequential Logic Circuit)

현재 입력으로 현재 출력이 결정되는 회로가 조합 논리 회로이다. 플립플롭은 출력이 주어진 시간의 입력과 플립플롭의 이전 상태에 따라 현재 출력 값이 결정된다. 출력이 현재 입력 뿐만 아니라, 회로의 과거 행위에 의존하는 회로를 순차회로(sequential circuit)라고 한다. 대부분 순차 회로는 클럭 신호가 순차 회로 동작을 제어하는데 사용된다. 클럭에 의해서 동작되는 회로를 동기 순차 회로라고 부른다. 클럭 신호를 사용하지 않는 것을 비동기식 순차 회로라고 한다. 동기식 순차 회로가 설계가 쉬우므로, 대부분 디지털 시스템에서 사용한다. 동기식 순차 회로는 조합 논리 회로와 1개 이상의 플립플롭으로 구성된다. 일반적인 동기식 순차 회로는 그림 8.1과 같다.

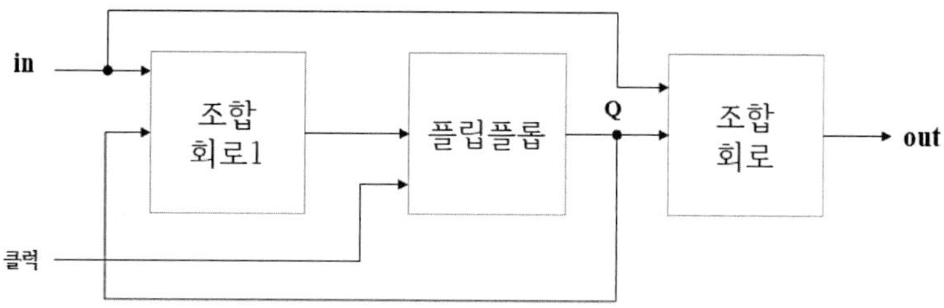

[그림 8.1] 일반적인 동기 순차 회로

회로는 1개 이상의 입력 in이 인가되어서, 여러 개의 출력 out을 지닌다. 플립플롭의 출력들은 회로의 상태(state) Q로 정의한다. 클럭 신호에 따라서, 플립플롭의 입력으로 인가되는 조합 회로1에 의해서 플립플롭의 상태가 변한다. 플립플롭은 클럭의 양의 모서리 또는 음의 모서리에서 한 클럭 동안 한번만 변한다. 양의 모서리 또는 음의 모서리 중 동작되는 부분을 활성 클럭 모서리(active clock edge) 라고 한다. 플립플롭에 입력 신호들을 제공하는 조합 논리 1은 주요 입력 in과 플립플롭의 현재 상태 Q 로부터 입력을 받는다. 따라서 플립플롭의 상태 변화는 현재 상태와 주요 입력들에 의해서 결정된다. 순차 회로의 출력은 조합 회로 2에 의해서 결정되고, 주요 입력 in과 플립플롭의 현재 상태의 함수이다. 조합 회로 2의 출력은 항상 플립플롭의 상태에 따라 결정되지만, 주요 입력이 상관없는 경우도 있으므로, 파란색 선 표현은 선택적으로 사용된다. 2가지 경우에 대해서, 주요 입력 출력에 영향을 주는 회로는 Mealy 형태로 부르고, 단지 플립플롭의 상태로만 출력이 결정되는 회로를 Moore 형태라 한다. 1950년 Edwate Moore와 Gerogy Mealy의 이름을 따서 정했다. 순차 회로는 유한 상태 기계(FSM : Finite State Machine) 라고 부른다.

8.1 기본 설계 단계 과정

간단한 예를 가지고, 동기 순차 회로를 설계하는 기술을 소개한다. 다음 사양(스펙 : spec)을 만족하는 회로를 설계한다고 가정한다.

1. 하나의 입력 in과 하나의 출력 out을 가진다.
2. 클럭의 양의 모서리에서 모든 회로가 변이된다.
3. 2개의 바로 이전 연속 클럭 동안 입력이 1이면, 출력 out이 1이고 다른 경우에는 출력이 0인 동기 순차 회로를 설계한다.

요구하는 사양을 보면, 단지 현재 입력 in 값에 의해서만, 출력 out을 구할 수 없다. 그림 8.2 는 사양에서 요구하는 내용을 만족하는 임의의 11개의 클럭 사이클 동안 입력 in과 출력 out의 값의 순차 결과를 나타내었다.

클럭사이클	t0	t1	t2	t3	t4	t5	t6	t7	t8	t9	t10
in	0	1	0	1	1	0	1	1	1	0	1
out	0	0	0	0	0	1	0	0	1	1	0

[그림 8.2] 연속해서 2개 클럭 동안 입력이 1인 경우에 1이 출력되는 입출력 결과

주어진 입력 in에 대한 출력 값은 0 또는 1이다. 예를 들어서, t2 클럭과 t5 클럭 사이클 동안 in = 0로 입력은 똑같지만, t2에서 출력 out = 0이고, t5에서는 출력 out = 1이 된다. 단순히 입력 in 에 의해서 출력 out 이 결정되지 않는 것을 나타낸다. 마찬가지로, t1과 t8에서 입력 in = 1 이지만, t1에서 출력 out = 0이고, t8에서는 출력 out = 1이 된다. 이것은 출력 out 값이 입력 in의 값에 의해서만 결정되는 것이 아니고, 출력 out을 결정하는 회로에서의 다른 상태가 필요하게 된다는 것을 나타낸다. 이러한 사양을 지니는 입력과 출력 결과에 대해서는 단순 입력,출력 관계뿐만 아니라 이전 출력 값이 현재 출력 값에 영향을 주는 순차회로와 조합회로를 함께 구성하여야 한다.

8.1.1 상태도(State Diagram)

유한상태기계(FSM) 또는 동기 순차 회로 설계에서 첫 번째 단계는 몇 개의 상태가 필요하고, 한 상태에서 다른 상태로 어떻게 변이될 수 있는지를 결정하는 것이다. 설계자가 주의 깊게 스펙을 이해해야 한다. 처음에는 시작 상태를 설정한다. 이 상태는 디지털 시스템이나 논리 회로에 처음 전원을 인가했을 때나 리셋 신호가 인가된 경우이다. 시작 상태를 A상태로 가정한다. 입력 in의 값이 0이면 회로는 아무런 일도 하지 않고, 매 활성 클럭 동안 회로는 현재 상태를 그대로 유지해야 한다. 입력 in 값이 1이면, 동기 순차회로는 다른 상태로 변화될 준비를 해야 하는데 이때 상태를 B라고 하자. 입력 in의 값이 상태 A에서 또 다른 활성화 클럭 동안 1이 입력되면, 상태 B로 변하게 된다. 아직은 연속해서 2개의 활성화 클럭 동안 입력이 1이 아니기 때문에 상태 A와 상태 B에서는 출력 out 값이 0이다. B 상태에서 만약 입력 in이 다른 활성화 클럭 모서리에서 0이면, 회로는 A 상태로 되돌아간다. 그러나 B 상태에서 만약 다른 활성화 클럭 모서리에서 입력 in = 1이면, 회로는 3번째 상태 C로 넘어가면서 출력 out = 1 값으로 변하게 된다. 상태 C에서 또 다른 활성화 클럭 모서리에서 입력 값 in = 1이 입력되면, 출력 out = 1이 계속 유지되고 입력 값 in = 0이면, 상태 C에서 최초 상태 A로 돌아가게 된다.

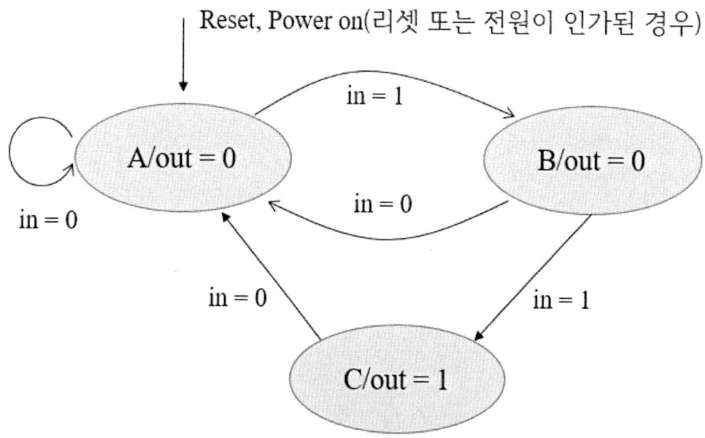

[그림 8.3] 그림 8.2 에 대한 순차 회로 상태도

경우의 수는 위에서 모두 설명됨으로, 원하는 기계를 구현하기 위해서는 3가지 상태가 필요하다. 순차 회로의 동작을 그림으로 나타낸 것이 상태도(state diagram)이다. 상태도는

회로의 상태를 타원으로 나타내고 상태 사이의 변이를 화살표로 나타낸다. 그림 8.3은 스펙에 대한 설명을 상태도로 표시한 것이다.

상태 A, B, C는 타원(노드)으로 나타낸다. 노드 A는 시작상태이고, 입력 in = 0이 들어오면 계속 현재 상태 A를 유지한다. 이 경우 출력 값은 0이므로, 타원(노드)에 A/out = 0으로 나타낸다. 입력 in의 값이 0이면, 회로는 계속 A 상태에 있는 것을 입력 in = 0 표시와 이 노드에서 시작해서 끝나는 화살표가 있는 원호로 나타낸다. 입력 in = 0에서 처음으로 입력 in의 값이 1로 변하게 되면, 상태 A에서 상태 B로 변한다. 이 변이는 상태 A에서 상태 B로 화살표가 있는 원호로 표시된다. 이 원호에서 라벨 in = 1은 변이를 발생하는 입력 값을 나타낸다.

상태 B에서도 출력 out = 0이므로, 노드(타원)에 B/out = 0으로 표시된다. 회로는 상태 B에서 만약 다음 클럭 모서리에서도 입력 in이 1이면, 상태 C로 변하게 된다. 상태 C에서 출력 out은 1이 된다. 다음 클럭 사이클에서도 입력 in이 계속 1이면, 회로는 출력 out = 1을 유지하면서 계속 상태 C를 유지한다. 그러나, 회로가 상태 B 또는 C에서 입력 in의 값이 0이 되면, 다음 활성 클럭 모서리에서 A 상태로 변이한다.

8.1.2 상태 표

상태도가 회로의 기능을 그림으로 이해하기 쉽게 나타낼 수 있지만, 회로를 구현하기 위해서는 상태도에 나타난 정보를 표 형태로 변환하는 것이 필요하다. 표 8.1은 이전 순차 회로 예제에 대한 상태표이다.

[표 8.1] 그림 8.3 동기 순차회로 상태도에 대한 순차 회로의 상태표

현재 상태	다음 상태		출력 out
	in = 0	in = 1	
A	A	B	0
B	A	C	0
C	A	C	1

표 8.1의 상태 표는 입력 신호의 값에 따라서 현재 상태에서 다음 상태로 변하는 모든 경우를 나타낸다. 출력 out은 현재 시간에 회로의 상태인 현재 상태에 의해서 결정된다.

8.1.3 상태 할당(State Assignment)

표 8.1 상태표는 A, B, C 상태를 정의한다. 논리 회로를 구현할 때, 각 상태는 상태 변수(state variable)의 조합 값으로 나타낼 수 있다. 각각의 상태 변수는 플립플롭으로 구현된다. 3가지 상태가 있으므로, 2개의 변수로 표현이 가능하고 각각의 변수 값은 a_1, a_2로 정의한다. 그림 8.1의 일반적인 순차 회로 형태를 그림 8.2 예제에 대해서 나타내면 그림 8.4와 같이 상세하게 나타낼 수 있다.

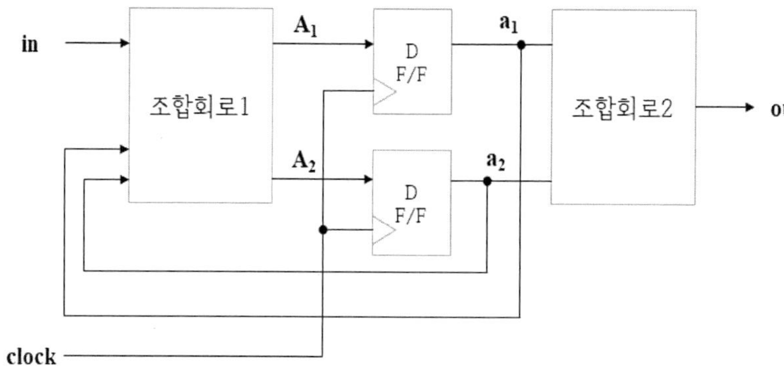

[그림 8.4] 2개의 플립플롭, 입력 in, 출력 out에 대한 일반적 순차 회로

2개의 플립플롭은 상태 변수를 나타낸다. 플립플롭의 형태와 종류는 8.1.4절에서 소개한다. 출력 out은 현재 상태에 의해서만 결정된다. Moore 형태이다. 출력 out은 a_1과 a_2의 함수가 된다. a_1과 a_2를 입력 신호로 출력 out을 발생시키는 조합 회로 2를 설계해야 한다. 신호 a_1과 a_2는 FSM의 다음 상태를 결정하는 조합 회로 1로 궤환된다. 이 조합 회로 1은 주요 입력 신호 in을 함께 사용하고 출력들은 플립플롭의 상태를 설정하는 2개의 신호 A_1, A_2이다. 각각의 활성 클럭 모서리에서, 플립플롭은 각각의 상태에 대한 A_1과 A_2 값으로 변하다. a_1과 a_2는 현재 상태 변수라고 하고, A_1과 A_2는 다음 상태 변수라 한다. 입력 in, a_1과 a_2에 대해서 스펙을 만족하는 다음 상태로 기계가 변하게 되는 출력 A_1과 A_2를 출력하는 조합 회로 1을 설계할 필요가 있다. 설계의 다음 단계는 출력 out과 조합 회로를 정의하는 진리표를 만들어야 한다. 원하는 진리표를 생성하기 위해서, 각각의 상태에 a_1과 a_2 변수의 특정 값을 할당한다. 표 8.2와 같이 A, B와 C 상태를 $a_2a_1 = 00$, 01과 10으로 나타낸다. 4번째 값 $a_2a_1 = 11$은 이 경우에 사용되지 않는다. 표 8.2에 나타난 표의 형태를 상태 할당표라고 부른다.

[표 8.2] 그림 8.4 순차 회로에 대한 상태 할당 표

현재 상태 a_2a_1	다음 상태 in=0 A_2A_1	다음 상태 in=1 A_2A_1	출력 out
00	00	01	0
01	01	10	0
10	00	10	1
11	dd	dd	d

8.1.4 플립플롭 선택과 다음 상태 도출과 출력 표현

표 8.2의 상태 할당표로부터, 다음 상태와 출력 함수를 위한 논리 표현식을 유도할 수 있다. 회로에서 사용할 플립플롭의 종류를 결정한다. A_1과 A_2의 값이 플립플롭에 단순히 클록킹되어서 새로운 a_1과 a_2 값이 된다. 즉 플립플롭의 입력들은 D_1과 D_2이고 이들 신호는 A_1과 A_2이다. 그림 8.4에서 D 플립플롭을 사용한다. 표 8.2의 상태 할당표로부터 원하는 논리 표현식을 추출할 수 있다.

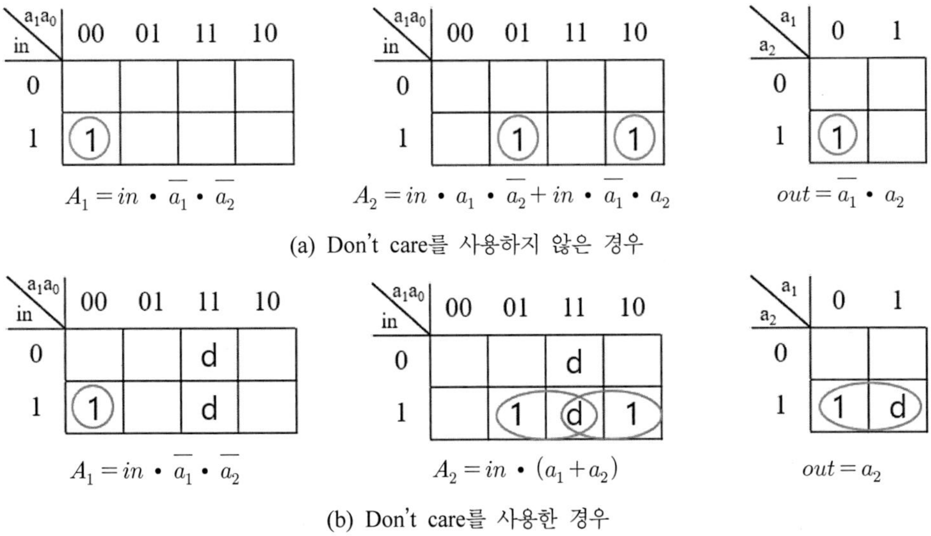

[그림 8.5] 논리 표현식을 추출하기 위한 카르노 맵

그림 8.5에서 상태를 나타내는 4가지 경우의 수 중에서 3가지만 사용된다. 회로는 3가지 상태 A, B, C 내에서만 제한되어 있으므로, 4번째 경우인 $a_2a_1 = 11$은 발생하지 않는다. 이 경우 don't care이다. 카르노 맵에서 don't care는 d로 표기한다. 표현식을 간단히 하기 위해서, don't care를 사용하면

$$A_1 = in \cdot \overline{a_1} \cdot \overline{a_2}$$

$$A_2 = in \cdot (a_1 + a_2)$$

$$out = a_2$$

만약 don't care를 사용하지 않으면, 결과 표현은 좀 더 복잡하다. 그림 8.5의 (a)는 don't care를 사용하지 않은 결과이고, (b)는 사용한 경우이다. $D_1 = A_1$이고, $D_2 = A_2$이므로, 이전 표현식에 나타난 논리 회로는 그림 8.6처럼 구현된다. 클럭 신호가 포함되고, 리셋은 0이 발생된다. 외부 Resetn 신호에 Clear 입력을 연결하고, 초기 상태를 설정한다. 만약 Resetn에 0을 인가하면, 두 개의 플립플롭은 0으로 클리어 되고, $a_2a_1 = 00$이 된다.

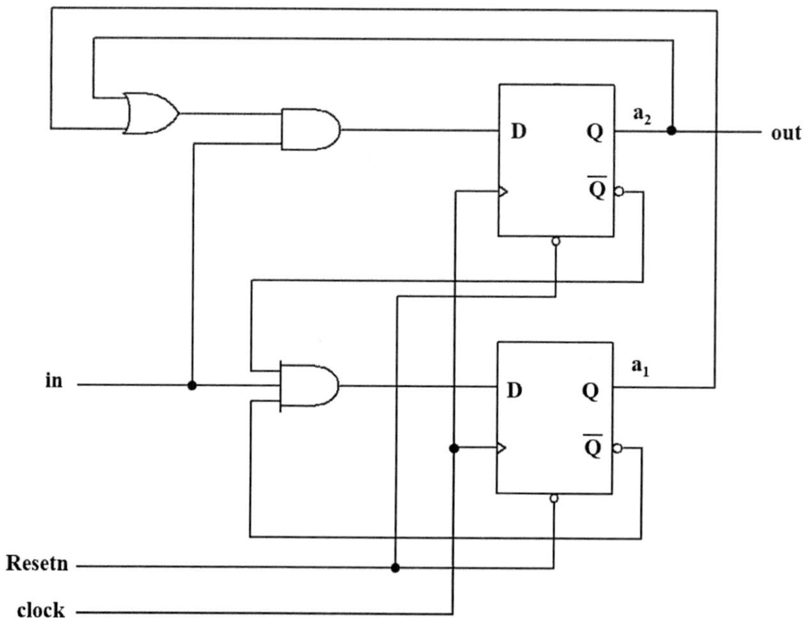

[그림 8.6] 그림 8.5에 대한 순차 회로의 최종 구현

8.1.5 타이밍도

그림 8.6 회로를 이해하기 위해서, 그림 8.7에 나타난 타이밍도를 참조한다. 표 8.2에서 값의 변화를 신호파형으로 나타낸 것이다. 양의 모서리 트리거드 플립플롭을 사용하기 때문에, 클럭 양의 모서리 바로 뒤에 신호가 바뀐다. 클럭 모서리에서 지연 값은 플립플롭에 대한 전파 지연 시간이다. 입력 신호 in 도 클럭의 활성화 모서리 이후에 변한다. in과 같은 일반적인 디지털 입력은 같은 클럭에 동기화된 또 다른 블록의 출력이기 때문이다. 비록 in이 활성화 클럭 약간 후에 변하더라도, 입력의 값 in은 거의 전체 클럭 사이클 동안 1(또는 0)이므로, 다음 클럭에서만 상태가 변한다. 만약 입력 in이 2사이클 동안 1이면 상태 C에 도달하게 되고 출력 out의 값은 1이 된다.

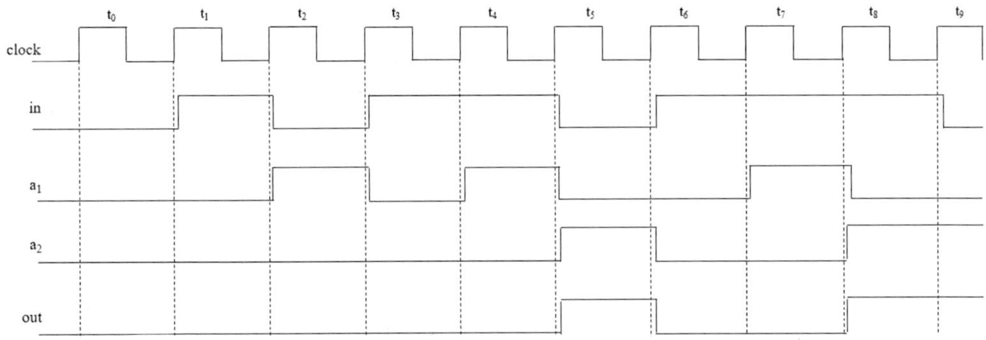

[그림 8.7] 설계된 동기 회로에 대한 타이밍도

8.1.6 설계 단계 정리

동기 순차 회로 설계에 관련된 단계를 정리하면 다음과 같다.

1. 원하는 회로의 스팩(사양)을 정의한다.
2. 시작 상태를 먼저 선택해서 머신에 상태를 추출한다. 주어진 회로의 스펙에서, 회로에 대한 모든 입력 값을 고려하고, 이 입력에 대해서 머신에서 필요한 새로운 상태를 생성한다. 상태를 추적하면서 상태도를 생성한다. 상태도는 머신에서 모든 상태를 나타내고 한 상태에서 다른 상태로 변이되는 조건을 나타낸다.
3. 상태도에서 상태 표를 생성한다. 또 다른 방법으로 먼저 상태도를 생성하는 것보다 2단계에서 직접 상태표를 생성하는 것이 편하다.

4. 순차 회로 예에서, 단지 3가지 상태만 존재했다. 일반 경우에는 더 많은 상태가 존재한다. 처음 상태표에서 바로 최적 결과를 얻지 못한다. 카르노맵 등을 활용해서 상태 수의 최소화 과정이 필요할 수 있다.
5. 모든 상태를 나타낼 수 있는 상태 변수의 수를 결정하고, 상태 할당을 실행한다. 주어진 순차 회로에 여러 다른 상태 할당이 가능하다.
6. 회로에서 사용되는 플립플롭의 종류를 선택한다. 모든 플립플롭에 대한 입력을 제어하기 위한 다음 상태 표현을 추출하고, 회로의 출력에 대한 논리 표현식을 추출한다.
7. 논리식 표현대로 논리 회로를 구현하여 설계를 완료한다.

8장 연습문제

8.1 다음 그림과 같은 상태 할동 표 특성을 지니는 유한상태머시인(FSM : Finite State Machine)을 D 플립플롭을 이용해서 설계하여라.

현재상태 a_2a_1	다음 상태		출력 out
	b=0	b=1	
	A_2A_1	A_2A_1	
00	10	11	0
01	01	00	0
10	11	00	0
11	10	01	1

8.2 JK 플립플롭을 이용하여, 문제 1의 상태 할당표에 대한 FSM을 설계하여라.

8.3 입력 a와 출력 out을 지니는 FSM 상태도를 그려라. 입력 a가 연속해서 4번 1111인 경우 또는 1011인 경우 출력 out은 1이 되고, 다른 경우에 출력은 0이 된다. 예는 다음과 같다.

a : 0010110011011011011111010
out : 0000000000000001000011000

8.4 2개의 입력 a 와 b, 출력 out을 지니고, 다음과 같은 기능을 지니는 순차 회로를 설계한다. 2개 입력 a 와 b를 계속해서 비교해서, 3개가 연속적으로 같은 값이면 출력 out은 1이 된다. 예는 다음과 같다.

a : 001011010110010

b : 011011001110011

out : 000011100001110

8.5 4비트 패러티 발생기를 FSM 으로 설계한다. 입력 a 값이 연속되는 3개의 비트에 대해서 1의 개수가 짝수개이면 출력 out은 1이 되도록 설계하여라.

a : 01011011001010110

out : 00011111100010111

8.6 module_7 카운터 즉, 0, 1, 2, 3, 4, 5, 6, 0 으로 카운팅하는 회로를 D 플립플롭을 이용해서 FSM으로 설계하여라.

8.7 문제 6을 T 플립플롭을 이용해서 FSM 으로 설계하여라.

8.8 입력 a와 클럭 clock 입력을 지니고, 만약 a=1 이면 클럭 clock 의 수를 세어서 2를 더하고, 카운팅 결과가 8 또는 9 이면 0 또는 1 로 바뀌는 기능을 지닌다. 만약 a=0 이면, 현재 카운팅 값을 유지하는 FSM을 D 플립플롭을 이용해서 설계하여라.

8.9 문제 8을 T 플립플롭을 이용해서 FSM으로 설계하여라.

8.10 입력 a에서 연속해서 4 개의 비트 값을 비교해서, 1011 패턴이 나오면 출력 out 이 1이 되고, 다른 경우에는 out=0 이 되는 FSM을 설계하여라. 예를 들면 다음과 같다.

a : 00101011001011001011101010110

out : 00000001000001000001000000010

저 자 약 력

박상봉 : 세명대학교 교수

- 고려대학교 전자공학과 VLSI 설계 전공으로 공학박사 학위(1992. 2.)
- 삼성전자 반도체부문 디지털 오디오 칩 설계 선임연구원으로 근무 (1992. 3.~ 1999. 2.)
- 애트랩(주)에서 광마우스 칩, 스마트폰용 터치스크린 컨트롤러 칩 개발 기술 자문위원 활동(2000. 3.~ 2014. 2.)
- 소스트(주)에서 스마트폰 용 마이크로폰 칩 개발 기술 자문위원 활동 (2014. 3.~ 2017. 2.)
- 세명대학교 정보통신학부에서 디지털공학, 디지털신호처리 강의하며 재직 중 (1999. 3.~ 현재)
- 관심 연구분야 : 인공지능(AI) 칩셋개발

정가 17,000원

4차혁명의 기본이 되는 디지털공학

2019년 2월 12일 초판 인쇄
2019년 2월 18일 초판 발행
저　자 : 박상봉
발행자 : 송　준
발행처 : 홍릉과학출판사
주　소 : 서울시 강북구 인수봉로 50길 10
01093
등　록 : 1976년 10월 21일 제5-66호
전　화 : (02) 999-2274~5, 903-7037
팩　스 : (02) 905-6729
e-mail: hongpub@hongpub.co.kr
http://www.hongpub.co.kr
ISBN: 979-11-5600-644-2

저자와의 협의하에 인지생략